国家级骨干高职院校建设规划教材

化工机器与维修

■ 范喜频　解利芹　主编
■ 庞春虎　主审

HUAGONG JIQI YU WEIXIU

化学工业出版社
·北京·

本教材内容主要针对学生未来工作岗位中的设备操作运行、维修岗位及运转设备技术员岗位。

全书共包括离心泵的检修、活塞式压缩机的检修、离心式压缩机的检修以及离心机的检修四个基本训练项目，一个拓展项目（其他类型泵的检修），以及一个综合项目（认识工厂常用的化工机器）。

本书在编写过程中按照项目化教学的要求，依据化工检修钳工职业资格标准，以工作过程为导向，以典型工作任务为依托，重新编排了教学内容，将理论知识融入训练任务之中。

本书可作为高等职业技术学院和中等职业技术学院的专业教材，也可作为企业工程技术人员和检修工的培训教材。

图书在版编目（CIP）数据

化工机器与维修/ 范喜频，解利芹主编. —北京：化学工业出版社，2013.7（2023.8 重印）

国家级骨干高职院校建设规划教材

ISBN 978-7-122-17677-6

Ⅰ.①化… Ⅱ.①范… ②解… Ⅲ.①化工机械－机械维修－高等职业教育－教材 Ⅳ.①TQ050.7

中国版本图书馆 CIP 数据核字（2013）第 137541 号

责任编辑：高　钰　　　　文字编辑：张绪瑞

责任校对：边　涛　　　　装帧设计：尹琳琳

出版发行：化学工业出版社（北京市东城区青年湖南街 13 号　邮政编码 100011）

印　　装：北京科印技术咨询服务有限公司数码印刷分部

787mm×1092mm　1/16　印张 12　字数 292 千字　　2023 年 8 月北京第 1 版第 7 次印刷

购书咨询：010-64518888　　　　售后服务：010-64518899

网　　址：http: // www. cip. com. cn

凡购买本书，如有缺损质量问题，本社销售中心负责调换。

定　　价：38.00 元

序

PREFACE

配合国家骨干高职院校建设，推进教育教学改革，重构教学内容，改进教学方法，在多年课程改革的基础上，河北化工医药职业技术学院组织教师和行业技术人员共同编写了与之配套的校本教材，经过 3 年的试用与修改，在化学工业出版社的支持下，终于正式编印出版发行，在此，对参与本套教材的编审人员、化学工业出版社及提供帮助的企业表示衷心感谢。

教材是学生学习的一扇窗口，也是教师教学的工具之一。好的教材能够提纲挈领，举一反三，授人以渔，而差的教材则洋洋洒洒，照搬照抄，不知所云。囿于现阶段教材仍然是教师教学和学生学习不可或缺的载体，教材的优劣对教与学的质量都具有重要影响。

基于上述认识，本套教材尝试打破学科体系，在内容取舍上摒弃求全、求系统的传统，在结构序化上，从分析典型工作任务入手，由易到难创设学习情境，寓知识、能力、情感培养于学生的学习过程中，并注重学生职业能力的生成而非知识的堆砌，力求为教学组织与实施提供一种可以借鉴的模式。

本套教材涉及生化制药技术、精细化学品生产技术、化工设备与机械和工业分析与检验 4 个专业群共 24 门课程。其中 22 门专业核心课程配套教材基于工作过程系统化或 CDIO 教学模式编写，2 门专业基础课程亦从编排模式上做了较大改进，以实验现象或问题引入，力图抓住学生学习兴趣。

教材编写对编者是一种考验。限于专业的类型、课程的性质、教学条件以及编者的经验与能力，本套教材不妥之处在所难免，欢迎各位专家、同仁提出宝贵意见。

河北化工医药职业技术学院　院长　柴锡庆

2013 年 4 月

序

[illegible]

前　言

本教材是按照教育部关于示范性高等职业院校建设的精神，以化工设备与机械专业职业能力培养为主线，校企合作编写的国家骨干高职院校重点建设课程的配套教材。

本教材根据专业人才培养方案，以本专业毕业生主要从事的设备运行、维护、检修、管理等岗位典型工作任务为载体，选取了离心泵的检修、活塞式压缩机的检修、离心式压缩机的检修、离心机的检修四个基本训练项目，以及一个拓展项目（其他类型泵的检修）和一个综合项目（认识工厂常用的化工机器）。教材在编写过程中按照项目化教学的要求，以工作过程为导向，重新编排了教学内容，将理论知识融入训练任务之中。

化工机器与维修课程是化工设备与机械专业的一门核心专业课，通过该课程的学习使学生具备工厂企业典型化工机器的操作运行、维护检修能力，同时具备自我学习和提高的能力，能够胜任化工检修钳工的机泵维修工作以及运转设备技术员的设备日常维护、检修、管理工作。在教学中建议以学生为主体，采用教学做一体化方式。

本教材由河北化工医药职业技术学院的范喜频、解利芹主编，河北化工医药职业技术学院教师、河北虎跃化工设备有限公司经理庞春虎主审。严永江、许彦春、赵博龙等老师参加编写，编写过程中得到了中国寰球工程公司的高丛然、石家庄焦化集团有限公司的姜凤华、河北双联化工有限公司的王辉、河北旭阳化工有限公司集团生产技术部的刘存贵等的大力支持，在教学内容的选取、工作任务的编排以及教学材料的提供方面给予了无私帮助。河北金万泰化肥有限责任公司的李明太、中煤化工有限公司的王金平、段孝忠参与了审稿，在此一并表示衷心的感谢。

本教材可作为高等职业技术院校化工设备与机械及相关专业的教材，也可作为企业工程技术人员和检修工人的培训教材。

限于编者的水平，疏漏与不妥之处在所难免，恳请广大师生和同行专家批评指正。

编者

2013年5月

前言

目　录

项目一　认识工厂常用的化工机器

知识目标

1. 了解化工机械的种类及其作用：流体输送机械、分离机械、固体输送机械、干燥机械等。

2. 熟悉流体输送机械的主要类型：各种类型泵、风机、压缩机等。

3. 了解分离机械主要类型。

4. 了解固体输送机械等其他类型的常用化工机器。

能力目标

能够对照实物说出常见化工机器如泵、压缩机等的名称和用途。

过程工业是指以改变流程性物料（如气体、液体、粉粒体等）的物理、化学性能为主要目标的加工业，它涵盖诸如化学、化工、石油化工、炼油、制药、食品、冶金等诸多工业门类和行业部门。过程工业通过一系列有机结合的工艺过程得以实现。这些工艺过程可分为物理过程和化学过程，典型的有传质过程、传热过程、流动过程、反应过程、热力过程和机械过程等。

过程装备是实现过程工业生产的硬件设施，过程装备包括过程装置（或称工艺装置）和辅助设施（如动力和其他公用工程设施等），过程装置是由过程机械（亦称单元设备）和成套技术两部分组成的设备系统。过程机械可分为过程设备（或称静设备）和过程机器（或称动设备）两大类。本书涉及的化工机器即是过程机器中的一部分机器类型，主要包括以下几种。

1．流体输送机械

（1）泵　泵是用来输送液体并提高其压力的机器。泵以一定的方式将来自原动机的机械能传递给进入（吸入或灌入）泵内的被送液体，使液体的能量（位能、压力能或动能）增大，依靠泵内被送液体与液体接纳处（即输送液体的目的地）之间的能量差，将被送液体送到液体接纳处，从而完成对液体的输送。

① 按工作原理、结构，泵可分为以下三类。

a．叶轮式泵。依靠旋转的叶轮对液体的动力作用，把能量连续传递给液体，使液体的速度能和压力能增加，随后通过压出室将大部分速度能转换成压力能。叶轮式泵的分类如图 1-1 所示。

b．容积式泵。利用工作室容积周期性变化，把能量传递给液体，使液体的压力增加，来达到输送的目的。容积式泵的分类如图 1-2 所示。

c．其他形式泵。有利用电磁力输送电导体流体的电磁泵，利用流体能量来输送液体的泵，如喷射泵、酸蛋，还有空气扬水泵等。

② 按化工用途分类。如图 1-3 所示。

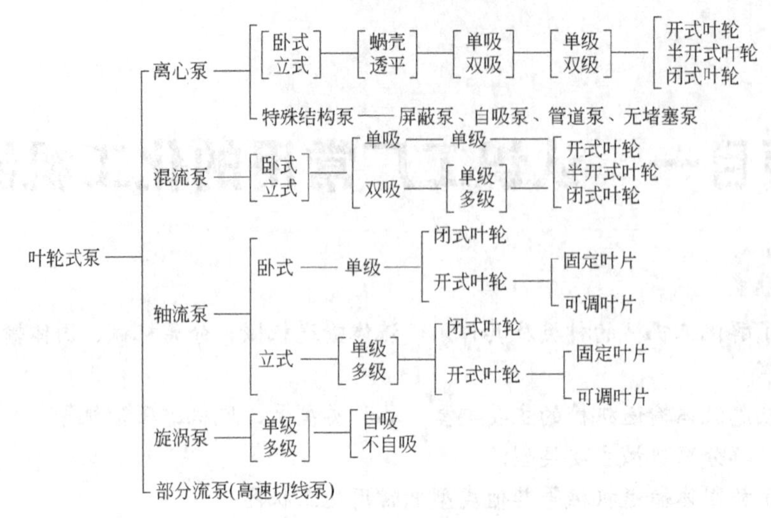

图 1-1 叶轮式泵的分类

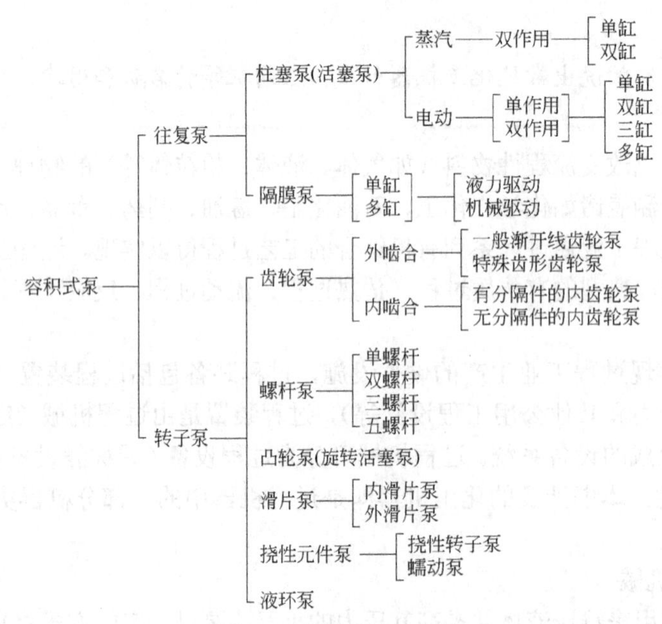

图 1-2 容积式泵的分类

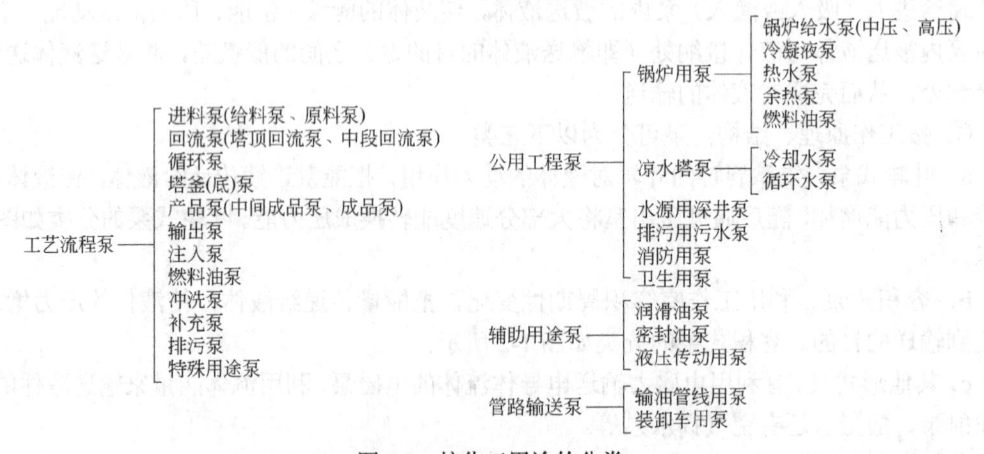

图 1-3 按化工用途的分类

③ 按输送介质分类如下。

a．水泵：清水泵、锅炉给水泵、凝水泵、热水泵等。

b．耐蚀泵：不锈钢泵、高硅铸铁泵、陶瓷耐酸泵、不透石墨泵、衬橡胶泵、氟塑料泵、钛泵等。

c．杂质泵：浆液泵、砂泵、污水泵、煤粉泵、灰渣泵等。

d．油泵：冷油泵、热油泵、油浆泵、液态烃泵等。

④ 按使用条件分类如下。

a．大流量泵与微流量泵：流量分别为 300m^3/min 与 0.01L/h。

b．高温泵与低温泵：高温达 500℃，低温至−253℃。

c．高压泵与低压泵：高压达 200MPa，真空度为 2.66～10.66kPa。

d．高速泵与低速泵：高速达 24000r/min，低速为 5～10r/min。

e．高黏度泵：黏度达数万泊。

f．计量泵：流量的计量精度达±0.3%。

石油化工厂中，叶轮式泵占绝大多数，达80%以上，但高低压聚乙烯装置中容积式泵居多，为57%～66%。

（2）压缩机　用于气体压缩及输送的设备称为压缩机。随着生产技术的发展，压缩机的种类和结构形式也日益增加。主要分类如下。

按照工作原理，压缩机可分为容积式压缩机和速度式压缩机两大类。具体分类如图 1-4 所示。

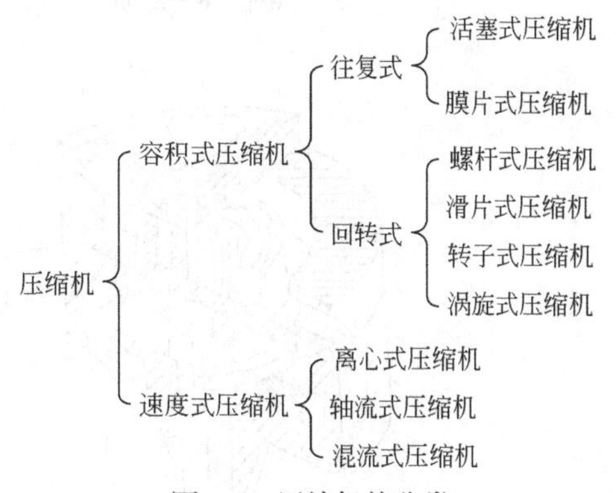

图 1-4　压缩机的分类

① 容积式压缩机　是指气体直接受到压缩，从而使气体容积缩小，压力提高的机器。一般这类压缩机具有容纳气体的汽缸以及压缩气体的活塞。按照容积变化方式的不同，有往复式和回转式两种结构。

往复式压缩机有活塞式和膜片式两种结构。回转式压缩机主要依靠机内转子回转时产生容积变化而实现气体的压缩。常见的有螺杆式（图 1-5）、滑片式（图 1-6）、转子式（图 1-7）、涡旋式（图 1-8）。

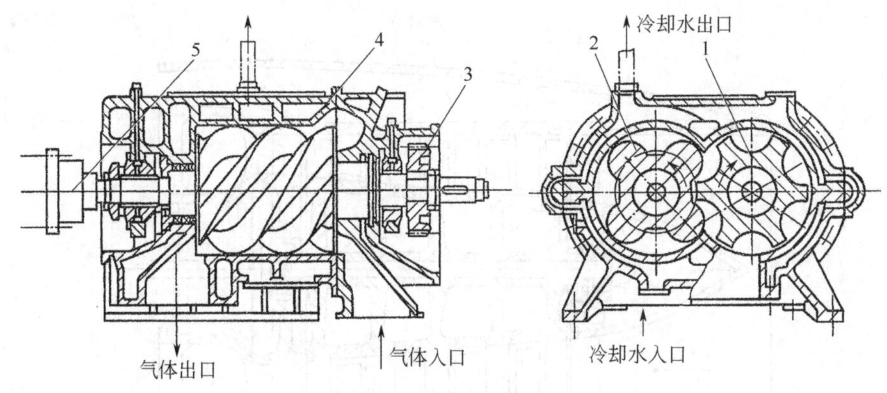

图 1-5　螺杆式压缩机

1—阴螺杆；2—阳螺杆；3—啮合齿轮；4—机壳；5—联轴器

此外，罗茨鼓风机也是一种容积式压缩机，见图 1-9。

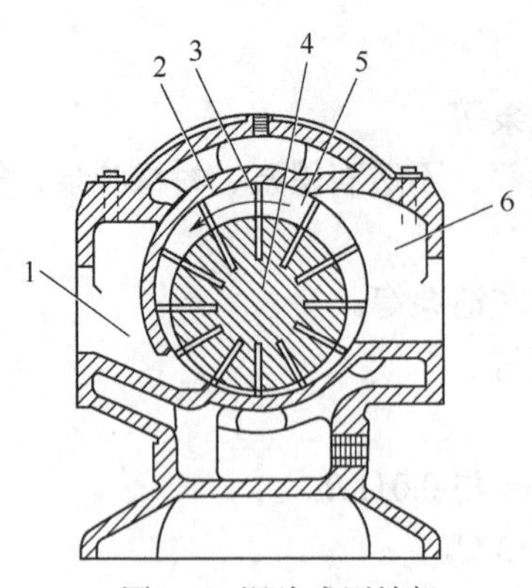

图 1-6 滑片式压缩机

1—排气口；2—机壳；3—滑片；4—转子；5—压缩腔；6—吸气口

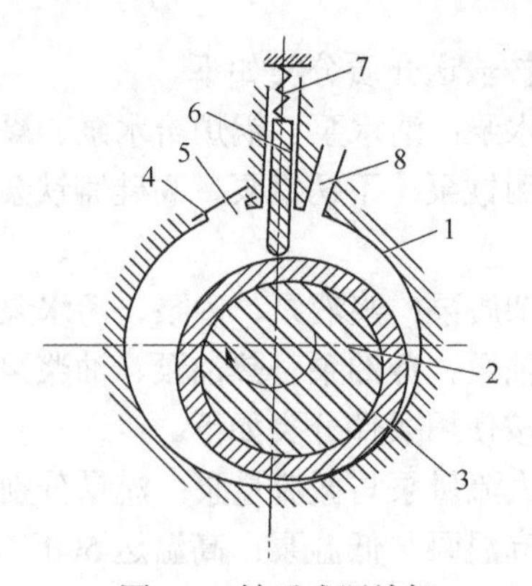

图 1-7 转子式压缩机

1—汽缸；2—偏心轴；3—滚动活塞；4—排气阀；5—排气孔；6—滑片；7—滑片弹簧；8—吸气孔

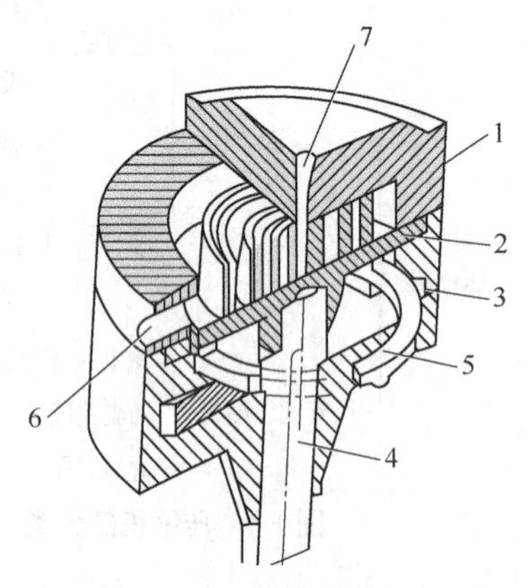

图 1-8 涡旋式压缩机

1—动盘；2—静盘；3—机体；4—偏心轴；5—防自转环；6—进气口；7—排气口

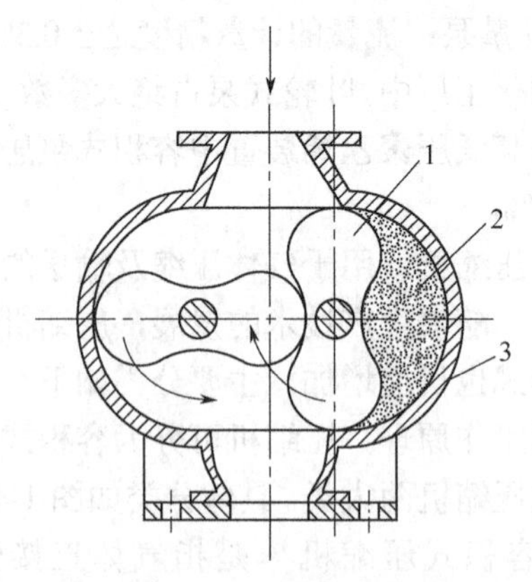

图 1-9 罗茨鼓风机

1—叶轮；2—所输送气体的容积；3—机壳

② 速度式压缩机 是利用高速旋转的转子将其机械能传给气体，并使气体压力提高的机器。主要有轴流式和离心式两种，如图 1-10 和图 1-11 所示。

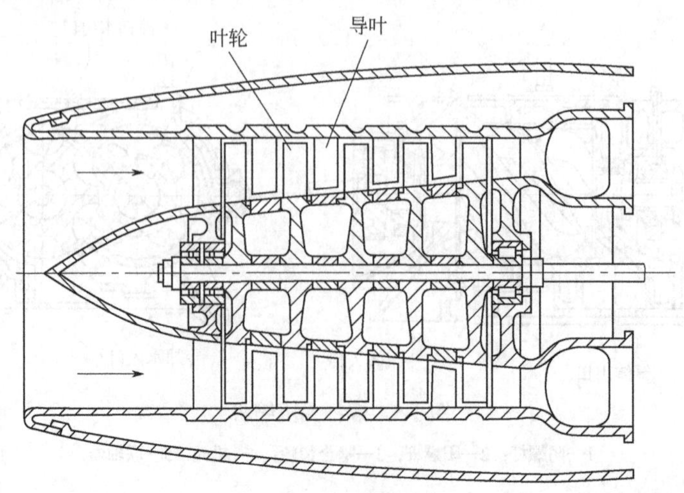

图 1-10 轴流式压缩机

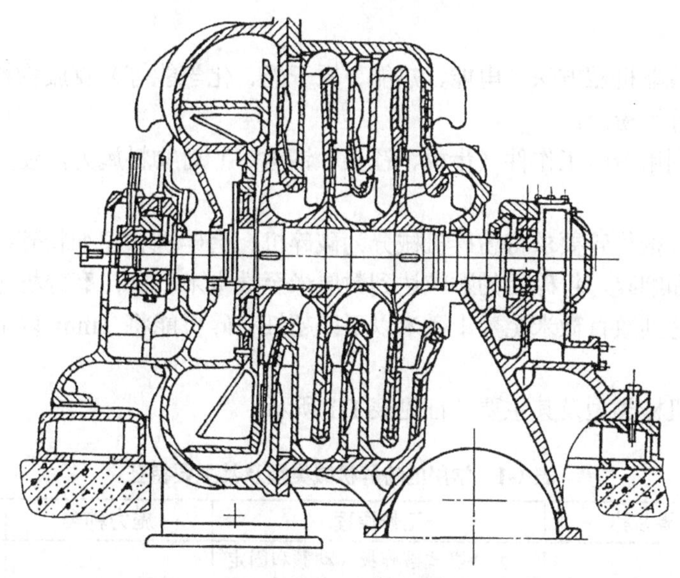

图 1-11 离心式压缩机

此外，还有一种喷射泵也被认为是速度式压缩机的一种，但它没有叶轮，而是依靠具有一定压力的气体（或液体），经喷嘴喷出时获得很高的速度并在周围形成低压区吸入气体，从而使气体获得速度，然后共同经扩压管扩压，达到提高压力的目的，如图 1-12 所示。

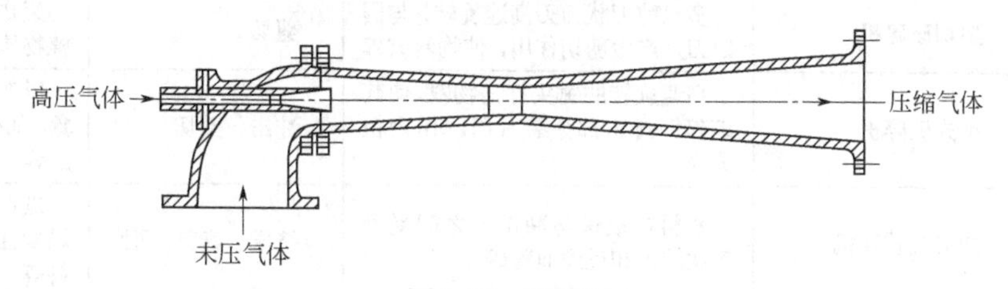

图 1-12 喷射泵

图 1-13 所示为各类压缩机的应用范围。由图可知，活塞式压缩机适用于中、小输气量，排气压力可以由低压至超高压；离心式压缩机和轴流式压缩机适用于大输气量、中低压情况；回转式压缩机适用于中小排气量、中低压情况。

2．分离机械

依靠机械作用力，对固-液、液-液、气-液、气-固等非均相混合物进行分离的设备均称为机械分离设备。

常用的非均相分离方法主要有以下三种。

① 过滤法 使非均相物料通过过滤介质，将颗粒截留在过滤介质上而得到分离；对应的机械为过滤机，有重力过滤机、加压过滤机、真空过滤机等。

② 沉降法 颗粒在重力场或离心力场内，借自身的重力或离心力使之分离；常用的设备有旋风（液）分离器、袋式除尘器等。

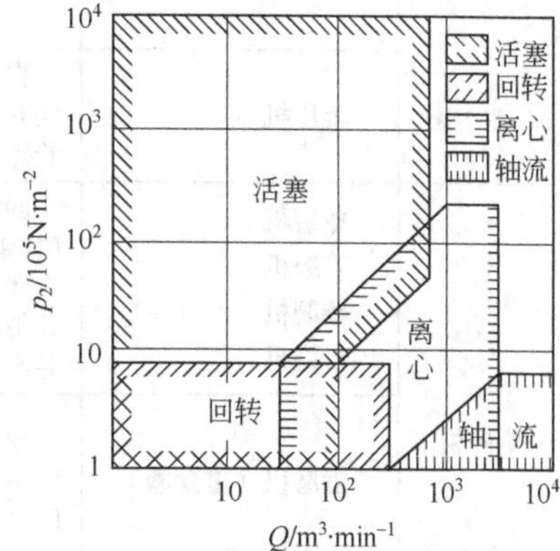

图 1-13 各类压缩机的应用范围

③ 离心分离 利用离心力作为推动力来实现液相非均一系混合物的分离方法；常用的分离机械为离心机。按操作原理可分为过滤式离心机、沉降式离心机和高速离心机。

3．粉碎机械

用机械方法或非机械方法（电能、热能、原子能、化学能等）克服物料内部的内聚力而将其分裂的过程称为粉碎。

粉碎机械是利用粉碎工作件（齿板、锤头、钢球等）对物料施力，使其粉碎变小，表面积增大的机器。

实际使用时，按粉碎要求将粉碎机械分为破碎机、磨碎机和超细粉碎机三大类。破碎机包括粗碎、中碎和细碎，粉碎后的颗粒达到数厘米至数毫米以下；磨碎机包括粗磨和细磨，粉碎后的颗粒度达到数百微米至数十微米以下；超细粉碎机能将 1mm 以下的颗粒粉碎至数微米以下。

常用的粉碎机械类型及其主要特征见表 1-1 所示。

表 1-1　常用的粉碎机械类型及其主要特征

类别	机器名称	工作原理	施力种类	适用物料
破碎机	颚式破碎机	两块颚式破碎板（动颚和固定颚），动颚左右摆动，使通过破碎腔的物料破碎	挤压	矿石原料处理、骨材等
	旋回式破碎机 圆锥式破碎机	旋转偏心内圆锥与固定外圆锥形成环形破碎腔，圆锥式破碎机锥角较旋回式大	挤压并部分有冲击和弯曲作用	适用于坚硬物料，旋回式用于粗碎、圆锥式用于中碎和细碎
	剪切破碎机	多只剪刀状刀刃高速旋转，与固定刀片产生剪切作用，使物料破碎	剪切	废物处理、纤维性植物原料、食品等
	锤式破碎机	高速旋转的锤头打击物料，使其破碎，排出部分装有栅网作为粗分级	冲击、剪切	以矿物为主要对象，如石灰石、煤、黏土等
	冲击式破碎机	物料在板锤与冲击板之间受到多次冲击和反弹而粉碎	挤压、剪切、研磨	碳酸钙、建材、煤炭工业及民用废料等
	辊式破碎机（包括双辊式、单辊式、多辊式）	物料受旋转的辊子挤压而粉碎	挤压、剪切、研磨	齿面和带沟槽的辊子用于粗碎和中碎软质和中硬物料；光面辊用于细碎或粗磨坚硬和特硬物料
	辊压机	物料受一对高压辊子作用而被压实并在颗粒内部产生大量裂纹而被粉碎	挤压、剪切、研磨	水泥（原料、熟料）、矿石、矿渣等
磨碎机	球磨机 管磨机 棒磨机 自磨机	回转的圆筒内装有许多研磨体（如钢球、钢棒或特殊形状材料，自磨机的研磨体为物料本身），将其带到一定高度抛下起冲击作用，并产生滑动现象而磨碎	冲击、摩擦	各种矿物质
	盘磨机（雷蒙磨）	安装在梅花架上的辊子沿着固定不动的磨盘快速转动，使其物料间产生挤压和研磨作用	挤压、摩擦	煤、非金属矿、陶瓷、玻璃、石膏、石灰石、农药、钙镁磷肥、酸性白土等
	离心分级磨	高速旋转的转盘上装有若干粉碎叶片和分级叶片，同时达到粉碎和分级作用	冲击、摩擦、剪切	不很硬的矿物质，一般无机物和部分有机产品

4．固体输送机械

根据输送机械在构造和主要部件上的特征，可以将它们分为三大类。

① 起重机械。由一组带有专门为起升物品用的机构，它们可以兼作输送之用，最主要的是用来整批地提升物品，如抓斗式起重机。

② 地面输送机械和悬置输送设备。这类设备不一定有起升物品的机构，主要是用来整批地搬运物品，如各种有轨或无轨行车、架空索道以及某些专用设备。

③ 连续输送机械。它可将物料按一定的输送线路，以恒定或变化的速度连续进行输送。应用连续输送机械可以形成恒定的物料或脉动性的物流。例如带式输送机、斗式输送机及螺旋输送机。

连续输送机的应用广泛，种类繁多，通常按其作用原理和结构特点分类，如图 1-14 所示。

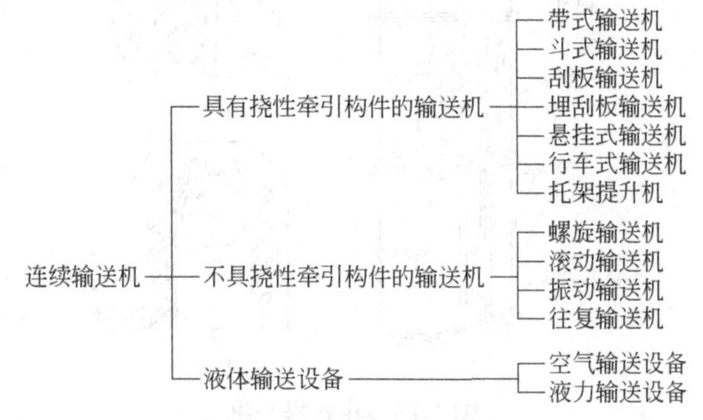

图 1-14 连续输送机的种类

（1）带式输送机 带式输送机运行可靠、输送能力和距离大、维护方便，适合于冶金、煤炭、轻工、化工等行业输送散状和成件物品，是最常用的输送设备。带式输送机典型结构如图 1-15 所示。

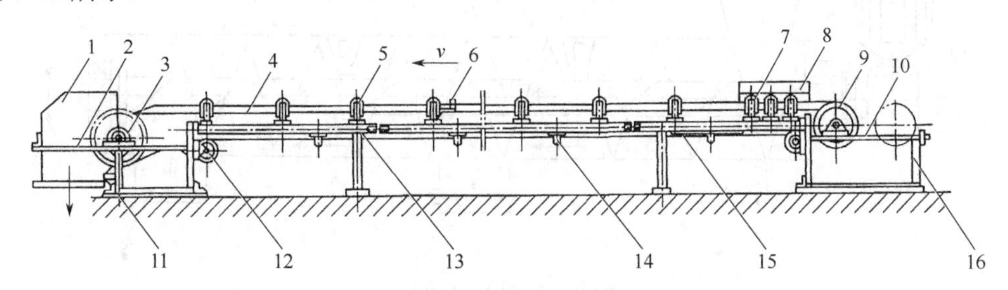

图 1-15 带式输送机

1—头罩；2—头架；3—传动滚筒；4—输送带；5—上托辊；6—槽形调心托辊；7—缓冲托辊；8—导料槽；9,12—改向滚筒；10—拉紧装置；11—清扫器；13—中间架；14—下托辊；15—空段清扫器；16—尾架

（2）斗式提升机 在带或链等挠性牵引构件上，每隔一定间隔安装若干个料斗，连续向上输送物料的机器，称为斗式提升机。它是一种广泛应用的垂直输送设备，其结构如图 1-16 所示。装料方式有挖取式和注入法；卸料方式有离心卸料［图 1-16（a）］、离心重力卸料［图 1-16（b）］和重力卸料［图 1-16（c）］，离心卸料速度较快，适用于干燥、颗粒小的物料；离心重力卸料适用于流动性差、潮湿的物料；重力卸料适用于大块的、密度大的易碎物料。

（3）螺旋输送机 螺旋输送机是一种不具有牵引构件的连续输送机械。主要用于输送粉粒状和小块状物料，不宜输送易变质、黏性大、易结块和纤维状的物料，因为这些物料会黏结或缠绕在螺旋叶片上，使物料积塞，造成螺旋输送机不能正常工作。

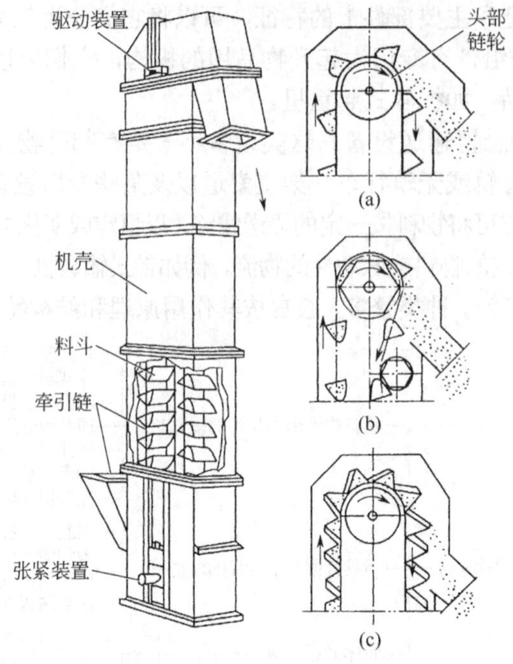

图 1-16 斗式提升机

螺旋输送机可分为水平螺旋输送机、垂直螺旋输送机和弹簧螺旋输送机三种，其中水平式螺旋输送机应用最广，其结构如图 1-17 所示。

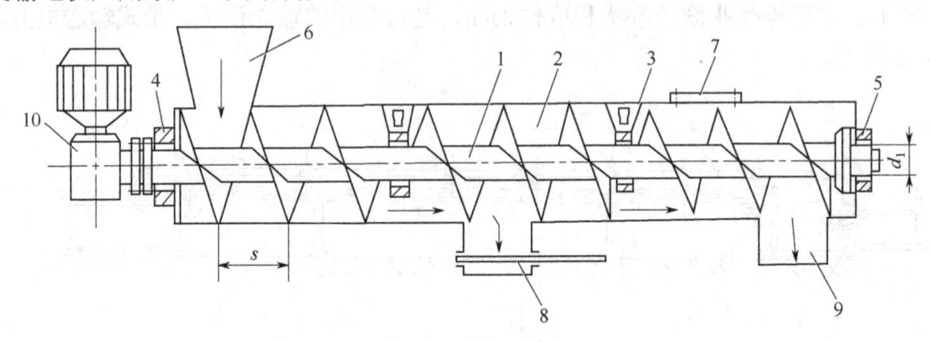

图 1-17 螺旋输送机

1—螺旋；2—料槽；3—悬挂轴承；4—首端轴承；5—末端轴承；6—加料斗；

7—中间加料斗；8—中间卸料口；9—卸料口；10—驱动装置

5．干燥机械

根据热量传递方式，传统上将各种干燥机械设备分成三大类：对流式、传导式和辐射式。见表 1-2。

表 1-2 常用干燥机械设备的分类

类　型	干燥机形式
对流式	箱式干燥器、洞道式干燥机、网带式干燥机、气流干燥机、沸腾干燥机、转筒干燥机、喷雾干燥机
传导式	滚筒干燥机、真空干燥机、冷冻干燥机
辐射式	远红外干燥机、微波干燥机

6．制冷机械

制冷装置中主要的设备是压缩机，一般称为主机，其他设备称为辅机。压缩机是用来压缩和输送制冷剂蒸汽的。制冷装置所用的压缩机有活塞式、离心式、螺杆式等几种形式，用于小型制冷空调上面的有涡旋式、滑片式等。其结构形式见压缩机。

训 练 项 目

查阅资料，介绍某一化工生产装置所应用的主要化工机器的种类及其用途。

通过认识实习以及查阅相关资料，了解双联化工有限公司造气车间、合成车间以及联碱车间用到的典型化工机器的类型、名称以及作用，并以 ppt 的形式向大家展示。

项目二　离心泵的检修

子项目一　认识IS（IH）离心泵的结构

知识目标

1. 熟悉IS（IH）离心泵的结构和主要零部件，掌握离心泵的工作原理。
2. 熟悉离心泵的型号和基本性能参数，掌握离心泵实际扬程的实验和计算方法。
3. 了解叶轮结构参数对离心泵理论扬程的影响。

能力目标

1. 对照离心泵，能够说出离心泵各组成零部件的名称和作用。
2. 知道叶轮结构对离心泵扬程的影响，会计算离心泵的实际扬程。
3. 能说出离心泵各零部件的结构和工作原理。

◆任务一　初步认识离心泵的结构，了解离心泵的工作原理

1．离心泵的外观

离心泵的外观如图2-1所示。

图2-1　IS离心泵的外观

1—电机；2—联轴器及其护罩；3—轴承托架；4—泵体；5—底座；6—支架

2．离心泵的结构

离心泵的结构如图2-2和图2-3所示。

3．离心泵的工作原理

如图2-4所示，当电动机带动叶轮旋转时，叶轮中的液体一起旋转，因而产生离心力。在该离心力的作用下，叶轮中的液体沿叶片流道被甩向叶轮外缘，进入螺旋形的泵壳，由于流道面积逐渐扩大，被甩出的液体流速减慢，将部分速度能转化为静压能，使压力上升，最后从排出管排出。与此同时，由于液体自叶轮甩出时，叶轮中心部分造成低压区，与吸入液面的

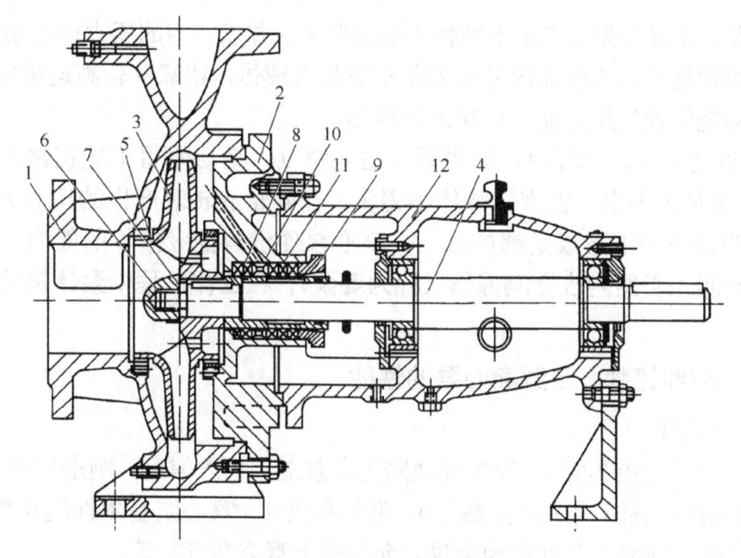

图 2-2　IS 离心泵的结构

1—泵体；2—泵盖；3—叶轮；4—轴；5—密封环；6—叶轮锁母；7—止动垫圈；
8—轴套；9—填料压盖；10—填料环；11—填料；12—轴承托架组件

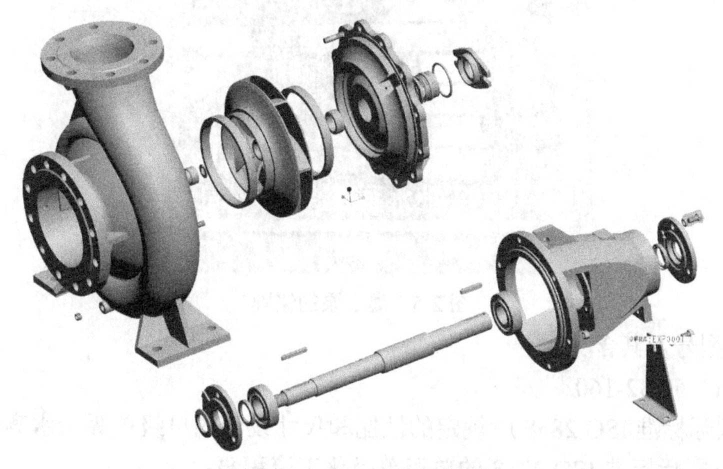

图 2-3　离心泵的爆炸图

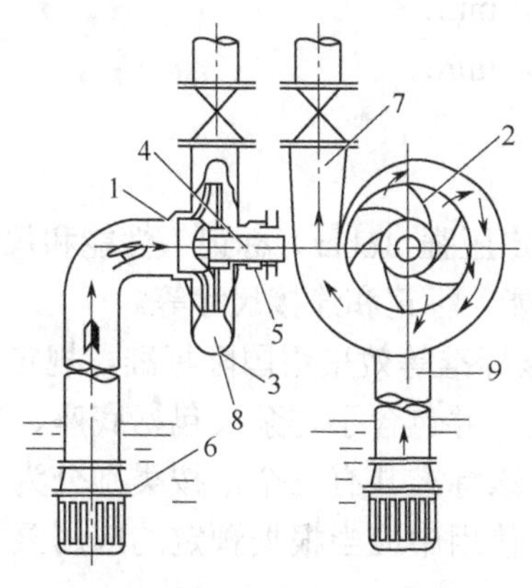

图 2-4　离心泵工作原理示意图

1—叶轮；2—叶片；3—泵壳；4—泵轴；5—填料函；6—底阀；7—排出管；8—压出室；9—吸入管

压力形成压力差，在压力差的作用下液体不断被吸入，并以一定的压力排出泵外。由此可知，离心泵的工作原理就是离心泵靠内外压力差不断吸入液体，依靠叶轮高速旋转获得能量，经压出室将部分动能转换为压力能，由排出管排出。

[气缚] 离心泵在运转过程中，如果泵内进入空气，离心泵将不能正常工作，这种现象称为“气缚”。这是因为空气密度较液体小得多，在叶轮旋转时产生的离心力很小，不能将空气压出，使吸液室不能形成足够的真空，离心泵便没有抽吸液体的能力。所以**离心泵在启动前，泵体及吸入管路内应充满液体（称为灌泵），在工作过程中泵体及吸入管路的密封性要好。**

◆任务二　对照铭牌，了解离心泵的性能

1．离心泵的铭牌

离心泵的铭牌（见图 2-5）一般牢固地固定在泵上，包含信息：制造厂的名称（或商标）或地址；泵的识别号（顺序号或产品编号）；型号和尺寸；离心泵基本性能参数如流量、扬程（额定压力）、转速、功率、允许汽蚀余量（允许吸上真空高度）等。

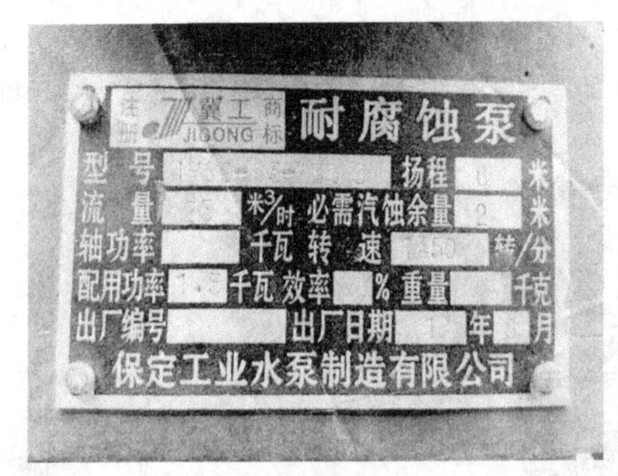

图 2-5　离心泵的铭牌

2．离心泵型号及其含义

（1）IS（IH）50-32-160

IS——按国际标准 ISO 2858 所规定的性能和尺寸设计的单级单吸清水离心泵；

IH——符合国际标准 ISO 2858 的单级单吸化工流程泵；

50——泵吸入口公称直径，mm；

32——泵排出口公称直径，mm；

160——叶轮直径，mm。

（2）泵的相关标准

①《轴向吸入离心泵（额定压强 16bar）标记、性能和尺寸》（ISO 2858—1975），该标准主要规定了轴向吸入泵的性能、标记和连接尺寸等。

②《离心泵技术条件》，该标准等效采用国际标准，规定了离心泵的设计制造、工厂检查和试验以及发运方面的要求，并包含了与泵（包括底座、联轴器和辅助管路）的安装、维护和安全有关的设计特性。该标准共有三个，按类别分为Ⅰ、Ⅱ、Ⅲ类，其中Ⅰ类要求最严格，Ⅲ类要求最低。实际使用中应当根据预定的应用泵的技术要求来选择使用的技术条件类别。

GB/T16907—1997《离心泵技术条件（Ⅰ类）》，等同于 ISO 9905—1994。

GB/T5656—1994《离心泵技术条件（Ⅱ类）》，等同于ISO 5199—1986。

GB/T5657—1995《离心泵技术条件（Ⅲ类）》，等同于ISO 9908—1993。

③ API610《石油、重化学和天然气工业用离心泵》，由美国石油协会出版，目的是为了提供一份采购规范，以便于离心泵的制造和采购，符合该标准的泵称为API泵。该标准比较注重节能，另外选择设备时的评定标准以设备在使用寿命内的总费用为准，而不以设备的采购费用为准。

3．离心泵的基本性能参数

离心泵的基本性能参数是描述离心泵在一定条件下工作特性的数值，包括流量、扬程、功率、效率和允许汽蚀余量及允许吸上真空度等。

（1）流量　单位时间内泵所排出的液体量，体积流量用Q表示，单位有m^3/h、m^3/s、L/s；质量流量用G表示，　单位为kg/s、t/h等。

G与Q之间的关系为

$$G=\rho Q \tag{2-1}$$

式中，ρ为输送温度下液体的密度，单位为kg/m^3。

（2）扬程　单位质量的液体从泵入口处到泵出口处的能量增值称为泵的扬程，即单位质量的液体通过泵所获得的有效能量，常用符号h表示，单位为J/kg。

在实际生产中，习惯将单位重量的液体，通过泵后所获得的能量称为扬程，用符号H表示，其单位为m，即用高度表示。

泵铭牌上的扬程是指全扬程。

（3）转速n　泵的转速是泵每分钟旋转的次数，用符号n表示，单位为r/min。

泵铭牌上的转速是额定转速，泵只有在此转速下，铭牌上的各性能参数才能达到。

（4）功率　功率是指单位时间内所做的功，包括轴功率和有效功率。

有效功率N_e：单位时间内泵对输出液体所做的功称为有效功率，单位kW。

$$N_e=\frac{QH\rho g}{1000} \tag{2-2}$$

轴功率N: 单位时间内由原动机传到泵主轴上的功率，也称为输入功率，用符号N表示，单位W或kW。离心泵铭牌上的功率指轴功率。

（5）效率　离心泵的有效功率与轴功率之比，称为泵的效率，用符号η表示。即

$$\eta=\frac{N_e}{N}\times 100\% \tag{2-3}$$

效率是衡量离心泵工作经济性的指标，反映了泵中能量损失的程度，泵内液体流动时能量损失越小，泵的效率越高。由于离心泵在运行时泵内存在水力损失、容积损失、机械损失等，一般离心泵的效率在50%～80%之间。

◆任务三　观察叶轮的结构，了解其结构对泵扬程的影响

1．叶轮的组成部分

如图2-6所示，叶轮一般由叶片、前盖板、后盖板、轮毂、密封环（口环）等组成。叶轮是离心泵中唯一对液体直接做功的部件，将驱动机输入的机械能传给液体，并转变为液体静压能和动能。

叶轮的材料主要根据被输送液体的化学性质、杂质及在离心力作用下的强度来确定，输

送清水时，叶轮常采用铸铁、铸钢等材料，输送具有较强腐蚀性的液体时，常采用不锈钢、青铜、陶瓷、耐酸硅铁及塑料等。

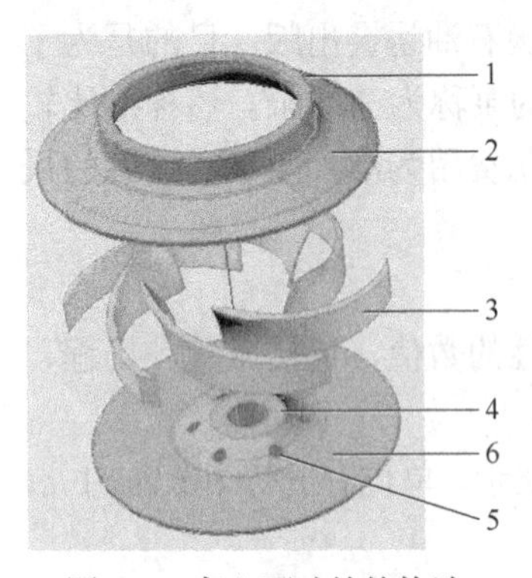

图 2-6 离心泵叶轮的构造

1—密封环；2—前盖板；3—叶片；4—轮毂；5—平衡孔；6—后盖板

2. 叶轮的结构形式

叶轮按结构形式可分为三种。

（1）闭式 如图 2-7（a）、（d）所示，叶轮两侧均有盖板，效率较高，用于输送洁净液体。有单吸和双吸两种，其中双吸式叶轮特别适合输送流量大的场合，抗汽蚀性能也较好。如用于化工厂的循环水泵。

（2）半开式 如图 2-7（b）所示，叶轮只有后盖板，效率介于闭式及开式之间，常用于输送黏稠液体或含有固体颗粒的液体。

（3）开式 如图 2-7（c）所示，叶轮两侧均没有盖板，效率低，适合于输送污水、含杂质及纤维的液体。如电厂中的灰渣泵、泥浆泵等常采用开式叶轮。

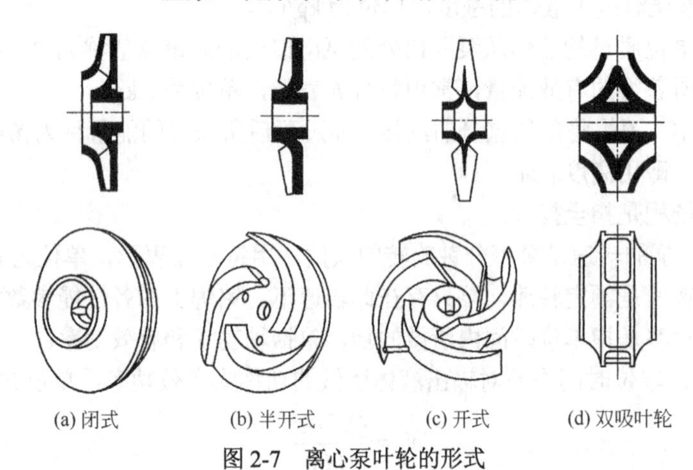

(a) 闭式　(b) 半开式　(c) 开式　(d) 双吸叶轮

图 2-7 离心泵叶轮的形式

3. 离心泵理论扬程

假设叶片数量无限多，液体没有任何流量损失（理想叶轮）。

（1）速度三角形 离心泵工作时，液体一方面随着叶轮一起旋转，同时又从转动着的叶轮从里向外流。离心泵叶轮中任意一点的液流绝对速度等于圆周速度和相对速度的向量和，即

$$\vec{c}=\vec{u}+\vec{w} \tag{2-4}$$

式中 c——液流的绝对速度；

u——液流随叶轮旋转的速度，称为圆周速度；

w——液流相对于旋转叶轮的速度，称为相对速度。

如图 2-8 所示为液体在叶轮进口（下标为 1）和叶轮出口（下标为 2）的速度三角形。

将绝对速度分解为两个相互垂直的分量，如图 2-9 所示。与圆周速度方向一致的分速度称为周向分速度，用 c_u 表示，与圆周速度方向垂直的分速度称为径向分速度，用 c_r 表示。它们之间的关系为：

$$c_r=c\sin\alpha \tag{2-5}$$

$$c_u = c\cos\alpha = u - c_r\cot\beta \tag{2-6}$$

式中　α——液体质点绝对速度 c 与圆周速度 u 的夹角，称为绝对速度方向角；

β——液体质点相对速度 w 与圆周速度 u 反方向之间的夹角，称为相对速度方向角；

c_r——径向分速度，绝对速度与圆周速度方向垂直的分速度；

c_u——周向分速度，绝对速度与圆周速度方向一致的分速度。

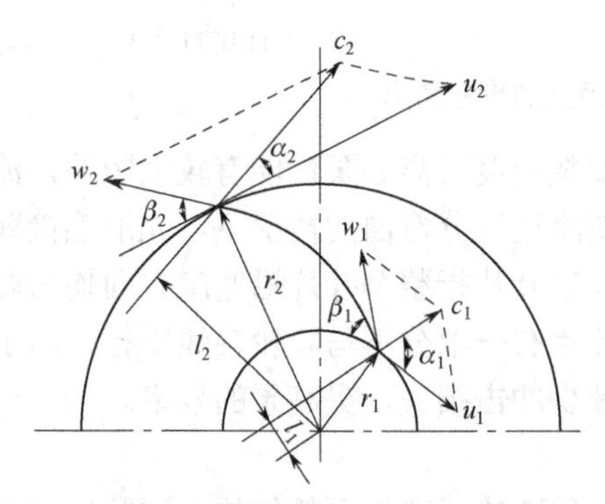

图 2-8　叶轮进出口速度三角形

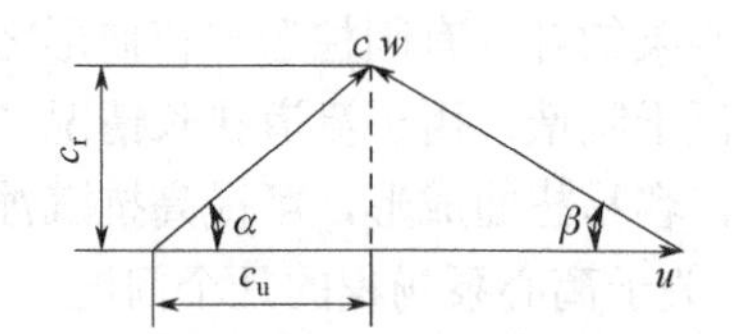

图 2-9　任意半径处绝对速度及其分解

（2）离心泵基本方程——欧拉方程　离心泵叶轮通过叶片传给液体的能量与液体流动状态有关，对于理想液体通过理想叶轮时，由动量矩定理可导出离心泵的基本方程——欧拉方程

$$H_{th\infty} = \frac{u_2 c_{2u\infty} - u_1 c_{1u\infty}}{g} \tag{2-7}$$

液体进入叶轮流道时无预旋，$c_{1u\infty} = 0$，上式简化为

$$H_{th\infty} = \frac{u_2 c_{2u\infty}}{g} \tag{2-8}$$

（3）结论　离心泵的理论扬程决定于泵的叶轮的几何尺寸、工作转速，而与输送介质的特性与密度无关。因此同一台泵在同样转速和流量下工作，无论输送何种液体（如水和水银），叶轮给出的理论扬程均是相同的，不同密度的介质功率不同。

4．离心泵实际扬程

（1）叶片数量的影响　无限叶片数下液体受到叶片的约束，液体相对运动的流线和叶片形状完全一致。有限叶片数下由于液流的惯性存在轴向旋涡运动，因此液体相对运动的流线和叶片形状并不一致，由于轴向涡流的影响，使液体经实际叶轮所获得的理论扬程小于无限叶片的理论扬程。如图 2-10 所示。

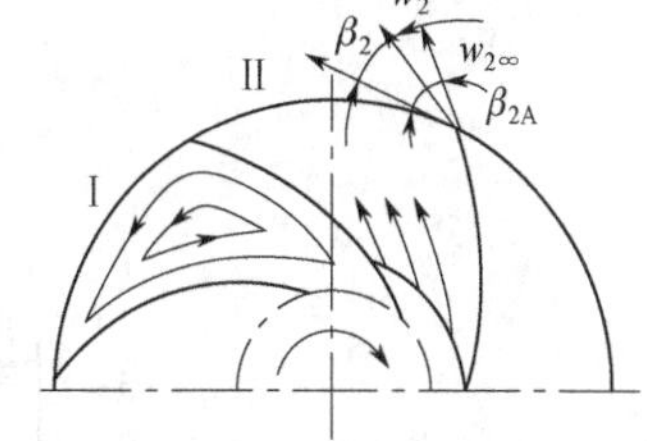

图 2-10　有限叶片对扬程的影响

离心泵叶片数目一般 6～12 片，常见的为 5～8 片。叶片厚度一般为 3～6mm。

（2）叶片离角（出口安装角）对泵扬程的影响　如图 2-11 所示，按叶片出口安装角β_{2A}不同，叶片可分为后弯、径向和前弯三种类型。其中前弯式叶片扬程最高，后弯式最低。但液体总扬程由动扬程和势扬程两部分组成，前弯式叶片，虽然总扬程较高，但其中动扬程所占比例大，流动损失大，泵的效率低，经济性差。后弯式叶片虽然总扬程小，但其中势扬程所占比例较大，流动损失小，泵的效率高，经济性好。所以实际应用中，离心泵广泛采用后弯式叶轮。

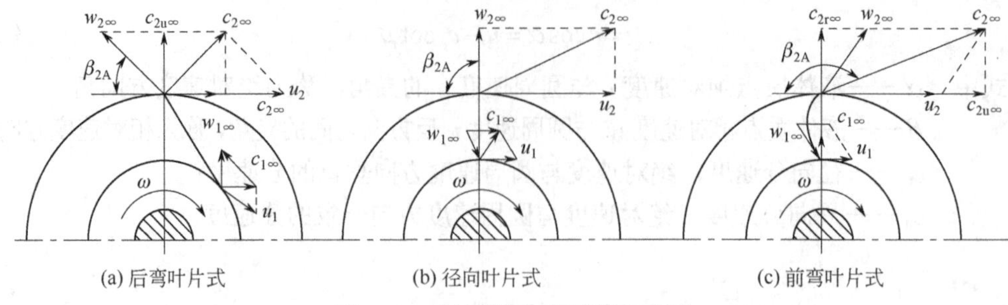

图 2-11 叶片形式及其速度三角形

（3）叶片形状 叶片在流道进口和出口的安装角度对离心泵性能有较大影响，流道内部叶片的形状对泵性能影响相对较小，在保证不使流道过分弯曲的情况下，光滑连接即可。

离心泵的叶片有圆柱形与扭曲形之分。圆柱形叶片指整个叶片沿宽度方向均与叶轮轴线平行，便于制造，用于流道狭长情况。扭曲形叶片有一部分不与叶轮轴线平行，用于流道较宽情况，容易扭曲成形，可提高抗汽蚀性能，减少冲击损失，提高泵的效率。

5．关于离心泵扬程的几个问题

（1）理论扬程和实际扬程 离心泵的理论扬程取决于离心泵的结构（如叶轮的直径、叶片的弯曲情况等）、转速和流量。泵的扬程目前还不能从理论公式算出，只能用实验方法测定。

（2）扬程和升扬高度

升扬高度：用泵将液体从低处送到高处的垂直距离，称为升扬高度。

扬程是泵提供给液体的位能（升扬高度）、动能、静压能和克服管路阻力的摩擦功之和。泵所能排送液体的高度总是小于总扬程 H 的。

（3）全扬程 泵的扬程是指全扬程，包括吸上扬程和压出扬程。

6．离心泵的实际扬程的计算

离心泵的实际扬程一般通过实验测定，测量装置如图 2-12 所示。

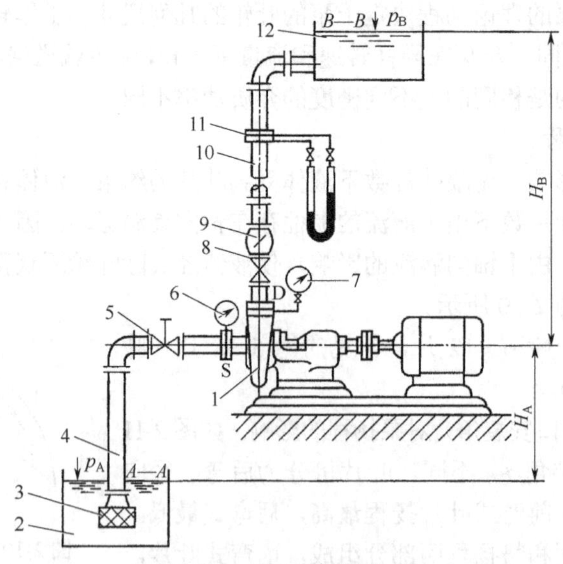

图 2-12 离心泵实验装置

1—泵；2—吸液罐；3—底阀；4—吸入管路；5—吸入管调节阀；6—真空表；7—压力表；8—排出管调节阀；9—单向阀；10—排出管路；11—流量计；12—排液管

（1）泵的实际扬程（由定义计算）

液体在泵入口处和出口处的总压头差

$$H = z_{\mathrm{D}} - z_{\mathrm{S}} + \frac{p_{\mathrm{D}} - p_{\mathrm{S}}}{\rho g} + \frac{c_{\mathrm{D}}^2 - c_{\mathrm{S}}^2}{2g} \tag{2-9}$$

泵的扬程表征泵本身的性能，只和泵进、出口法兰处液体能量有关，而和泵装置无直接关系，但利用能量方程，可以用泵装置中液体的能量表示泵的扬程。

（2）泵的实际扬程（由管路所需扬程计算）

$$H = \frac{p_{\mathrm{A}} - p_{\mathrm{B}}}{\rho g} + (H_{\mathrm{A}} + H_{\mathrm{B}}) + \frac{c_{\mathrm{B}}^2 - c_{\mathrm{A}}^2}{2g} + \sum h_{\mathrm{f}} \tag{2-10}$$

离心泵的实际扬程与叶轮几何尺寸、转速、流量、液体密度、黏度等有关。

◆任务四　观察其他零部件的结构，初步了解其工作原理和作用

1．密封环（口环）

密封环的作用是防止泵的内泄漏和外泄漏，由耐磨材料（优质灰铸铁、青铜或碳钢）制成的密封环，镶于叶轮前后盖板和泵壳上，磨损后可以更换。

如图 2-13 所示，密封环单侧间隙 S=0.1～0.2mm，太小，易磨损；太大，泄漏量增大，容积效率降低。

2．蜗壳

蜗壳是指叶轮出口到下一级叶轮入口或到泵的出口管之间、截面积逐渐增大的螺旋形流道，出口为扩散管状。如图 2-14 所示。

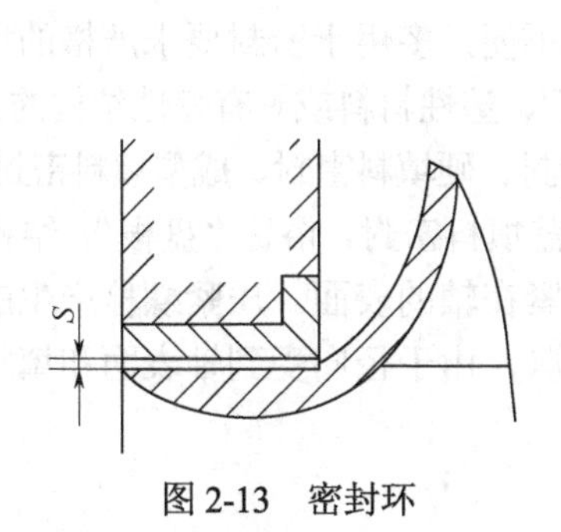

图 2-13　密封环

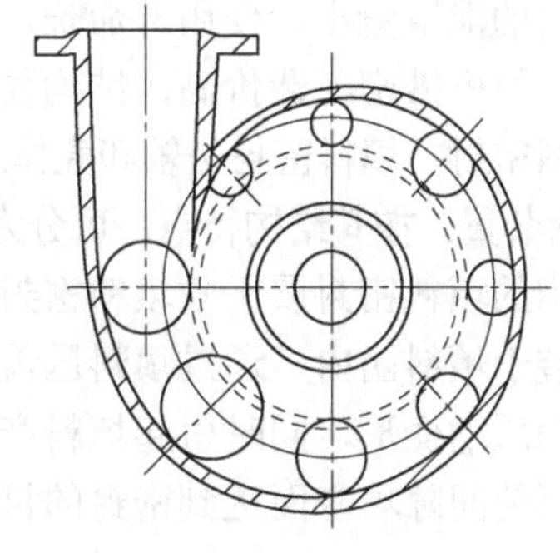

图 2-14　蜗壳

作用：汇集叶轮出口处的液体，引入泵的出口或下一级叶轮入口；将叶轮出口的高速流体的部分动能转变为静压能。

蜗壳分螺旋形蜗壳和环形蜗壳，一般采用螺旋形蜗壳，当泵的流量较小时可采用环形蜗壳。环形蜗壳的扩压效率低于螺旋形蜗壳，但可机械加工成形。当离心泵的扬程较大时，采用双螺旋形蜗壳，可平衡叶轮的径向力，减小叶轮的偏摆和振动。

蜗壳的优点是制造方便，高效区宽，车削叶轮后泵的效率变化较小；缺点是蜗壳形状不对称，作用在转子上的径向力不均匀，易使轴弯曲。故在多级泵中只是首段和尾段采用蜗壳，中段采用导轮装置。

蜗壳的材料常采用铸铁、铸钢等。

3．轴封

轴和泵壳的间隙会产生液体泄漏，所以装有轴封装置。轴封装置在吸入口一侧阻止外界空气漏入泵内，保证泵的正常操作；在排出口一侧阻止液体向外泄漏，提高泵的容积效率。

轴封一般有机械密封和填料密封两种。一般泵均设计成既能装填料密封，又能装机械密封。

（1）机械密封　机械密封是靠垂直于旋转轴线的端面在流体压力和补偿机构的弹力作用及辅助密封的配合下保持贴合并相对滑动而构成的防止液体泄漏的装置。也叫端面密封。

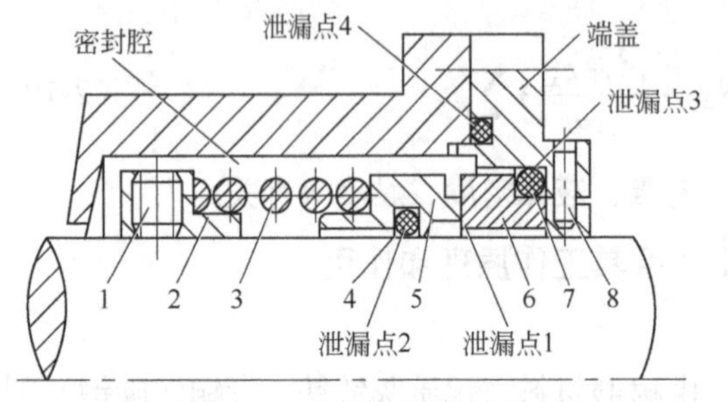

图 2-15　机械密封的结构

1—紧定螺钉；2—弹簧座；3—弹簧；4—动环辅助密封圈；5—动环；6—静环；7—静环辅助密封圈；8—防转销

如图 2-15 所示，机械密封一般主要由四大部分组成。

① 由静止环（静环）和旋转环（动环）组成的一对密封端面，该密封端面有时也称为摩擦副，是机械密封的核心；

② 以弹性元件（弹簧）为主的补偿缓冲机构；

③ 辅助密封机构，包括动环密封圈、静环密封圈以及机封压盖密封圈；

④ 使动环和轴一起旋转的传动机构。

机械密封的作用原理：动环在弹簧力和介质压力的作用下，与静环的端面紧密贴合，并发生相对滑动，阻止了介质沿端面间的径向泄漏（泄漏点 1）；动环辅助密封圈阻止了介质可能沿动环与轴之间间隙的泄漏（泄漏点 2）；静环辅助密封圈阻止了介质可能沿静环与端盖之间间隙的泄漏（泄漏点 3）；用 O 形圈或垫片来密封端盖与密封腔体连接处的泄漏（泄漏点 4）。

机械密封的泄漏量小，使用寿命长，一般 1～3 年；对轴的精度和表面粗糙度要求低；摩擦功耗小；但机械密封造价高，结构复杂，拆装不便，多用于密封要求严格的场合。

（2）填料密封　填料密封是轴和壳体之间用弹性、塑性材料或具有弹性结构的元件堵塞泄漏通道的密封装置。按其结构特点，可分为软填料密封、硬填料密封、成型填料密封及油封等。

离心泵用的填料密封属于软填料密封，又叫压盖填料密封，俗称“盘根”。结构如图 2-16 所示，填料装于填料函内，通过填料压盖将填料压紧在轴的表面。压紧螺栓产生的预紧力使填料产生轴向压缩变形，同时引起填料产生径向膨胀，由于径向受到轴表面和填料箱内表面的约束，从而使间隙填塞而达到密封的目的。

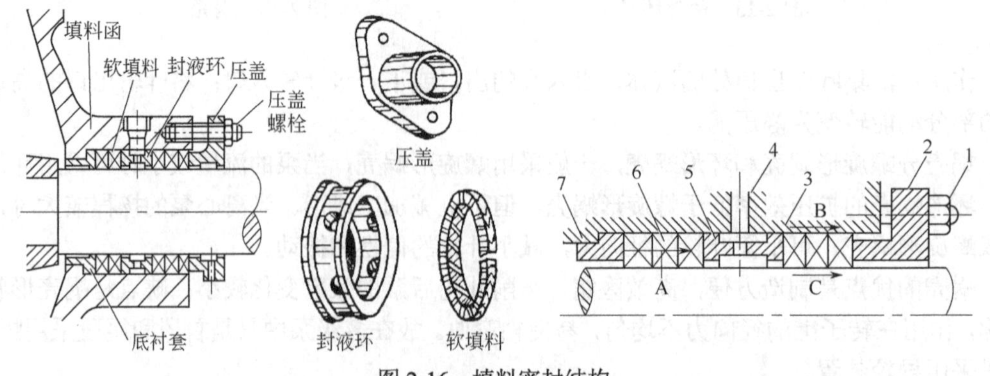

图 2-16　填料密封结构

1—压盖螺栓螺母；2—填料压盖；3—填料函；4—进液孔；5—封液环；6—填料；7—底衬套

由于轴表面具有一定的粗糙度，其与填料只能是部分贴合，而部分未接触，在填料和轴之间有着微小的间隙，像迷宫一样，带压介质在间隙中多次被节流，从而达到密封的作用；填料与轴表面贴合、摩擦，也类似滑动轴承，故应有足够的液体进行润滑，避免填料与轴的过度磨损，以保证密封寿命。

如图 2-16 所示，填料密封的泄漏途径有：A 穿越填料本身缝隙的渗漏；B 软填料与箱壁之间的缝隙，无相对运动，较易封住；C 软填料与泵轴之间的缝隙，有相对运动，是主要泄漏通道。

填料密封功率消耗大，使用寿命短，需经常更换。在使用中为避免轴与填料摩擦过大，允许一定的泄漏，一般重油每分钟不大于 10 滴，轻油每分钟不大于 15 滴，水正常为每分钟 10～20 滴。

常用填料类型按材料划分有棉织、石棉、石墨、聚四氟乙烯、芳纶纤维、金属和陶瓷纤维等；按加工方法划分有绞合填料、编织填料、叠层填料、模压填料等，如图 2-17 所示。

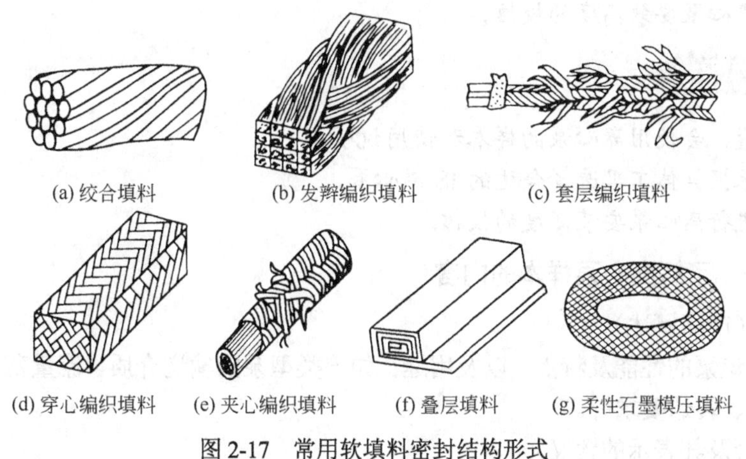

图 2-17　常用软填料密封结构形式

（3）其他部位密封　在泵体与泵盖之间、轴承压盖与轴承箱之间、填料压盖与填料箱之间、泵进出口与管道之间采用垫片密封，属于静密封。垫片材料有石棉、橡胶、聚四氟乙烯、石墨等。

轴承压盖与泵轴之间的密封采用骨架油封，属于动密封。

4．轴、轴套、轴承、联轴器

泵轴一端固定叶轮，一端装联轴器。泵轴是传递机械能的主要部件，承受很大的扭矩，其直径是按扭曲产生的最大剪切力设计的。轴的材料一般采用 45、不锈钢等。

轴套有定位轴套和保护轴套。定位轴套用于确定零件的轴向位置，保护轴套用于保护泵轴不受磨损以及介质的腐蚀。

根据离心泵的大小、结构、润滑等，轴承可选用滚动轴承和滑动轴承。

联轴器多采用挠性联轴器：弹性爪型联轴器、弹性套柱销联轴器、弹性叠片联轴器等。

5．轴承托架

托架一端为轴承箱，轴承箱两端内孔装有轴承，中间储存润滑油，两侧端面与轴承压盖通过螺栓相连，轴承压盖内装有骨架油封。托架另一端与泵盖通过双头螺柱相连，托架下方通过支架与机座相连，托架上加工有注油孔、放油孔、油窗等。

6．其他

叶轮锁母用于固定叶轮的轴向位置，叶轮锁母螺纹的旋向与泵轴的旋向相反，防止叶轮松脱。

挡水圈用于防止轴封损坏时，泄漏的介质沿轴进入轴承箱。

子项目二　离心泵的简单选型

知识目标

1. 了解离心泵样本和使用说明书的内容和用途。
2. 掌握离心泵性能曲线的含义及用途。
3. 熟悉离心泵选型参数及其计算、选型过程。
4. 掌握汽蚀现象及其原因、防止措施。
5. 掌握离心泵安装高度的校核。

能力目标

1. 能看懂、会使用离心泵的样本和使用说明书。
2. 能够根据具体工况选择合适的 IS 离心泵。
3. 能够进行离心泵安装高度的校核。

◆任务一　了解离心泵样本的内容

1．用途（产品概述）

主要介绍该泵的性能及特点，以及用途；如该类型泵的输送介质、流量范围、压力范围、工作温度范围、转速要求等。

2．泵型号及其表示的含义

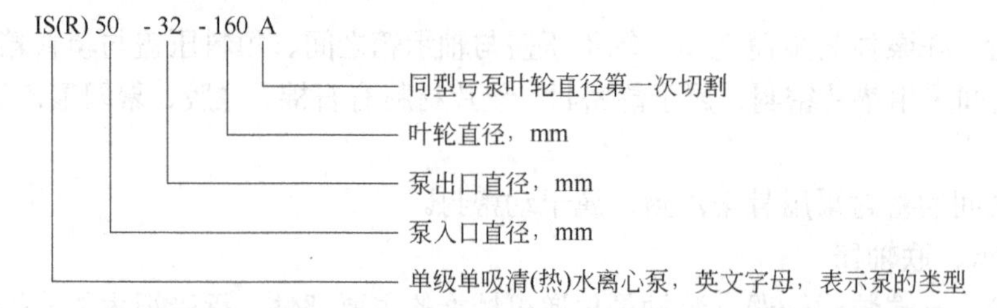

3．泵的结构图及说明

给出泵的结构简图，简要说明泵的结构形式和主要零部件如轴封、轴承、联轴器等的类型，泵的润滑方式等。

4．性能参数表及其参数含义

给出某一具体型号泵的性能参数，主要包括流量、扬程、转速、功率、效率、允许吸上真空度及允许汽蚀余量等。它们均表示了离心泵在一定转速下，以水为介质在最高效率时的性能参数。新泵出厂时，各性能参数均标在泵的铭牌上。

5．离心泵的性能曲线

离心泵的性能曲线反映泵在恒定转速下的各项性能参数。国内泵厂提供的典型的特性曲线一般包括 H-Q 线、N-Q 线、η-Q 线和 $NPSH_r$-Q 线，如图 2-18 所示。它们反映了离心泵的扬程、功率、效率随流量变化的规律。通过试验的方法测量、计算、绘制。根据这些性能曲线可以正确地选择、合理地使用离心泵。特性曲线标绘于泵的产品说明书中，其测定条件一般是20℃清水，泵的特性曲线均在一定转速下测定，特性曲线图上注出转速 n 值。

（1）离心泵工况点　一定转速下，对于每一个可能的流量，总有一组与其对应的 N、H、η 值，它们表示离心泵某一特定的工作状况，简称工况，该工况在性能曲线上的位置称为工况点。

（2）H-Q 曲线类型　离心泵的性能曲线有平坦、陡降和驼峰三种形状，如图2-19所示：

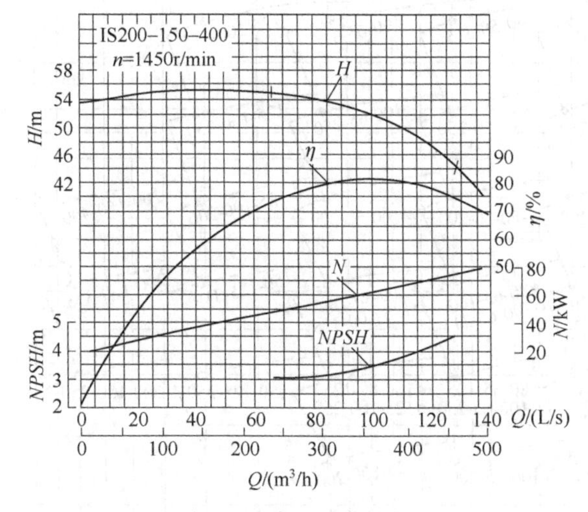

图2-18　离心泵特性曲线

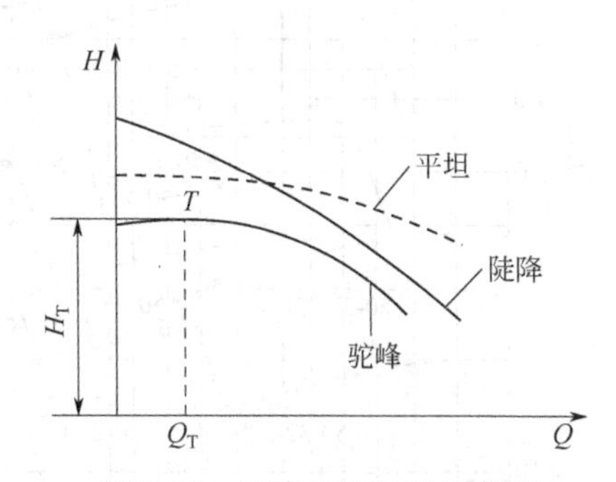

图2-19　三种形状的 H-Q 曲线

平坦型：扬程对流量不敏感，适于用排液管路上的阀门来调节流量，节流损失较小。

陡降型：适用于压力降变化较大时要求流量稳定的场合，适于输送易堵塞管路的介质。

驼峰型：易产生不稳定工况，一般在下降曲线部分操作。

（3）性能曲线的用途

H-Q 曲线：选择和操作离心泵的主要依据；

N-Q 曲线：选择电机功率和启动离心泵的依据；

η-Q 曲线：检查泵工作经济性；

Δh-Q 曲线：检查泵是否发生汽蚀，确定安装高度。

（4）泵的型谱图　如图2-20所示，离心泵的极限工作范围 $EFGH$ 由下列曲线确定。

曲线1：最大叶轮直径下的 H-Q 曲线。

曲线2：最小叶轮直径下的 H-Q 曲线。

曲线3：由最小连续流量确定的相似抛物线。

曲线6：由最大连续流量确定的相似抛物线。

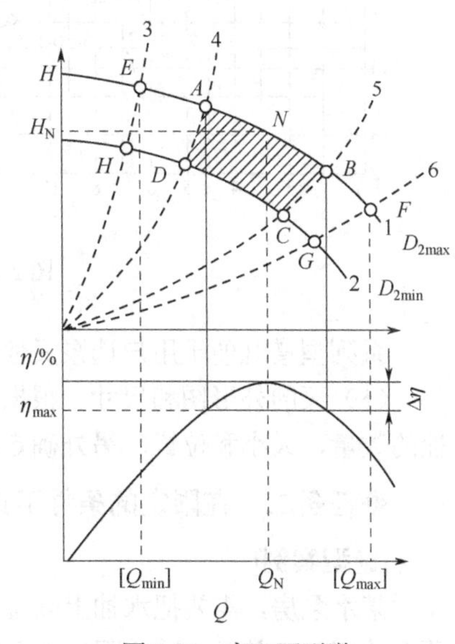

图2-20　离心泵型谱

泵的最佳工作范围 $ABCD$ 由下列曲线确定。

A、B 两点是标准叶轮直径 D_{2max} 下，H-Q 曲线上比最佳工况点 N 效率 η_{max} 低5%～8%

的等效工况点。过 AB 两点可以作出两条等效率切割抛物线 4、5，并交最小叶轮直径 $D_{2\min}$ 下 H-Q 曲线于 D、C 两点。

泵在 $ABCD$ 区域内任一点工作均认为是合适的。

将每种系列泵的最佳工作范围绘于一张图上称为型谱，为使图形协调，高扬程和大流量的工作范围不致过大，通常采用对数坐标表示，一般每种系列泵有一个型谱，见图 2-21。

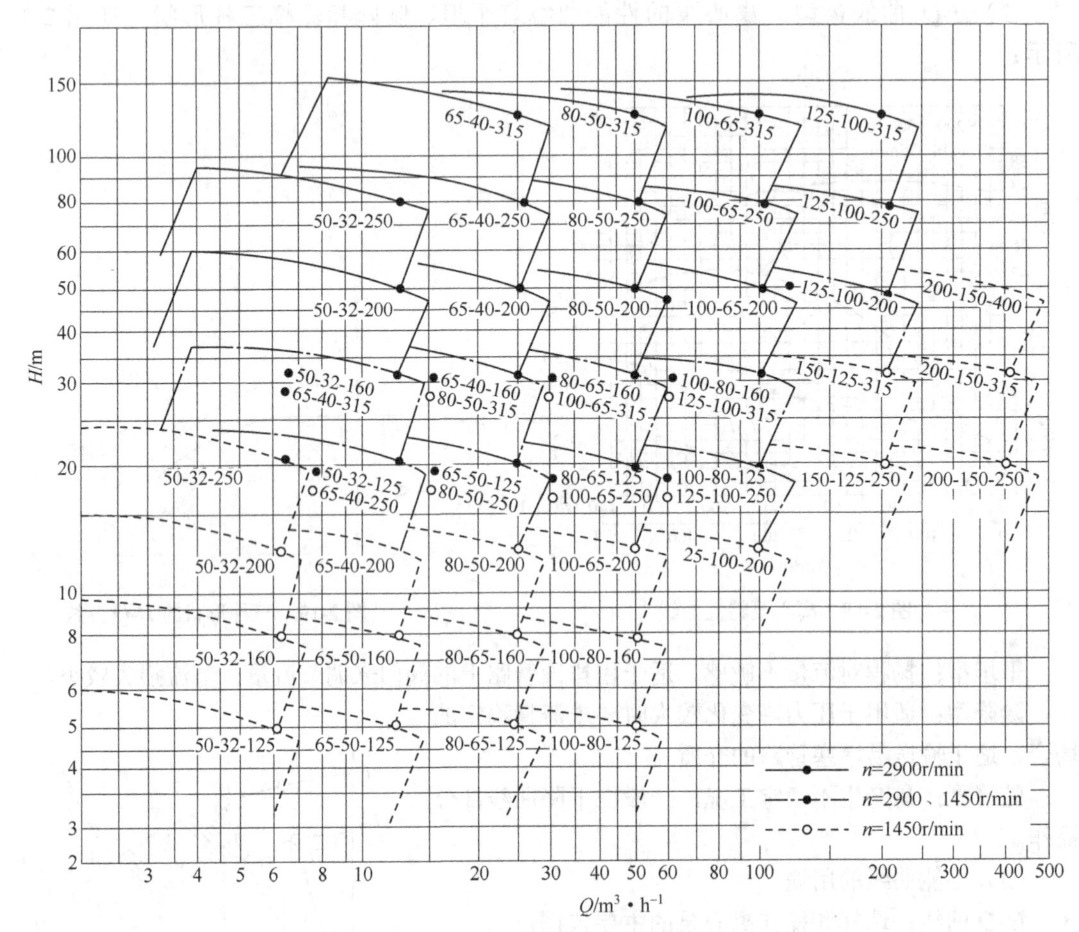

图 2-21 IS（IH）离心泵系列型谱图

系列型谱既便于用户选泵又便于计划部门向泵制造厂提出开发新产品的方向。

（5）泵的外形图和尺寸 根据泵的外形尺寸和安装尺寸，可以确定基础的大小和地脚螺栓的数量、大小和位置，另外确定相连的配管的大小，是泵安装必不可少的参数。

◆任务二 在限定的条件下选择合适的离心泵

[选型案例]

某水泵房，需要把水抽上高位水池，流量为 $20m^3/h$。现在测量出抽水池水面与高位水池顶面的相对高差是 24m，泵房地面相对于抽水水面高 3.5m，吸入管路安装有一底阀，两个弯头，管路长 6m，吸水管为 $\phi108\times4$ 钢管；排出管路安装有两个标准阀门，5 个弯头，管路总长 140m，采用 $\phi89\times4$ 钢管。试选择合适型号的水泵。

1．确定选型参数

（1）了解输送介质的物理化学性能　包括：介质特性（如腐蚀性、磨蚀性、毒性等）、固体颗粒含量及颗粒大小、密度、黏度、汽化压力等。必要时还应列出介质中的气体含量，说明介质是否易结晶等。

本案例的介质为水，无毒无害，20℃时密度 998.2kg/m^3，黏度 1.005cP，饱和蒸汽压为2338Pa，含少量泥沙。

（2）工艺参数　工艺参数是泵选型的最重要依据，应根据工艺流程和操作变化范围慎重确定。

① 流量 Q：指工艺装置生产中，要求泵输送的介质量，工艺人员一般应给出正常、最小和最大流量。

本案例中给定流量为 20m^3/h。

② 扬程 H：指工艺装置所需的扬程值，也称计算扬程。

装置所需扬程的计算，参考图 2-12，按照公式（2-10）：

$$H=\frac{p_{\mathrm{B}}-p_{\mathrm{A}}}{\rho g}+(H_{\mathrm{B}}+H_{\mathrm{A}})+\frac{c_{\mathrm{B}}^{2}-c_{\mathrm{A}}^{2}}{2g}+\sum h_{\mathrm{f}}$$

取抽水池水面 $A\text{-}A$ 与高位水池顶面 $B\text{-}B$ 为基准面，则 $p_{\mathrm{A}}=p_{\mathrm{B}}=0$，$c_{\mathrm{A}}=c_{\mathrm{B}}=0$，$H_{\mathrm{A}}+H_{\mathrm{B}}=$ 24m，故只须计算吸入管路与排出管路的总阻力损失 $\sum h_{\mathrm{f}}$ 。通过查阅表 2-1 和表 2-2，估算管路阻力损失。

$$流量 Q=20\mathrm{m}^3/\mathrm{h}=\frac{20\times1000}{3600}=5.56\mathrm{L/s}$$

查表 2-1 得：在流量为 6L/s 时，公称直径 100mm 的管子，100m 直管的阻力损失为 0.8m；公称直径 75mm 的管子，100m 直管的阻力损失为 3.3m。

查表 2-2 得：公称直径 100mm 的吸入管路的底阀的阻力损失为 100 × 100=10000mm=10m 直管长度，2 个弯头的阻力损失为 25 × 100 × 2=5000mm=5m 直管长度；公称直径 80mm 的排出管路的两个标准阀门的阻力损失为 13 × 80 × 2=2080mm=2.08m 直管长度，5 个弯头的阻力损失为 25 × 80 × 5=10000mm=10m 直管长度。

吸入管路阻力损失= (6+10+5) × 0.8/100=0.168m

排出管路阻力损失= (140+2.08+10) × 3.3/100=5.02m

总阻力损失 $\sum h_{\mathrm{f}}=0.6+1.24=1.84\ \mathrm{m}$

代入式（2-10），得

$$H=24+1.84=25.84\ \mathrm{m}$$

③ 进口压力 p_{s} 和出口压力 p_{d}：指泵进、出接管法兰处的压力，进、出口压力的大小影响到壳体的耐压和轴封的要求。

离心泵的出口压力近似等于离心泵的进口压力加上离心泵的扬程。

④ 温度 T：指泵的进口介质温度，一般应给出工艺过程中泵进口介质的正常、最低和最高温度。温度会影响泵的选材、轴承、密封等。

⑤ 装置汽蚀余量 $NPSH_{\mathrm{a}}$，也称有效汽蚀余量。影响泵的汽蚀与安装高度。

⑥ 操作状态。包括连续操作和间歇操作两种，对选用泵的数量等有影响，连续操作一般选用两台，一开一备；间歇操作可选一台。

表 2-1 直管摩擦损失简表（供估计用）

管径/mm	流量/（L/S）																							
	1	2	4	6	8	10																		
25	32.7	13.0																						
38	3.5	14	55				15	20																
50	0.8	3.1	13	29					25	30														
65		0.8	3.2	7.1	13	20					40	50												
75		0.4	1.6	3.3	5.9	9.6	21.6						60	70										
100			0.4	0.8	1.3	2.1	6.8	8.6	13	19.4					80	90								
125				0.23	0.4	0.63	1.3	2.7	4.1	5.9	10.7						100	110						
150					0.16	0.26	0.58	1.1	1.6	2.3	4.2	6.4	9.4						120	130				
175						0.11	0.27	0.5	0.74	1.05	1.9	2.9	4.3	5.8	7.7	9.6					140	160		
200							0.13	0.26	0.37	0.53	0.93	1.5	2.1	2.9	3.7	4.7	6.1	7.2	8.5				180	200
250								0.07	0.12	0.18	0.3	0.48	0.68	0.93	1.2	1.5	1.9	2.3	2.8	3.3	3.7	4.9	0.2	
300										0.07	0.12	0.19	0.27	0.37	0.49	0.61	0.76	0.9	1.1	1.3	1.5	2.0	2.4	3.0

注：表中数字表示 100m 直管损失米数，以新铸铁管为标准，旧管加倍。

表 2-2 阀门及弯管折合直管长度

种 类	折合管路直径倍数	备 注
全开闸阀	13	未敞开加倍
标准弯管	25	
逆止阀	100	
底阀	100	部分堵塞加倍

注：例如 100mm 直径管，底阀折合 100 倍直径等于 100 × 100=10000mm=10m 直管长度，假定流量为 8L/s，查表 2-1，直管每 100m 损失 1.3m，则 10m 损失 0.13m，即 1 个 100mm 底阀，流量为 8L/s 时，则损失扬程 0.13m。

（3）现场条件 现场条件包括泵的安装位置（室内、室外）、环境温度、相对湿度、大气压力、大气腐蚀状况及危险区域的划分等级等条件。

2．泵类型和台数

泵类型：离心泵、往复泵、轴流泵、自吸泵、油泵、耐腐蚀泵等。

泵台数，一般一台，特殊情况下可考虑两台，连续性生产一般两台，一开一备。

由于介质为清水，流量和扬程均不大，故选用 IS 单级单吸离心泵系列泵。

3．选择泵的型号

（1）查阅泵的样本，确认装置所需泵的参数是否在该系列泵的性能范围之内 查阅 IS 离心泵样本，可知该类型泵适用于流量在 6.3～400m^3/h，扬程在 5～125m 之间，所以可用。

（2）确定额定流量与额定扬程 额定流量一般直接采用装置的最大流量。缺少最大流量数值时取正常流量的 1.1～1.15 倍。一般要求泵的额定扬程为装置所需扬程的 1.05 倍。

额定流量 = (1.1～1.15)Q = 22～23m^3/h，取额定流量为 23 m^3/h

额定扬程 = 1.05H = 1.05 × 29.2 = 30.66m，取额定扬程为 32m。

（3）查泵的型谱图或性能表 根据前面确定的流量和扬程，在图 2-21 离心泵系列型谱上，在横坐标找到 Q=23 m^3/h 所在的点，过该点作横轴的垂线；同样在纵坐标轴上找到 H=32m 的点，过该点作纵轴的垂线，两条垂线相交于一点，由该点所在位置，初步确定泵的型号。由图可知，交点在 IS65-40-160 和 IS80-50-315 工作区域内。

若交点在泵某一型号泵的 H-Q 曲线上，说明该型号的泵满足要求；若交点在某一型号泵的工作范围内，没有在曲线上，说明可切割叶轮，或降低工作转速，改变泵的性能曲线，使其通过交点。若交点并不落在任一个工作域内，而在某四边形附近，说明没有一台泵能满足工作点参数，并使其处在高效工作范围内，可适当改变台数或泵的工作条件（如采用出口阀门调节）来满足要求。

查水泵性能表找到

IS65-40-160 的性能参数：

n=2900 r/min，Q=25 m^3/h，H=50m，η=60%，N=7.5kW，必需汽蚀余量 $NPSH_r$=2.0m。

IS80-50-315 的性能参数：

n=1450r/min，Q=25 m^3/h，H=32m，η=52%，N=5.5kW，必需汽蚀余量 $NPSH_r$=2.5m。

两者比较，IS80-50-315 比较接近工作情况，故可选择该型号泵。

◆任务三 对选定的离心泵性能进行校核

按性能曲线校核泵的额定工作点是否落在泵的高效工作区内；校核泵装置的汽蚀余量是否满足要求；核算泵的轴功率和驱动电机的功率是否符合要求。

1．了解汽蚀现象及其影响因素

（1）汽蚀现象　如图2-22和图2-23所示，根据离心泵的工作原理可知，液体是在吸液池压力p_0和叶轮入口附近最低压力p_k间形成的差压(p_0–p_k)作用下流入叶轮的，当p_0一定时，p_k愈低，则泵的吸入能力就愈大。但当p_k低于液体相应温度下的饱和蒸汽压力p_t时，液体便剧烈汽化而生成大量气泡。这些气泡随之被带入叶轮内的高压区，在高压作用下，气泡被压缩重新凝结成液体，气泡溃灭，形成空穴。瞬间内，周围的液体会以极高的速度向空穴冲击，造成液体相互撞击，使局部压力骤然剧增（有时可达10MPa）。这不仅阻挠液体正常流动，更严重的是，如果这些气泡在叶道壁面附近溃灭，则周围的液体就像无数小弹头一样，以极高频率连续撞击金属表面，造成金属表面因冲击、疲劳而剥落。若气泡内含有一些活性气体（如氧气等），它们借助气泡凝结时放出的热量，对金属起电化学腐蚀作用，这就更加快了金属剥落的速度。这种液体汽化、凝结形成高频冲击负荷，造成金属材料的机械剥落和电化学腐蚀的综合现象统称为汽蚀现象。

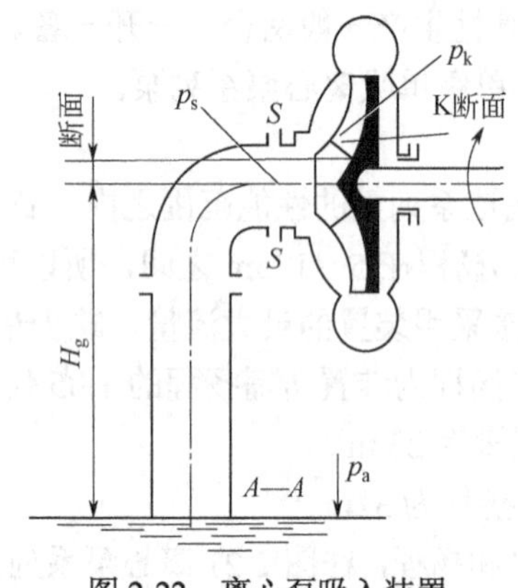

图2-22　离心泵吸入装置

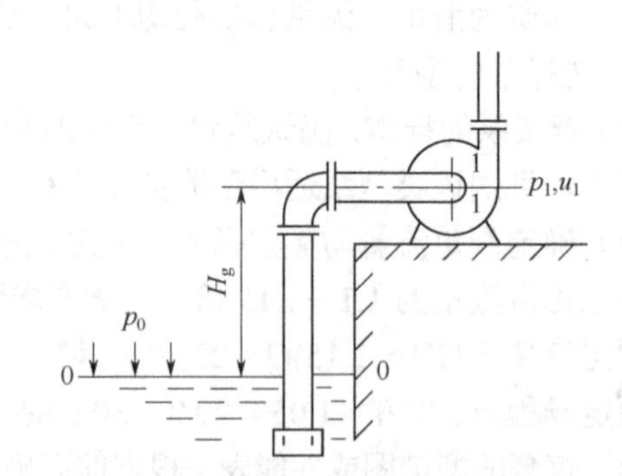

图2-23　离心泵吸液示意图

（2）汽蚀的危害　汽蚀发生时，材料在冲击力作用下发生破坏，同时泵体因受冲击而振动，并发出噪声，泵的性能下降，严重时甚至无法工作。

（3）分析汽蚀的影响因素　离心泵汽蚀现象的发生与吸液高度有关。泵在低于允许吸液高度下操作，可以保证整个装置安全可靠运行。

要使泵不发生汽蚀而可靠地运行，泵入口的压力不能过低，即泵入口处流体所具有的能量$\left(\dfrac{p_s}{\rho g}+\dfrac{u_s^2}{2g}\right)$应大于饱和液体汽化静压能$\left(\dfrac{p_t}{\rho g}\right)$。

汽蚀余量是指泵吸入口处液体所具有的超过输送温度下该液体的饱和蒸气压的富余能量，用符号Δh表示，国外用$NPSH$表示。

汽蚀余量又分最小汽蚀余量与允许汽蚀余量。最小汽蚀余量用Δh_{min}或$NPSH_r$表示，单位为m，它指当泵内即将产生汽蚀时，S处的压头大于液体饱和蒸汽压力头的值。即

$$\Delta h_{min}=\frac{p_s}{\rho g}+\frac{u_s^2}{2g}-\frac{p_t}{\rho g}\ \text{（m）} \tag{2-11}$$

最小汽蚀余量是泵发生汽蚀的临界值，使用时加上0.3m作为允许汽蚀余量。

$$[\Delta h]=\Delta h_{min}+0.3\ \text{（m）} \tag{2-12}$$

2．分析安装高度与汽蚀余量的关系，校核离心泵的安装高度是否满足要求

离心泵的安装高度指泵入口中心线到吸液池液面的垂直距离，用H_g表示，见图2-23。

由伯努利方程：

$$\frac{p_a - p_s}{\rho g} = \frac{u_s^2}{2g} + H_g + \sum h_s \qquad (2\text{-}13)$$

由式（2-11）～式（2-13）联合可得泵的允许安装高度：

$$\left[H_g\right] = \frac{p_a - p_t}{\rho g} - [\Delta h] - \sum h_s \qquad (2\text{-}14)$$

式中，$\sum h_s$为吸入管阻力损失，m。

注意：

① 为保证泵不会发生汽蚀，应使泵的实际安装高度小于允许安装高度；

② p_a为当地大气压，与当地海拔高度有关，不同地区的允许安装高度并不一致；

③ 对于一定的离心泵，它的允许汽蚀余量是一定的，吸入管路阻力越大，在大气压和饱和蒸汽压为定值的情况下，允许安装高度越低；

④ 输送的液体为沸腾状态时，即$p_a = p_t$，允许安装高度为$\left[H_g\right] = -[\Delta h] - \sum h_s$，为负值，说明泵安装位置应在液面以下。

根据式（2-14）计算离心泵的允许安装高度，与泵的实际安装高度进行比较，泵的实际安装高度应小于允许安装高度，否则会造成汽蚀现象，影响泵的正常使用。

在本案例中，计算允许安装高度：

已知$p_a = 9.81\times10^4\text{Pa}$，20℃时水的饱和蒸汽压$p_t = 2339\text{Pa}$，20℃时水的密度为998kg/m^3，IS80-50-315 泵的允许汽蚀余量$[\Delta h] = NPSH_r + 0.3 = 2.5 + 0.3 = 2.8(\text{m})$，吸入管路阻力损失$\sum h_f = 0.6m$，将以上数值代入式（2-14）得

$$\left[H_g\right] = \frac{p_a - p_t}{\rho g} - [\Delta h] - \sum h_s = \frac{9.81\times10^4 - 2339}{988\times9.8} - 2.8 - 0.6 = 9.89 - 2.8 - 0.6 = 6.5(\text{m})$$

水泵房地面距抽水池液面为3.5m，泵基础高0.2m，水泵中心高为0.2m，则泵的实际高度为$H_g = 3.5 + 0.2 + 0.2 = 3.9(\text{m})$。$H_g < \left[H_g\right]$，所以泵的安装高度符合要求，不会发生汽蚀。

3．分析讨论提高泵抗汽蚀性能的措施，探讨泵使用过程如何避免汽蚀

提高离心泵抗汽蚀能力可以从两方面进行考虑，一方面是合理地设计泵的吸入装置及其安装高度，使泵入口处有足够大的汽蚀余量；另一方面是改进泵本身的结构参数或结构形式，使泵具有尽可能小的允许汽蚀余量。

（1）提高泵本身抗汽蚀性能

① 改变叶轮形状：加大叶轮进口直径、加大叶轮进口宽度、改变进口曲率、进口冲角等；使叶轮表面光滑，叶片流道圆滑。

② 采用双吸式叶轮：在相同的流量下，使叶轮入口处的流速减小。

③ 采用诱导轮：诱导轮是一个轴流式的螺旋形叶轮，当液体流过诱导轮时，诱导轮对液体做功而增加能头，即对进入后面离心叶轮的液体起到增压作用，从而提高了泵的吸入性能。

④ 采用超汽蚀叶形的诱导轮。

⑤ 采用抗汽蚀材料：如铝铁青铜 9-4、不锈钢 2Cr13、稀土合金铸铁和高镍铬合金等。

实践证明，材料强度和韧性越高，硬度和化学稳定性越高，叶道表面越光滑，则材料的抗汽蚀性能也越好。

（2）装置方面　降低吸入液体温度；减少吸上高度或变净正吸入为灌注吸入；减小吸入管路的流动损失，如采用粗而光滑的吸管，减少管路附件；关小排出阀或降低泵转速，降低流量。

4．核算泵的轴功率和驱动电机的功率是否符合要求

（1）泵的轴功率的计算

$$N_e=\frac{QH\rho g}{1000}=\frac{20\times28\times998\times9.8}{3600\times1000}=3.15(\text{kW})$$

（2）电机驱动功率的计算

$$\text{电机功率 } N_D=(1.1\sim1.15)N_e=3.5\sim3.62\text{kW}$$

所选电机功率为 5.5kW，能满足使用要求。

子项目三　离心泵的运行

知识目标

1. 了解离心泵管路特性曲线和离心泵的工作点，了解气缚的原因及其影响。
2. 了解离心泵润滑的作用和润滑方法。
3. 熟悉离心泵运行的完好标准（参数、泄漏、声音、振动、温度等）。
4. 掌握测温、测振等测量仪器的使用方法。
5. 掌握离心泵常用的流量调节方法。

能力目标

1. 能够按使用说明书或操作规程正确操作离心泵。
2. 能够对离心泵进行检查与维护。
3. 能够对离心泵进行流量调节。
4. 会使用常用的检测工具、仪器。
5. 能够对常见故障进行处理。

离心泵安装或检修完毕，要进行试运转，按要求试运转合格后，若没有发现问题，便可进行移交，进入正常运行。

◆任务一　离心泵的运行

1．运行前的准备

① 检查检修记录，确认数据正确，准备好试运转用的各种记录表格。

② 把泵周围卫生打扫干净。

③ 检查地脚螺栓有无松动，电机接地线是否良好，入口管线及附属部件、仪表是否完整无缺。

④ 检查联轴器是否连接良好，防护罩是否上好。

⑤ 轴承部位加入合适的润滑油，油位在1/2～2/3油标处。

⑥ 检查冷却系统是否畅通。

⑦ 盘车应无卡涩现象和异常声响。

⑧ 对于高温泵要进行充分的预热，低温泵需进行预冷。

⑨ 联系电工检查电机，并送电。

2．离心泵的启动

① 灌泵。启动前应关闭泵出口阀和泵进出口之间的旁通阀，打开进口阀，使液体充满泵体，打开防空阀，将空气排净后关闭。

② 检查轴封泄漏是否符合要求。

③ 盘车无问题后，点动，检查电机转向是否正确。

④ 启动泵，逐渐打开泵出口阀。

3．运行中的检查

① 检查电机电流是否正常。

② 检查出口压力是否正常。

③ 检查轴封泄漏是否符合要求。密封介质泄漏不得超过下列要求。

a．对于机械密封，我国机械行业标准JB/T 4127.1—1999《机械密封技术条件》规定：当被密封介质为液体时，平均泄漏率，在轴（或轴套）外径大于50mm时，不大于5mL/h；而当轴（或轴套）外径不大于50mm时，不大于3mL/h。

b．对填料密封，转轴用软填料密封的允许泄漏率如表2-3所示。

表2-3 一般转轴用软填料密封的允许泄漏率

允许泄漏率/（mL/min）	轴径/mm			
	25	40	50	60
启动30min内	24	30	58	60
正常运行	8	10	16	20

④ 检查冷却系统运转是否正常。

⑤ 检查泵的振动值是否正常。振动值应符合ISO2372和ISO3495标准。见附表1。

⑥ 检查润滑系统和轴承温度是否正常。对于强制润滑系统，轴承润滑油的温升不应超过28℃，轴承金属的温度应小于93℃，对于油环润滑或飞溅润滑系统，油池的温升不应超过39℃。

⑦ 随时注意泵的出口流量和压力，并根据变化情况判断过滤网的堵塞情况，当堵塞严重时，应立即停泵处理。

⑧ 认真妥善处理运行中出现的问题，并做好详细记录。

4．停泵

① 关闭出口阀门。

② 停止电动机。

③ 关闭轴承和填料函的冷却水阀门。

停泵后应进行必要的检查和维护，保证其在备用停运期间处于良好状况。对于停用期间的备用泵，要经常查看润滑剂的质与量，泵身及泵内介质该加热保温的要进行加热保温。为不使转子因自重而弯曲，造成启动困难，对备用泵要定期盘车。对于长期停用的泵，要打开泵壳上的丝堵，放净泵内介质，以免天寒时冻坏泵。必要时，要打开泵体，将内部零件擦洗干净，涂上防锈油。长期停用的泵，无论在现场还是仓库，都要定期盘车。

◆任务二　离心泵的润滑

1．润滑

一般来说，在摩擦副之间加入某种物质，用来控制摩擦、降低磨损，以达到延长使用寿命的措施叫做润滑。能起到降低接触间的摩擦阻力的物质都叫润滑剂（或称减摩剂，包括液态、气态、半固体及固体物质）。

2．润滑的类型

可根据摩擦副表面间形成的润滑膜的状态和特征分为以下几种。

（1）流体润滑　液体润滑剂的摩擦因数仅为0.001～0.01；只有金属直接接触时的几十分之一，故有流体润滑时，磨损轻微。

（2）边界润滑　摩擦表面的微凸体接触较多，润滑剂的流体润滑作用减少，甚至完全不起作用，载荷几乎全部通过微凸体以及润滑剂和表面之间相互作用所生成的边界润滑剂膜来承受。

（3）混合润滑（或称半流体润滑）　摩擦面上同时出现液体润滑、边界润滑和干摩擦的润滑状态。

（4）无润滑或干摩擦　摩擦表面之间不存在任何润滑剂或润滑剂的流体润滑作用已不复存在，载荷由表面上存在的固体膜及氧化膜或金属基体承受时的状态。

3．润滑的作用

① 减少摩擦；② 降低磨损；③ 冷却、降温；④ 防止腐蚀；⑤ 其他作用，如密封、传递动力、减振等。

4．润滑剂

润滑剂有液体、半固体、固体、气体四种。

（1）润滑油——液体润滑剂

① 润滑油的品种　常用的润滑油按来源分为三类：有机油，通常是动植物油，在边界润滑时有很好的润滑性能，因来源有限，使用不多；矿物油，主要是石油产品，来源广，成本低，适用范围广，应用最多；化学合成油，通过化学合成方法制成的新型润滑油，能满足高温、高速、重载等特殊要求，适用面窄，成本较高，用得较少。

润滑油的主要物理化学性能有黏度、闪点、燃点、凝固点、倾点及油性、水分、机械杂质以及抗氧化稳定性、抗乳化性、灰分、酸值、极压性及含水溶性酸和水溶性碱量等。

② 润滑油的选用　应根据机器的工作条件（负荷、温度和转速）来确定，一般选择原则如下。

a．在保证零件安全运转的条件下尽量选用低黏度润滑油。

b．在高速轻负荷下工作的摩擦零件应选用低黏度的润滑油，在低速重负荷下工作的摩擦零件应选用高黏度的润滑油。

c．在低温环境下工作（如冬季）的摩擦零件应选用低黏度和低凝固点（倾点）的润滑油，如冷冻机应选用冷冻机油，一般润滑油的凝固点应比机器的最低工作温度低10～20℃；在高温环境下工作（夏季）的摩擦零件应选用大黏度和闪点、燃点高的润滑油，如蒸汽机汽缸可选用过热汽缸油、饱和汽缸油和压缩机油，一般润滑油的闪点至少应高于机器的最高工作温度 20～30℃。

d．受冲击负荷（或交变负荷）和往复运动的摩擦零件及工作温度高、磨损严重和加工较粗糙的摩擦表面均应选黏度大的润滑油。

e．变压器和油开关应选绝缘性好的变压器油或开关油；氧气压缩机应选用特殊润滑剂，如蒸馏水和甘油的混合物。

f. 代用油黏度应与原用油相等或稍高，高温代用油要有足够高的闪点、良好的抗氧化稳定性和油性；低温代用油要有足够低的凝固点（倾点）。用不同黏度的油混合掺配代用油的方法参见有关资料。

（2）润滑脂　润滑脂是润滑油与稠化剂（如钙、锂、钠的金属皂）的膏状混合物。主要性能指标有针入度、滴点等。

① 品种　根据调制润滑脂所用皂基不同，主要有以下几类。

a．钙基润滑脂：具有良好的抗水性，但耐热能力差，工作温度不宜超过 55～65℃。

b．钠基润滑脂：有较高的耐热性，工作温度可达 120℃，但抗水性差。但它能与少量水乳化，保护金属免遭腐蚀，比钙基润滑脂有更好的防锈能力。

c．锂基润滑脂：能抗水，耐高温（工作温度不宜高于 145℃），有较好的机械安定性，是一种多用途的润滑脂。

d．铝基润滑脂：有良好的抗水性，对金属表面有高的吸附能力，可起到很好的防锈作用。

② 选用

a．高速、轻载的摩擦表面应选针入度大的润滑脂，低速、重载的摩擦表面选针入度小的润滑脂。

b．冬季或在低温条件下工作的摩擦零件应选滴点低的润滑脂，夏季或在高温条件下工作的摩擦零件应选滴点高的润滑脂，一般润滑脂的使用温度比其滴点低 20～30℃。

c．当工作温度在 60℃以下且在干燥的环境中，所有润滑脂可相互代用，当工作温度在 60℃以上和其他条件相同时，应根据滴点选择代用润滑脂。

d．在潮湿或与水直接接触的条件下工作的摩擦零件应选用钙基润滑脂和铝基润滑脂，而在高温条件下工作的摩擦零件应选用钠基润滑脂和锂基润滑脂。

（3）固体润滑剂　机器润滑最常用的固体润滑材料为二硫化钼、石墨、聚四氟乙烯等几种，其用量超过全部固体润滑材料总用量的 90%。

（4）气体润滑剂　常用的气体有空气、氢、氧、氮、一氧化碳、氦、水蒸气等。主要用于气体轴承的润滑，如用于高速、超高速（6×10^4～20×10^4r/min）机床主轴的气体轴承以及低温透平膨胀机（−200℃，8×10^4～12×10^4r/min）的气体轴承的润滑。

5．设备润滑的管理

（1）基础知识

① 四懂三会

设备使用“四懂三会”：懂结构、懂性能、懂原理、懂用途；会操作使用、会维护保养、会排除故障。

化工生产“三懂四会”：懂生产原理，懂工艺流程，懂设备结构；会操作，会维护保养，会排除故障和处理事故，会正确使用消防器材和防护器材。

② 设备润滑的“五定”：定点、定质、定量、定期、定人。

③ 设备润滑的“三级过滤”：合格油品进润滑站固定油罐（桶）时进行一级过滤，润滑油站固定油罐（桶）的油进加油工具时要进行二级过滤，加油工具里的油进入设备润滑点时要进行三级过滤。

油桶、油壶、油点。

④ 五查：查油位、查油压、查油温、查油量、查滤网。

（2）设备换油

① 由技术员编制计划，一般结合设备的定期保养、大中修计划编制；按月或季度进行；设备油箱容积在50～100kg以上者，推行以质换油。

② 设备换油工作，一般由润滑工负责，操作工协助。对于大、精、稀设备，必须有维修钳工参加，车间技术员验收。

③ 新设备或大修后的设备，第一次清洗换油时间应按照设备说明书的要求来确定，一般为30天左右，以后纳入正常换油周期；

④ 换油工艺流程：关闭机器电源→油箱放油→打开油箱盖板→用棉布或棉纱擦净油箱油污→用清洁煤油清洗油箱并将煤油放净→擦净润滑装置→按规定油品牌号加至油位标线→盖上油箱盖→合闸试车，有问题排除→填写设备清洗换油竣工单。

注意润滑器具的清洗。

◆任务三 离心泵的流量调节

1．离心泵的工作点

在泵的叶轮转速一定时，一台泵在具体操作条件下所提供的液体流量和扬程可用 *H-Q* 特性曲线上的一点来表示。至于这一点的具体位置，应视泵前后的管路情况而定。讨论泵的工作情况，不应脱离管路的具体情况。泵的工作特性由泵本身的特性和管路的特性共同决定。

（1）管路特性曲线 由伯努利方程导出外加压头计算式

$$H_e = \Delta z + \frac{\Delta p}{\rho g} + \frac{\Delta u^2}{2g} + \Sigma H_f \tag{2-15}$$

Q 越大，$\sum H_f$ 越大，则流动系统所需要的外加压头 H_e 越大。将通过某一特定管路的流量与其所需外加压头之间的关系，称为管路的特性。

式（2-15）中的压头损失

$$\sum H_f = \lambda\left(\frac{l+l_e}{d}\right)\frac{u^2}{2g} = \frac{8\lambda}{\pi^2 g}\left(\frac{l+l_e}{d^5}\right)Q^2 \tag{2-16}$$

若忽略上、下游截面的动压头差，则

$$H_e = \Delta z + \frac{\Delta p}{\rho g} + \frac{8\lambda}{\pi^2 g}\left(\frac{l+l_e}{d^5}\right)Q^2 \tag{2-17}$$

令 $A = \Delta z + \dfrac{\Delta p}{\rho g}$，若把 λ 看成常数，则

$$H_e = A + BQ^2 \tag{2-18}$$

上式称为管路的特性方程，表达了管路所需要的外加压头与管路流量之间的关系。在 *H-Q* 坐标中对应的曲线称为管路特性曲线，如图2-24所示。

管路特性曲线反映了特定管路在给定操作条件下流量与压头的关系。此曲线的形状只与管路的铺设情况及操作条件有关，而与泵的特性无关。

（2）离心泵的工作点　将泵的 H-Q 曲线与管路的 H-Q 曲线绘在同一坐标系中，两曲线的交点 M 点称为泵的工作点。如图 2-25 所示。

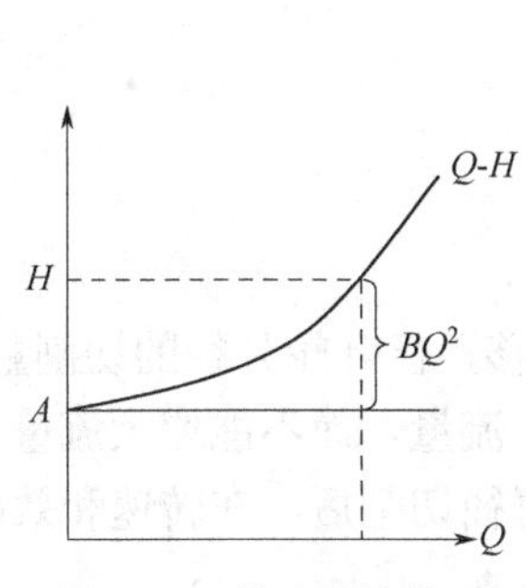

图 2-24　管路特性曲线

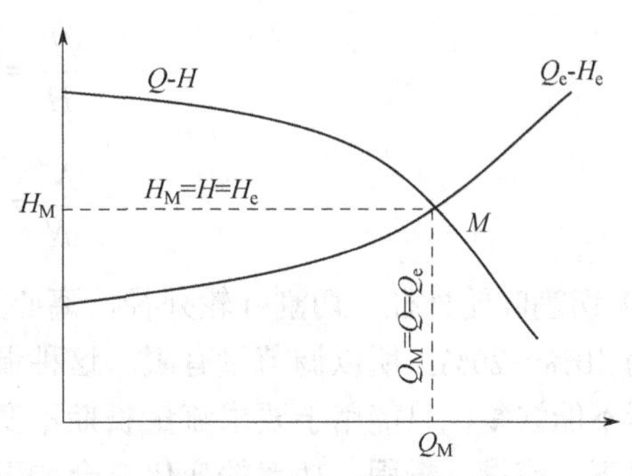

图 2-25　离心泵的工作点

① 泵的工作点由泵的特性和管路的特性共同决定，可通过联立求解泵的特性方程和管路的特性方程得到。

② 安装在管路中的泵，其输液量即为管路的流量；在该流量下泵提供的扬程也就是管路所需要的外加压头。因此，泵的工作点对应的泵压头既是泵提供的，也是管路需要的。

③ 指定泵安装在特定管路中，只能有一个稳定的工作点 M。

2．离心泵的流量调节

由于生产任务的变化，管路需要的流量有时是需要改变的，这实际上就是要改变泵的工作点。由于泵的工作点由管路特性和泵的特性共同决定，因此改变泵的特性和管路特性均能改变工作点，从而达到调节流量的目的。

（1）改变泵管路特性

① 改变出口阀的开度　改变管路系统中的阀门开度可以改变 B 值，从而改变管路特性曲线的位置，使工作点也随之改变，如图 2-26 所示。生产中主要采取改变泵出口阀门的开度的调节方法。

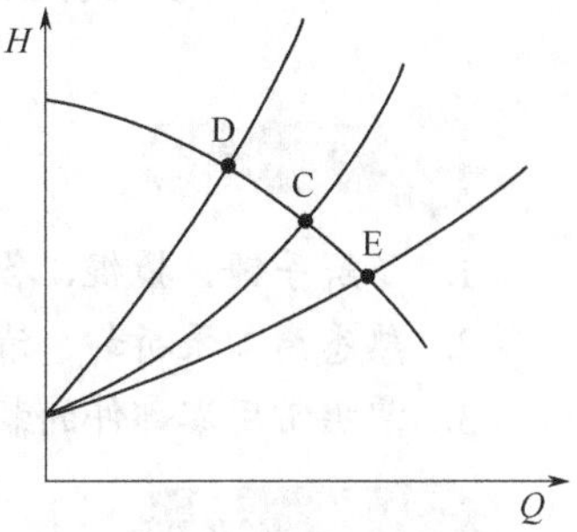

由于用阀门调节简单方便，且流量可连续变化，因此工业生产中主要采用此方法。

图 2-26　改变出口阀门的开度

② 旁路调节　在泵出口管路上设旁路与吸液池相连，旁路上装有调节阀，控制调节阀的开度，将排出液体的一部分引回吸液池内，以此来调节泵的排液量。这种调节方法也较简单，但回流液体仍需消耗泵功，经济性较差。对于某些因流量减少而造成效率降低较多或泵扬程特性曲线较陡的情况，采用这种调节方法是较有利的。

（2）改变离心泵性能曲线的流量调节

①改变泵的工作转速　可改变泵的 H-Q 性能曲线位置，因此可以用改变泵转速的方法来调节流量。当 n 增大时，H-Q 性能曲线向上方移动；当 n 减小时，H-Q 性能曲线向下方移动。改变转速调节是比较经济的，它没有节流引起的能量损失，但它要求原动机改变转速，如直流电动机、汽轮机等，对于交流电动机，采用变频调节，可任意调节转速，且节能、可靠。

改变转速时，流量、扬程、功率的变化符合如下比例定律。但应注意当介质黏度较大，转速相差过大时，计算值不准确。

$$\frac{Q'}{Q}=\frac{n'}{n} \tag{2-19}$$

$$\frac{H'}{H}=\left(\frac{n'}{n}\right)^2 \tag{2-20}$$

$$\frac{N'}{N}=\left(\frac{n'}{n}\right)^3 \tag{2-21}$$

② 切割叶轮外径　切割叶轮外径，离心泵的性能曲线下移，但叶轮外径的切割量有限，一般为 10%～20%，所以调节量有限。这种调节方法只能减小流量，而不能增大流量，叶轮切割后不能恢复，只能用于要求流量长期不变的场合。叶轮直径切割后，在转速和效率不变的情况下，流量、扬程、功率的变化符合如下切割定律。

$$\frac{Q'}{Q}=\frac{D_2}{D_2} \tag{2-22}$$

$$\frac{H'}{H}=\left(\frac{D_2'}{D_2}\right)^2 \tag{2-23}$$

$$\frac{N'}{N}=\left(\frac{D_2'}{D_2}\right)^3 \tag{2-24}$$

子项目四　IS（IH）离心泵的拆检与组装

知识目标

1. 了解手锤、撬棍、各类扳手、螺丝刀、拔轮器等常用工具的用途和使用方法。
2. 熟悉离心泵拆卸、清洗、检查、组装的技术要求和注意事项。
3. 掌握常用零部件的装配方法（轴承、叶轮、轴封、联轴器等）和技术要求。

能力目标

1. 会选择合适的检修工具并能熟练使用。
2. 能够按要求对离心泵进行拆卸、清洗、检查与组装调整。

离心泵在安装和检修过程中执行的质量标准原则上以制造厂技术要求为准。如果说明书没有要求，离心泵安装部分可参照国家标准 GB 50275—1998《压缩机、风机、泵安装工程施工及验收规范》以及 SH/T 3538—2005《石油化工机器设备安装工程及验收通用规则》，检修部分可参照 SHS 01013—2004《离心泵维护检修规程》。

◆任务一　IS（IH）离心泵的拆卸

1．拆卸原则

① 能不拆的组合件尽量不拆。

② 重要位置留下原始数据。

③ 各零部件的相对位置和方向做标记，尽量不要互换，按次序放好。

④ 尽量使用专用工具。

2．拆卸前的准备

（1）工艺准备

① 切断电源，确保拆卸时的安全。

② 关闭进出口阀门，隔绝液体来源。

③ 开启放液阀，消除泵内的残余压力，放净泵内的介质，若为有毒有害介质，需清洗吹扫，检查合格后方可拆卸。

④ 对于在高温或低温下工作的泵，应等所有零件均为常温后方可拆卸。

（2）资料准备　应准备好与泵相关的技术资料、图纸、使用说明书、检修规程等。

（3）工具准备　拆卸、检查、测量、装配工具的准备。

（4）备品备件准备　准备好需更换的零部件及消耗品如棉纱、清洗剂、润滑油等。

3．常用拆卸工具与测量工具

（1）活扳手　如图2-27所示，活扳手由固定钳口、活动钳口、螺杆及扳手体组成。

使用时要注意受力方向，应使固定钳口承受主要作用力，见图2-28；要选用合适的扳手，并调整好扳手开口大小，以适应不同规格螺母；使用中手柄的长度不得任意接长，以免力矩太大损坏扳手或螺栓；活扳手使用效率不高，活钳口易歪斜，使用中容易使螺栓或螺母的六方头或四方头出现滑方。

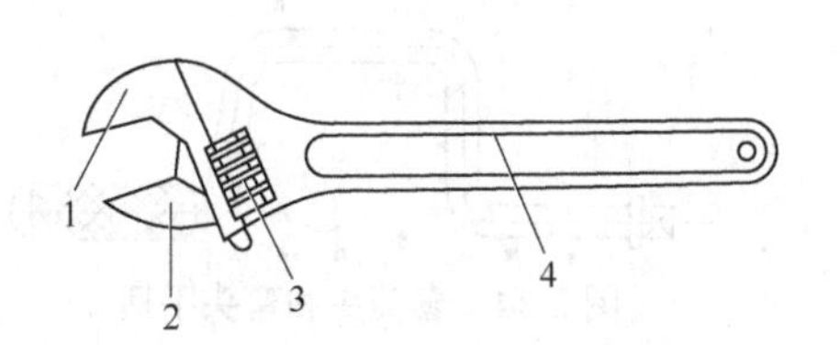

图2-27　活扳手

1—固定钳口；2—活动钳口；3—螺杆；4—扳手体

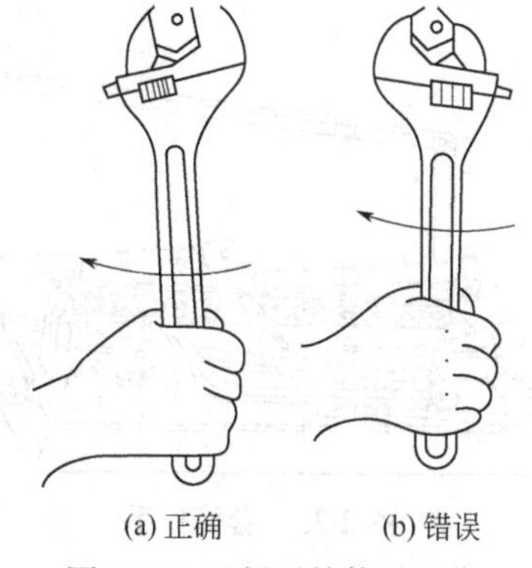

图2-28　活扳手的使用方法

（2）专用扳手　专用扳手只能拧紧或拧松一种尺寸或规格的螺栓和螺母。它包括以下几种。

① 开口扳手　如图2-29所示，也称呆板手，分单头或双头两种，它们的开口尺寸应与拧动的螺栓或螺母的尺寸相适应。

② 整体扳手　如图2-30和图2-31所示，有正方形、六角形、十二角形（梅花形）等几种，其中以梅花扳手应用最广泛。使用梅花扳手时，每转过30°，就可以改变扳手方向，适合在狭窄的地方使用。

③ 内六角扳手　如图2-32所示，内六角扳手断面形状为正六方形，主要用于拧紧或旋松带六角槽的螺栓。

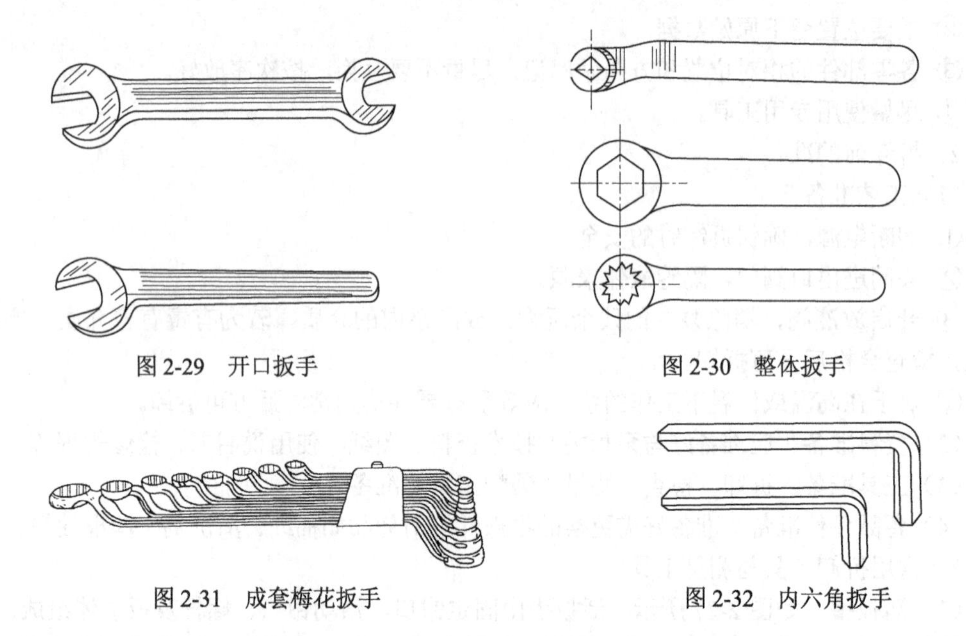

图 2-29 开口扳手

图 2-30 整体扳手

图 2-31 成套梅花扳手

图 2-32 内六角扳手

④ 套筒扳手 如图 2-33 和图 2-34 所示，套筒扳手由棘轮扳手、弯头手柄、滑行头手柄、活络头手柄、通用手柄、摇手柄、接杆、直接头、万向接头、旋具接头和一套尺寸不同的套筒头组成，所有配件放置在铁皮盒内，携带较方便。

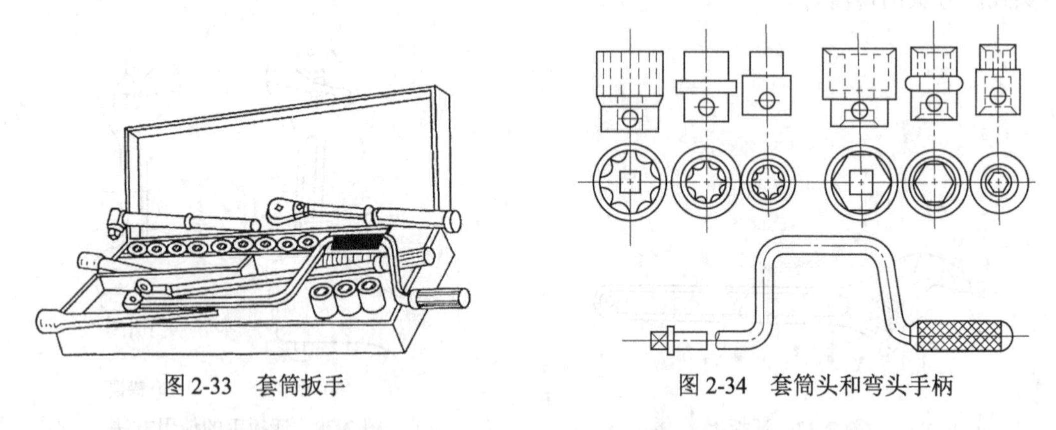

图 2-33 套筒扳手

图 2-34 套筒头和弯头手柄

使用时，应将扳手和手柄与套筒头组装在一起，根据螺栓或螺母的规格，选用不同的套筒头。可用于很狭窄的地方或凹下较深的螺栓或螺母。

⑤ 锁紧扳手 如图 2-35 所示，锁紧扳手主要用于拧紧或旋松圆形螺母，使用时将锁紧扳手的工作端插入圆形螺母的槽或孔中，扳转扳手的手柄，即带动圆形螺母旋转。常用的有钩头锁紧扳手、U 形锁紧扳手、冕形锁紧扳手和销头锁紧扳手等。

⑥ 测力扳手 如图 2-36 所示，测力扳手又叫力矩扳手，主要由弹性扳手柄、与套筒头配合的柱体、长指针、刻度盘以及手柄几部分组成。测力扳手主要用来显示拧紧螺栓或螺母时，拧紧力矩的大小。工作时，由于扳手柄和刻度盘一起向扳转的方向产生弯曲，长指针就可在刻度盘上指出螺栓或螺母拧紧力矩的大小。凡对螺栓或螺母的扭矩有明确规定时，都要使用这种扳手，如压力容器的紧固螺栓、活塞式压缩机的连杆螺栓等。

（3）錾子 錾子是化工检修钳工的常用工具之一，主要用于对零件表面进行錾削，对轴类零件錾键槽、轴瓦内表面錾削油槽、组合件在拆卸前做标记、机器两半壳体的分离以及对薄板型原材料进行切割等。如图2-37所示，常用的錾子有扁錾、窄錾、油槽錾等。

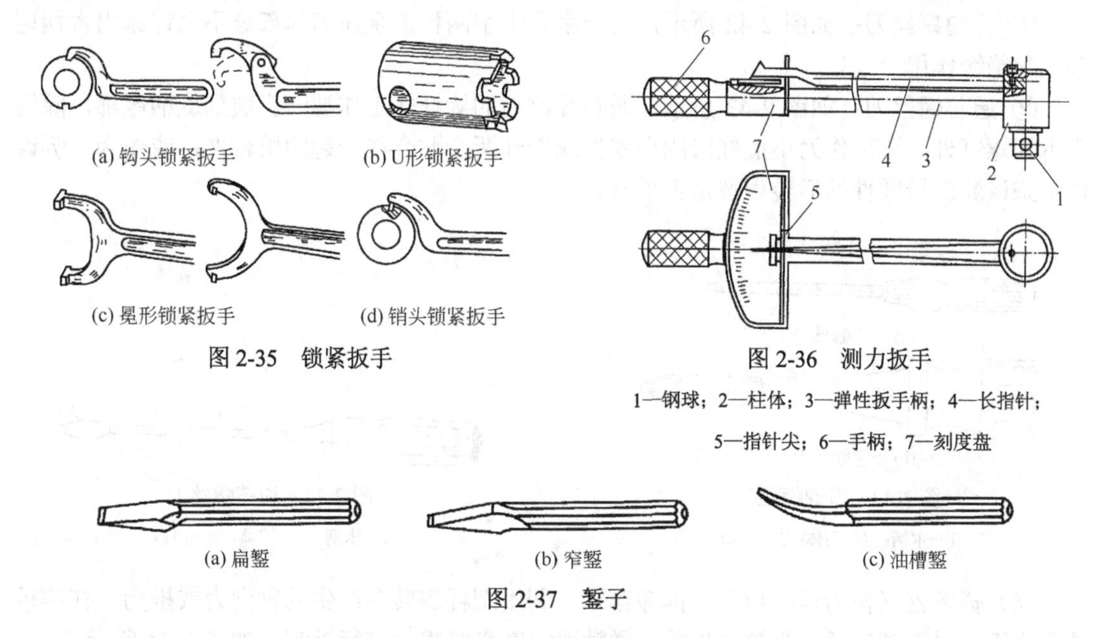

(a) 钩头锁紧扳手　(b) U形锁紧扳手

(c) 冕形锁紧扳手　(d) 销头锁紧扳手

图2-35　锁紧扳手

图2-36　测力扳手

1—钢球；2—柱体；3—弹性扳手柄；4—长指针；5—指针尖；6—手柄；7—刻度盘

(a) 扁錾　(b) 窄錾　(c) 油槽錾

图2-37　錾子

（4）刮刀　刮刀是刮削的主要工具，通常分为平面刮刀和曲面刮刀两种。平面刮刀主要用于刮削平面和刮花，例如对开式滑动轴承上下瓦体结合面刮削。平面刮刀有直头刮刀和弯头刮刀两种，见图2-38。

曲面刮刀主要用于刮削零件内表面，例如滑动轴承轴瓦内表面的刮削。有三角刮刀和蛇头刮刀两种，见图2-39。用刮刀对零件表面进行刮削的操作，是利用刮刀的刃部对零件表面材料进行微量切削的过程，如图2-40和图2-41所示。

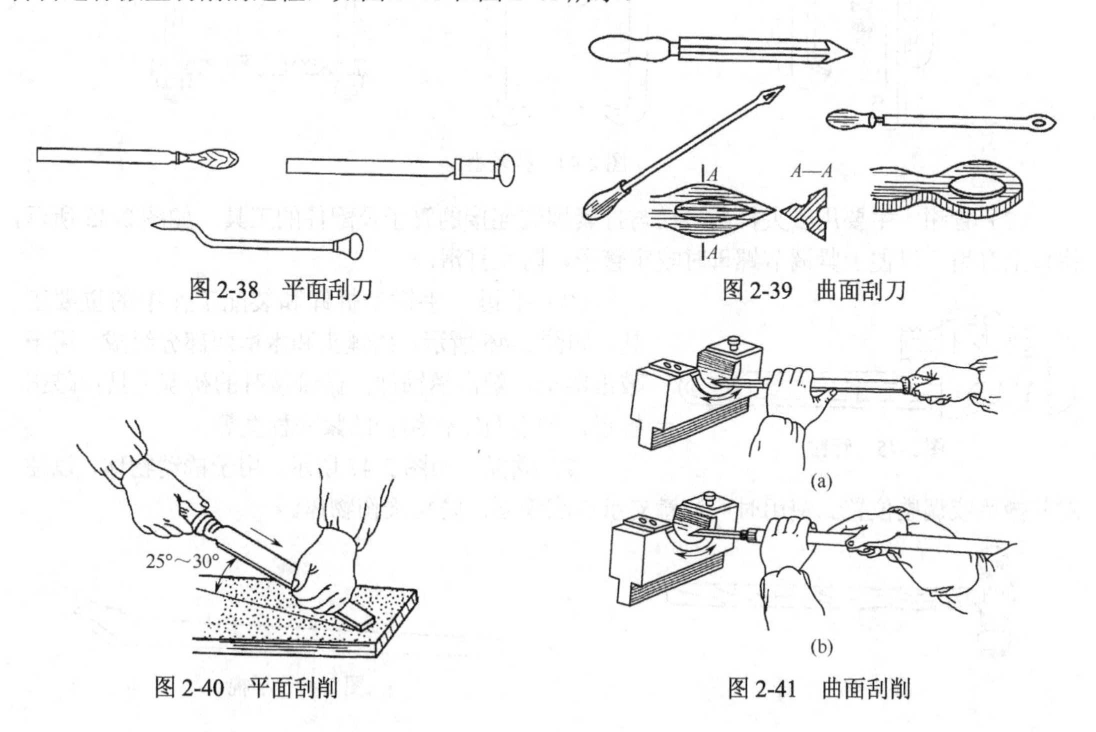

图2-38　平面刮刀

图2-39　曲面刮刀

图2-40　平面刮削

图2-41　曲面刮削

（5）螺丝刀　螺丝刀又叫螺丝起子、改锥等，是拧紧或旋松带槽螺栓或螺钉的工具。包括以下两种。

① 普通螺丝刀：如图 2-42 所示，有一字和十字两种，金属刀体部分不允许露出木柄尾部，起绝缘作用。

② 通芯螺丝刀：如图 2-43 所示，通芯螺丝刀的旋杆非工作端一直装到旋柄尾部，除用于拆卸螺钉外，还可作为小撬杠来撬小零件或撬开两个贴合在一起的组合件；或作为“听诊器”来诊断旋转零件的运转声音是否正常。

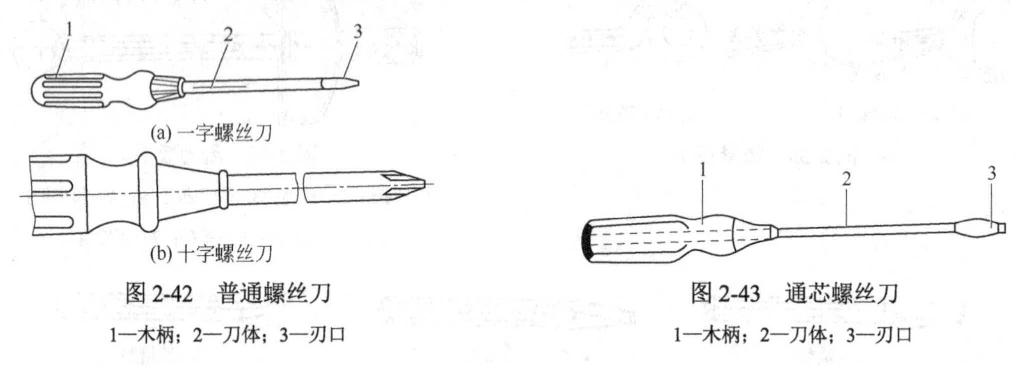

(a) 一字螺丝刀

(b) 十字螺丝刀

图 2-42　普通螺丝刀

1—木柄；2—刀体；3—刃口

图 2-43　通芯螺丝刀

1—木柄；2—刀体；3—刃口

（6）拔轮器（拉力器，拉马，拆卸器）　利用螺杆旋转时产生的轴向力或推力，在钩爪的配合下，对滚动轴承、带轮、齿轮、联轴器等圆盘类零件进行拆卸，如图 2-44 所示。

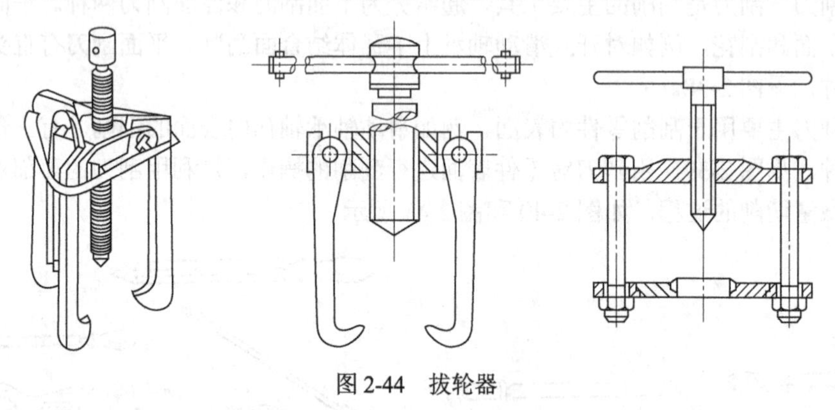

图 2-44　拔轮器

（7）管钳　主要用于夹持或旋松与拧紧螺纹连接的管子及配件的工具。如图 2-45 所示，钳口上有齿，以便上紧调节螺母时咬牢管子，防止打滑。

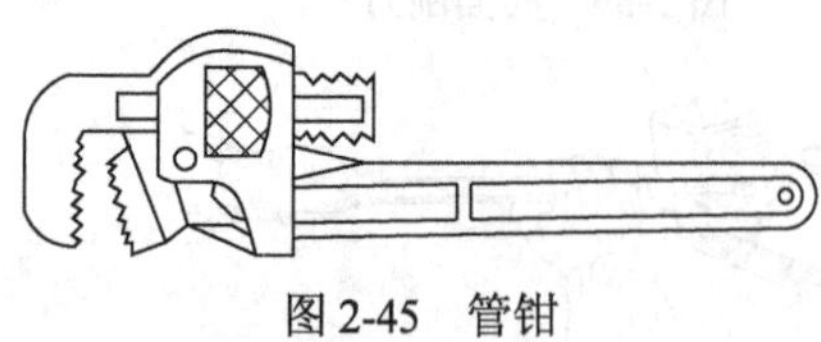

图 2-45　管钳

（8）手锤　手锤是拆卸和装配工作中的重要工具，如图 2-46 所示，由锤头和木柄两部分组成，用于敲击錾子，敲击锈蚀件；做铆接时的初铆工具；敲击检查，判断两零件结合的紧密程度等。

（9）撬棍　如图 2-47 所示，用于撬动物体，以便对其搬运或调整位置。使用时应注意支承点应稳固；防止损伤物体。

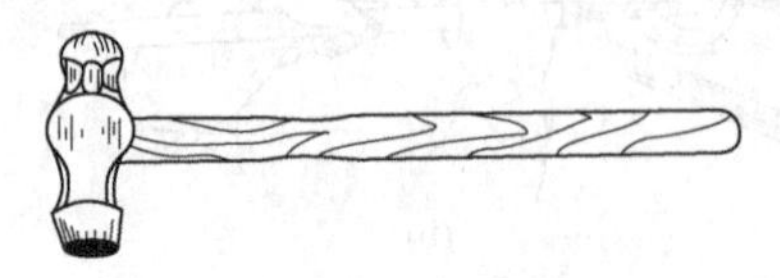

图 2-46　手锤

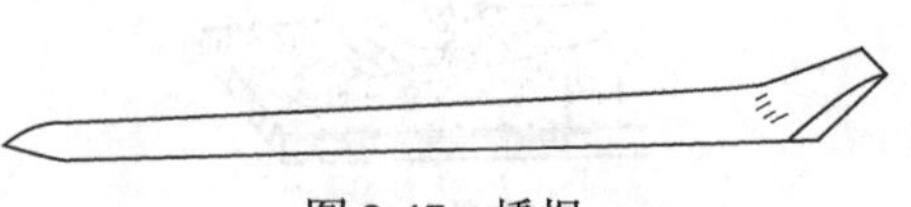

图 2-47　撬棍

（10）百分表　百分表是钳工常用的一种精密量具，它能测量和校验工件尺寸和形状的微量偏差，也可以使用比较法测量零件的尺寸。在钳工的检修和装配工作中，可使用百分表检测和提高某些零件的同轴度、直线度、垂直度等组装后的精度。百分表的外形如图2-48所示，使用时必须安装在专用的百分表架上。表架有万能百分表架和磁性百分表架两种，安装方法如图2-49所示。使用时应使百分表的触头和被测零件的表面相接触，使指针处于一定的读数值，以便在测量时，能准确地显示出差值的正负。

图2-48　百分表

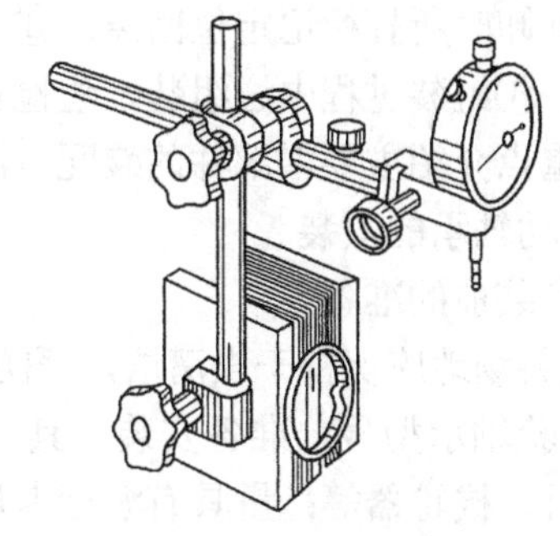
图2-49　百分表的安装

4．IS（IH）泵的拆卸

（1）泵体的拆卸

① 拆下电机的地脚螺栓，断开泵与电机相连的联轴器，将电机移开。

② 拆下支架的连接螺栓，取下支架。

③ 拆开泵体与泵盖的连接螺栓，借助顶丝或螺丝刀将其分开。

（2）叶轮的拆卸

① 如果叶轮有背叶片，在拆卸前检查泵盖与叶轮之间的间隙。

② 通过在联轴器端口固定转轴松开叶轮螺母。

③ 用拔轮器或撬杆将叶轮顶起拆下，取出键。

（3）泵轴的拆卸

① 拆下泵盖与托架连接螺栓，取下泵盖。

② 拆下填料压盖螺栓，取出填料或机封。

③ 用拔轮器将联轴器拆下，取出键。

④ 取下挡水圈。

⑤ 拆下轴承压盖。

⑥ 把轴带和轴承一起从轴承箱中拆出。

⑦ 使用拔轮器从轴上拆下轴承。

5．零部件的清洗

离心泵拆卸后需要对零部件进行清洗，为检修和安装作准备。

零部件清洗的质量直接影响到零部件的检查与测量精度，为除去零部件的锈迹、污垢，可用煤油、柴油或专门的清洗剂清洗，对于零件上需要施焊的部位，可用四氯化碳、丙酮等清洗；对于干燥的锈迹，可用铲去掉，或用砂布打磨。

各零部件的位置和方向要做标记，放置要有次序，以免修后组装时相互搞错。尽管有些零件（如叶轮、轴瓦、轴套等）有互换性，组装时也不能随意调换位置。否则转子的平衡会受到影响，原来跑合过了的零件又要重新跑合。对于一些小的零部件（螺母、垫片、键等），应包装好后编号存放，以免遗失。

◆任务二 IS（IH）离心泵的组装

离心泵的各零部件经检查和处理合格后，应按技术要求进行组装，同时应遵循一定的装配方法，否则会影响装配质量。离心泵的组装顺序与拆卸顺序相反，在组装时应注意以下几点：①组装前清洗干净各零部件，组装时各部件配合面要加一些润滑油润滑；②组装各部件时必须按拆卸时所打标记定位回装；③上紧螺栓时要注意顺序，应对称并均匀把紧，一般分多次上紧；④组装过程中边组装，边检查、测量，同时做好记录。

下面重点介绍主要零部件的装配方法。

1．滚动轴承的安装

（1）安装前的准备

① 安装场地应保持干燥清洁，严防铁屑、沙粒、灰尘、水分进入轴承。

② 检验轴承型号，准备安装工具。常用工具有手锤、铜棒、套筒、专用垫板、螺纹夹具、压力机、拔轮器等；量具有游标卡尺、千分表、千分尺等。

（2）轴承的清洗与检查　用防锈油封存的轴承可用柴油或煤油清洗。粗洗时，在油中用刷子等清除润滑脂或粘着物，精洗时，在油中慢慢转动轴承。两面带防尘盖或密封圈的轴承，或涂有带防锈润滑两用脂的轴承，在出厂前已加入了润滑剂，安装时可不进行清洗。

用煤油清洗时，应一手捏住轴承内圈，另一手慢慢转动外圈，直到轴承的滚动体、滚道、保持架上的油污完全清除。轴承清洗后应立即添加润滑剂，放到工作台上，下面垫以净布或纸垫，上面盖好；不允许用手直接拿，应戴帆布手套，或用干净布。

（3）检查

① 轴承的检查　对轴承内外圈、滚动体、滚道和保持架进行外观检查，其表面应无腐蚀、坑疤与斑点等缺陷。最后将轴承拿在手里，捏住内圈，水平转动外圈，旋转应灵活、无阻滞、杂音。

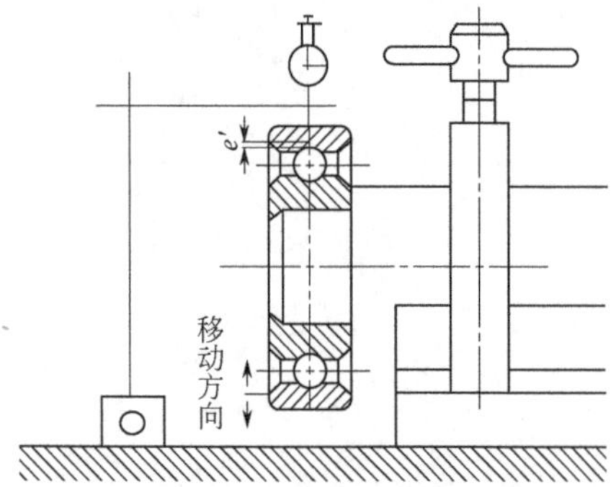

图 2-50　在轴上测量轴承径向间隙

轴承径向间隙的检查，一种方法是用轴承间隙1.5～2 倍的铅丝穿过轴承，转动内圈，使滚动体和轴承座圈相互挤压铅丝后，将铅丝拿出用千分尺测量其厚度，所测厚度即为该轴承的径向间隙。另一种方法是将轴承装在轴颈上，内圈固定，用百分表测头与轴承外圈表面接触，然后转动外圈，每转 90° 做上下推动两次，百分表上下两值之差即为该轴承的径向间隙。如图 2-50 所示。

② 轴与轴承座的检查　将泵轴清洗干净后，用砂布打光，检查表面是否有沟痕和磨损，检查配合部位的尺寸、表面粗糙度、圆度，检查泵轴的直线度以及轴肩对轴的垂直度。

a．对承受径向和轴向载荷的滚动轴承与轴的配合为 H7/js6，仅承受径向载荷的滚动轴承与轴的配合为 H7/k6，滚动轴承外圈与轴承内壁的配合为 JS7/h6。

b．检查轴承座的表面粗糙度、直径、圆度等。

c．用直角尺检查轴肩对轴的垂直度（图 2-51）。

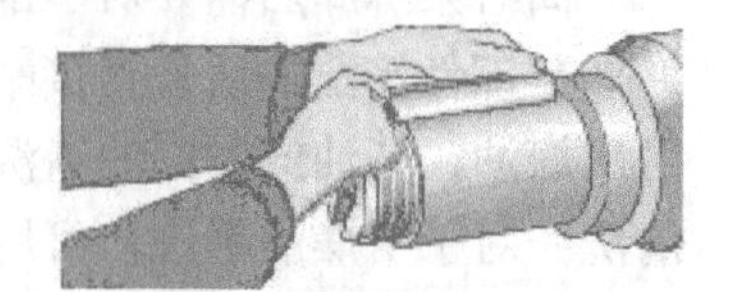
图 2-51　轴肩垂直度的检查

d. 轴颈的圆度和圆柱度的检查，通常使用千分尺测量各三个平面的四个点（图 2-52），计算最大值与最小值之差。用内径千分尺检查轴承座孔的圆度与圆柱度（图 2-53）。

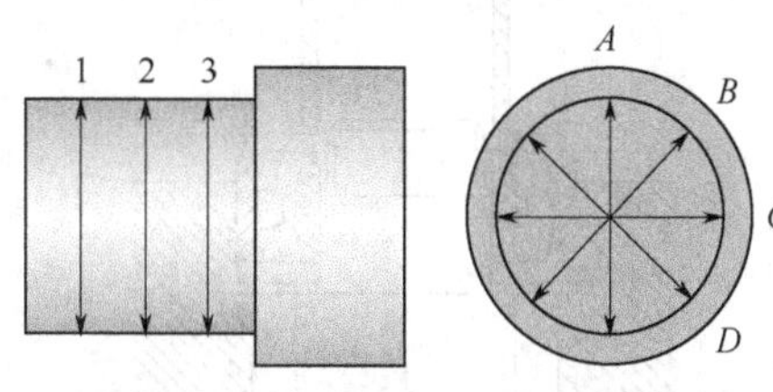

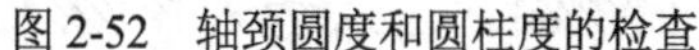

图 2-52　轴颈圆度和圆柱度的检查

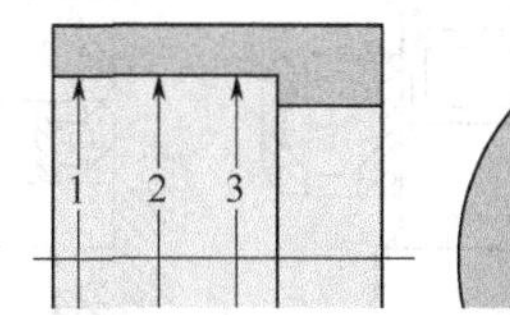

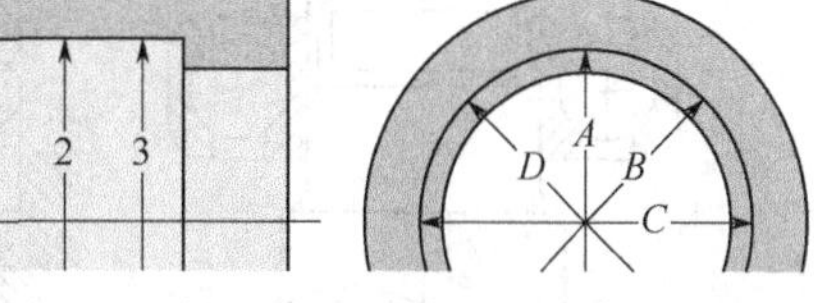

图 2-53　轴承座孔圆度和圆柱度的检查

e. 与轴承配合的轴颈、轴承座孔的表面粗糙度要求见表 2-4。

表 2-4　轴颈、轴承座孔的表面粗糙度 *Ra* 值要求　μm

轴承精度	配合表面					
	轴颈		轴承座孔		轴和轴承座孔肩端面	
	尺寸/mm					
	～80	>80～500	～80	>80～500	～80	>80～500
G	0.8	1.6	0.8	1.6	1.6	1.6
E	0.4	0.8	0.4	0.8	0.8	1.6
D	0.4	0.8	0.4	0.8	0.8	1.6
C	0.2	0.4	0.4	0.8	0.8	1.6

注：1.轴承装在紧定套（或退卸套）上时，轴颈表面粗糙度不应低于 *Ra*1.6μm。

2. 轴肩端面的粗糙度以内径查表确定，轴承座孔挡肩面的粗糙度以外径查表确定；推力轴承端面的粗糙度以紧圈公称内径查表确定。

f. 与轴承配合的轴颈表面和轴承座孔表面的椭圆度和锥度极限偏差见表 2-5。

表 2-5　轴颈表面和轴承座孔表面的椭圆度和锥度极限偏差

轴承精度	椭圆度极限偏差（配合表面任意断面上）	锥度极限偏差（配合表面两端直径差）
G、E	$<1/2\Delta$	$<1/2\Delta$
D、G	$<1/4\Delta$	$<1/4\Delta$

注：Δ 为配合表面直径公差，表内计算所得数值应圆整为以微米计的整数。

（4）安装　轴承的安装应根据轴承结构、尺寸大小和轴承部件的配合性质而定，压力应直接加在紧配合的套圈端面上，不得通过滚动体传递压力，轴承安装一般采用如下方法。

① 压入法　轴与轴承内圈为过盈配合时，用矿物油轻微润滑轴承的内孔，装入轴承；用游标高度尺检测，确保轴承安装后与轴垂直；用合适的套筒在内圈施加压力，可用压力机或手锤［图 2-54（a）］。

轴承与轴承座为紧配合时，使用矿物油轻微润滑轴承的外圆表面；先将轴承压入轴承座中，装配套管的外径应略小于轴承座孔的直径，然后再装轴［图 2-54（b）］。

内圈与轴、外圈与轴承座都是紧配合时，用矿物油轻微润滑轴承的内孔和轴承的外圆表面，装配套管下可加一垫圈，使轴承内外圈同时受力，同时确保轴和轴承箱经过调整以使轴承安装后与轴垂直［图 2-54（c）］。

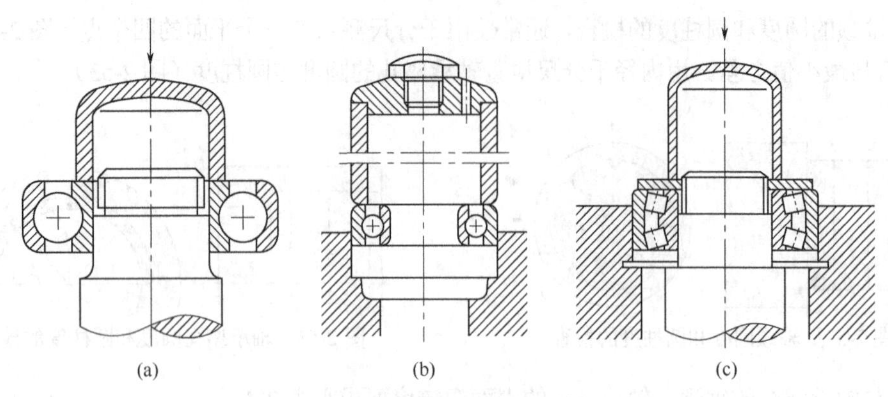

图 2-54 轴承的安装方法

② 加热法 通过加热轴承或轴承座，利用热膨胀将紧配合转变为松配合的安装方法。适于过盈量较大的轴承的安装，热装前把轴承或可分离型轴承的套圈放入油箱中均匀加热至80～100℃，然后从油中取出尽快装到轴上，为防止冷却后内圈端面和轴肩贴合不紧，轴承冷却后可以再进行轴向紧固。轴承外圈与轻金属制的轴承座紧配合时，采用加热轴承座的热装方法，可以避免配合面受到擦伤。

加热过程中应严格控制油温不得超过 100℃，以免材料回火。

③ 冷装法 滚动轴承采用冷装法装配时，先将轴颈放在冷却装置中，用干冰（沸点−78.5℃）或液氮（沸点−195.8℃）冷却到一定温度，一般不低于−80℃，以免材料冷脆。冷却后迅速取出，装在轴承座中。

（5）安装后的检查 将轴承推到正确位置后，装上锁定装置。用手转动，确定轴或轴承外圈可轻易转动。

2．叶轮的安装

叶轮与轴的配合可采用 H7/h6 或 H7/js6，通过键与轴连接，它们的装配同样可用冷装法和热装法。在装配前应先对其进行清洗、去毛刺、锈蚀，测量叶轮与轴的配合尺寸，小装检查径向和端面跳动，上述要求都合格后才准进行装配。

3．托架小装，检查误差

离心泵在总组装前，应进行小组装检查各部位跳动值是否达到规范要求。组装图见图 2-55。

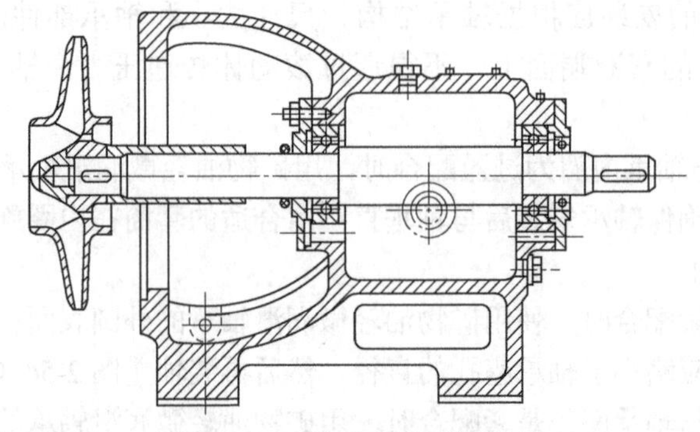
图 2-55 离心泵小组装图

① 检查轴套外径圆柱面对基准面的径向跳动，主要防止轴套外圆跳动值过大而导致密

封容易发生泄漏。操作方法是将百分表固定在磁力表座上，使表触头垂直指向轴套外圆，盘动泵轴一周，百分表的最大读数减去最小读数就是轴套径向跳动量。轴套外圆径向跳动量应符合表2-6规定。

表2-6 轴套径向跳动允差

mm

轴套外圆名义尺寸	≤50	50～120	121～260	261～500
径向跳动允差	0.04	0.05	0.06	0.07

② 检查叶轮密封环直径上外圆对基准面的径向跳动量，防止叶轮密封环和泵体密封环摩擦，其跳动值应符合表2-7规定；检查方法同上。

表2-7 叶轮密封环外圆径向跳动允差

mm

叶轮密封环外圆名义尺寸	≤50	50～120	121～260	261～500	261～500
径向跳动允差	0.05	0.06	0.08	0.09	0.13

③ 检查托架止口对轴的径向跳动量和端面跳动量，保证托架止口与轴的同轴度和垂直度，以免装上泵体、泵盖后，密封环发生摩擦，其跳动值应符合表2-8的要求。

表2-8 托架止口、端面跳动允差

mm

托架止口的名义尺寸	50～120	121～260	261～500
径向跳动允差	0.06	0.08	0.1
端面跳动允差	0.03	0.04	0.06

4．机械密封的安装

（1）机械密封类型

① IS泵所用机械密封为BIA型机械密封，BIA型橡胶波纹管机械密封是属于内装、内流型单端面结构，它的传动形式是橡胶波纹管与轴通过紧固座的紧固力带动动环同轴转动。

② IH泵所用机械密封为103型机械密封，为内装单端面单弹簧非平衡型机械密封，并圈弹簧传动。

③ 摩擦副材质与辅助密封材质应根据实际工况选用。

（2）机封装配时注意事项

① 检查与轴套、压盖相接触的金属件表面是否完好。不能有明显的创伤和划痕。

② 检查与压盖密封垫、轴封垫的接触表面是否光洁。

③ 用干净煤油等清洁剂清洗密封腔体，轴配合表面。

④ 注意不能磕碰动、静环密封端面，密封面不要装反。

机械密封的技术要求见JB/T 4127—1999《机械密封技术条件》、JB/T 1472—1994《泵用机械密封标准》。

5．组装与调整

单级悬臂式泵组装后，要求叶轮流道中线与泵体流道中线重合，偏差不大于0.5mm，如果不符合要求，通过加减叶轮轮毂与轴肩端面之间的垫片厚度或通过车削改变轴套长度达到要求。叶轮入口端面与泵体的轴向间隙，可通过加减泵盖和泵体之间的密封垫片的厚度来达到要求。

6．联轴器的安装

离心泵联轴器多采用梅花联轴器（爪形联轴器）或弹性套柱销联轴器，联轴器与轴的配合一般为 H7/js6，其连接方式分为有键连接和无键连接，轮毂孔也分为圆柱形孔和圆锥形孔两种。装配方法根据过盈量的大小采用冷装法或热装法。

冷装法最常用的是动力压入，其操作是在半联轴器的轮毂的端面放木块、铅块或其他软金属做缓冲工件，用锤敲击，逐渐把轮毂压入轴颈。它常用在过盈量小的低速、小型、有键连接的联轴器的装配中。

热装法有润滑油加热法和火焰加热法，润滑油加热易操作，但准备时间较长；火焰加热法较快，但温度不易控制，需要有一定的经验才能使用。

子项目五　离心泵的检修

知识目标

1. 熟悉离心泵主要零部件如叶轮、泵轴等的完好标准和检查修理方法。
2. 掌握填料密封和机械密封的组成结构、检查项目、安装注意事项。
3. 掌握百分表等检测工具的使用方法。

能力目标

1. 能够按要求对离心泵主要零部件如泵轴等进行检查、修理。
2. 能够对填料密封和机械密封进行检查、修理，并能进行安装调试。
3. 会使用百分表等检测工具。

◆任务一　叶轮的检修

1．叶轮腐蚀、磨损或汽蚀破坏的检修

上述的缺陷和局部磨损是不均匀的，极容易破坏转子的平衡，使离心泵产生振动，导致离心泵的使用寿命缩短。

修理方法：①补焊；②用环氧胶黏剂修补。

2．叶轮口环磨损的检修

叶轮口环磨损可以上车床对磨损部位进行车削，消除磨损痕迹，并配制相应的承磨环毛坯，根据车削后的叶轮口环直径加工承磨环配上，以保持原有的间隙。

3．叶轮上键槽的检查

若键槽磨损与键配合松动，在不影响强度的原则下，可适当加大键槽宽度，重新配键；也可在原键槽相隔 90° 或 120° 方向上另开键槽。

4．叶轮与轴配合松动的处理

叶轮与轴配合过松，会影响叶轮的同轴度，使泵运行时产生振动。叶轮与轴配合过松时，可以在叶轮内孔镀铬后再磨削，或在叶轮内孔局部补焊后上车床车削。

叶轮修复后应找静平衡，去重时，应从叶轮的两侧切削，切去的厚度不得超过原叶轮壁厚的三分之一，切削表面与圆盘面平滑相接。

◆任务二　泵轴的检修

一般先用煤油将泵轴清洗干净，用砂布打光，检查表面是否有沟痕和磨损，然后用千分尺检查主轴颈圆柱度和用百分表检查直线度，必要时用超声波或磁粉探伤或着色检查看是否有裂纹。

1．泵轴的一般检查与修理

① 泵轴表面不得有裂纹、伤痕和锈蚀等缺陷。当轴已产生裂纹，或存在严重磨损和锈蚀，或轴已严重弯曲，则应更换泵轴。

② 轴颈磨损较严重时，可用电镀、喷镀、刷镀、热喷涂等方法修理。

③ 泵轴与叶轮部位配合公差用h6，与轴套配合部位公差用h8，与滚动轴承配合部位公差用js6或k6，与联轴器配合部位公差用js6。

④ 轴各配合部位圆度与圆柱度应不大于其直径公差的1/2。轴颈的圆度和圆柱度的检查，通常使用千分尺测量各三个平面的四个点，见图2-56。轴颈的锥度与椭圆度不大于轴径的1/2000。但最大不得超过0.05mm，且表面不得有伤痕。

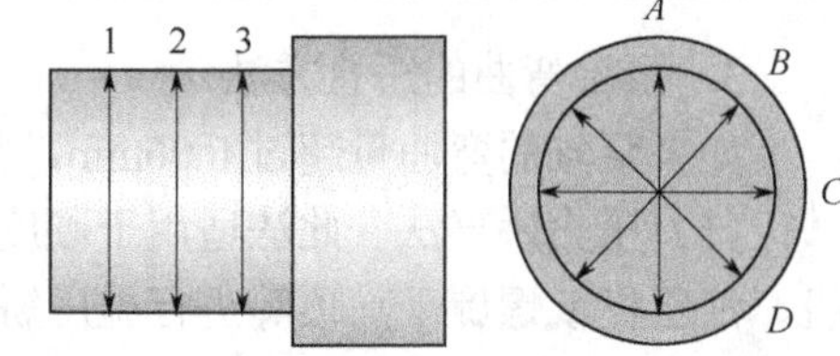

图2-56 圆度与圆柱度测量方法

⑤ 轴表面粗糙度，装配叶轮、轴套和滚动轴承处 Ra=1.6μm，装配滑动轴承处 Ra0.8μm，装配联轴器处 Ra=3.2μm。

⑥ 以两轴承处轴颈为基准，用百分表检查叶轮、轴套及联轴器等装配部位的径向跳动，其值不得超过表2-9规定数值。

表2-9 泵轴跳动允差 mm

轴的公称直径	≤6	＞6～18	＞18～50	＞50～120	＞120～260
轴的径向跳动	0.02	0.025	0.03	0.04	0.05
轴肩端面的轴向跳动	0.006	0.01	0.016	0.025	0.04

2．泵轴直线度的检查与修理

如图2-57所示，首先，将泵轴放置在车床的两顶尖之间，在泵轴上的适当地方设置两块千分表，将轴颈的外圆周分成四等分，并分别作上标记，即1、2、3、4四个分点。用手缓慢转动泵轴，将千分表在四个分点处的读数分别记录在表格中，然后计算出泵轴的直线度偏差。

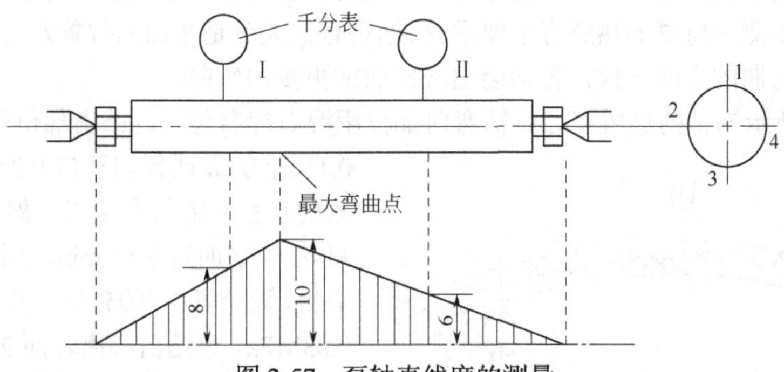

图2-57 泵轴直线度的测量

离心泵泵轴直线度偏差测量记录见表2-10。直线度偏差值的计算方法是：直径方向上两个相对测点千分表读数差的一半。如I测点的0°和180°方向上的直线度偏差为（0.36−0.20）/2=0.08mm，90°和270°方向上的直线偏差度为（0.28−0.27）/2=0.005mm。用这些数值在图上选取一定的比例，可用图解法近似地计算出泵轴上最大弯曲点的弯曲量和弯曲方向，如

图 2-57 所示。

表 2-10 泵轴直线度偏差测量记录 mm

测点	转动位置				弯曲量和弯曲方向
	1（0°）	2（90°）	3（180°）	4（270°）	
Ⅰ	0.36	0.27	0.20	0.28	0.08（0°）；0.005（270°）
Ⅱ	0.30	0.23	0.18	0.25	0.06（0°）；0.010（270°）

3．泵轴弯曲的矫直方法

如果泵轴的弯曲量超过 0.06mm，需要对泵轴进行矫直。常用的矫直方法如下。

（1）压力矫直法　此法适用于硬度低于 HRC35 和直径长度比值较小的轴。用螺旋压力机、油压机或螺旋千斤顶等进行施压矫直。工艺为：测量弯曲最高点、做出标记→轴两端用 V 形铁支起（轴下垫铜、铝等软料）→变形最大处凸面加压，保压 1.5～2min→变形最大处凹面垫铜板后用手锤敲击铜板三下→卸压并测量→循环施压至要求。图 2-58 所示为轴的压力矫直法。

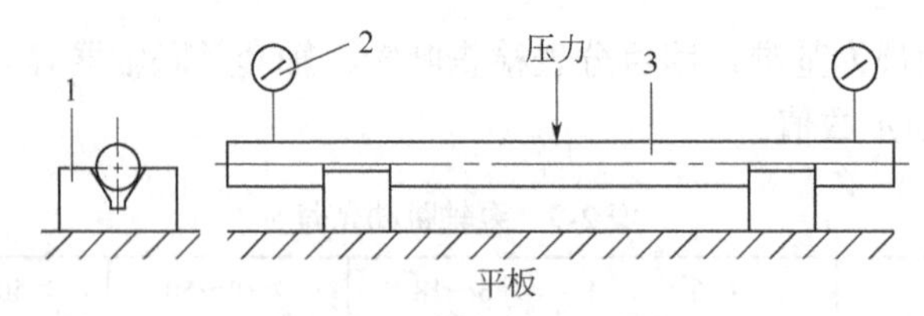

图 2-58 轴的压力矫直法

1—V 形铁；2—千分表；3—轴

（2）火焰矫直法　用氧-乙炔火焰对变形凸出部位的一点或几点快速加热，使被加热区金属膨胀，当温度足够时，膨胀的金属受到未加热金属的阻碍而被压缩产生塑性变形；当加热区温度急剧下降时，材料屈服极限上升，加热区金属收缩只能产生弹性收缩变形。一次加热不能恢复时可重复进行几次，直到变形消除。加热温度以不超过材料相变温度为宜，一般为 200～700℃。工艺为：找出弯曲最大处凸点，确定加热区→按零件直径确定火焰喷嘴→均匀变形和扭曲采用条状加热；变形严重加热区多用蛇状加热；加工精度高的细长轴用点状加热→快速冷却→检测→重复加热矫直至要求。火焰矫直的关键是弯曲的位置及方向必须找正确，加热火焰也和弯曲的方向一致，否则会出现扭曲或更多的弯曲。

图 2-59 所示为轴的热矫直。在轴弯曲部位用湿石棉布包扎，凸出部位开一个轴向开口 $0.15d \times 0.2d$ 或径向开口 $0.35d \times 0.2d$（d 为轴的直径）的长方形口，然后在开口处用氧-乙炔焰加热 3～5min。用 0.5～1mm 气焊枪，调节氧压 0.05MPa，乙炔压力 0.02～0.03MPa，火焰白心离表面 2～3mm，对准开孔处加热。当温度达 500～600℃时放到空气中冷却或浇水冷却或用压缩空气吹，使弯曲部位产生反向变形。矫直后对加热区低温退火，以消除应力。

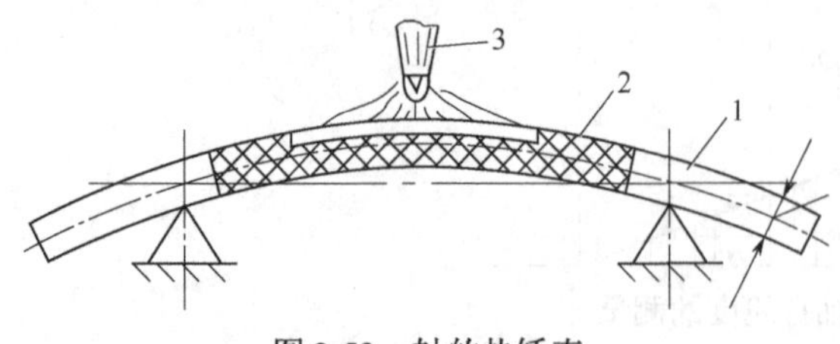

图 2-59 轴的热矫直

轴在矫直过程中的变化量与轴本身的材料性能有关。加热时，轴端的弯曲挠度逐渐增大到最大，这是由于凸部加热后金属膨胀所致。冷却后，轴端的弯曲挠度逐渐减小到最小，这是由于凸部迅速冷却金属纤维缩短的结果。

(3) 内应力松弛法　原理是因为金属材料有松弛特性，即零件在高温下应力下降的同时，零件的弹性变形量减少而塑性变形量的比重增加，这时若加上一定方向的载荷，便可控制它的变形方向与大小。当解除载荷后，由于它以塑性变形为主，所以回弹很少，从而达到直轴的目的。加热的工具多用感应线圈，直轴后也应进行退火处理。此法多用于大轴上。

在轴的最大弯曲部分的整个圆周面上加热到低于回火温度30～50℃，紧接着在高温下向轴凸弯部分加压，使其产生一定的弹性变形。在高温作用下，大轴的应力逐渐降低，同时弹性变形转变为塑性变形，从而使轴调直。应力松弛法直轴，直轴前需进行回火，以消除应力和表面硬化；直轴后要进行稳定回火，650℃，恒温 8h。直轴加压与稳定回火两道工序应紧密衔接。

(4) 机械加热直轴法　预先将轴固定，凸面朝上，然后用外加载荷将弯曲轴向下压，在凸面造成压缩应力，然后再在凹面处加热，亦可直轴。此法仅适用于弯曲度较小的轴。

(5) 捻棒直轴法　在轴弯曲的凹下部位用捻棒敲打振动，使凹处（纤维被压缩而缩短的部分）的金属分子间的内聚力减小而使金属纤维延长，金属表面产生塑性变形，其中的纤维产生了残余伸长，从而达到直轴的目的。

◆任务三　其他零部件的检修

1．轴套

轴套与轴的配合一般用 H8/h8 或 H9/h9，表面粗糙度 Ra=1.6μm，轴套端面与轴线的垂直度不大于 0.02mm。

轴套的外圆与填料函中的填料之间的摩擦，使得轴套外圆上出现深浅不同的若干条圆环磨痕。这些磨痕将影响轴向密封的严密性，导致离心泵在运转时出口压力的降低。轴套磨损情况可用千分尺或游标卡尺测量其外径尺寸，将测得的尺寸与标准外径相比较来检查。一般情况下，轴套外圆周上圆环形磨痕的深度不得超过 0.5mm。超过允许范围后一般更换新轴套。

2．键连接的检查与修理

叶轮和联轴器一般通过平键和泵轴连接，平键的两个侧面应该与泵轴上键槽的侧面实现少量的过盈配合，而与叶轮孔键槽以及联轴器孔键槽两侧为过渡配合。检查时，可使用游标卡尺或千分尺进行尺寸测量，如果平键的宽度与轴上键槽的宽度之间存在间隙，无论其间隙值大小，都应根据键槽的实际宽度，按照配合公差重新锉配平键。

3．滚动轴承的检查

滚动轴承的检查方法见子项目二滚动轴承的安装部分。在检查中，如果发现有缺陷应更换新的滚动轴承。

4．联轴器的检修

离心泵常用的联轴器有梅花联轴器、弹性柱销联轴器和弹性套柱销联轴器。检修时应注意以下事项。

① 检查联轴器表面有无裂纹、缺损、伤痕等缺陷，若有裂纹或损坏严重应更换。

② 装入联轴器的同类型弹性柱销及各弹性元件的质量应相同；弹性元件磨损变形较严重时应更换新件，含橡胶圈的半联轴器应装在从动侧。

③ 弹性联轴器两轴对中偏差和端面间隙应符合表 2-11 规定。

表 2-11　弹性联轴器两轴对中偏差和端面间隙　　mm

类　型	最大外圆直径	端面间隙	对中偏差	
			径向位移	轴倾斜向
弹性柱销联轴器	90～160 195～220 280～320 360～400	2.5 3 4 5	＜0.05 ＜0.05 ＜0.08 ＜0.08	＜0.2‰
弹性套柱销联轴器	71～106 130～190 224～315 315～400	3 4 5 5	＜0.04 ＜0.05 ＜0.05 ＜0.08	＜0.2‰

5．泵体的检查与修理

（1）泵体密封环的检查　泵体密封环由于与叶轮密封环的摩擦而发生径向和端面磨损，从而使间隙变大泵压力下降。如图 2-60 所示。

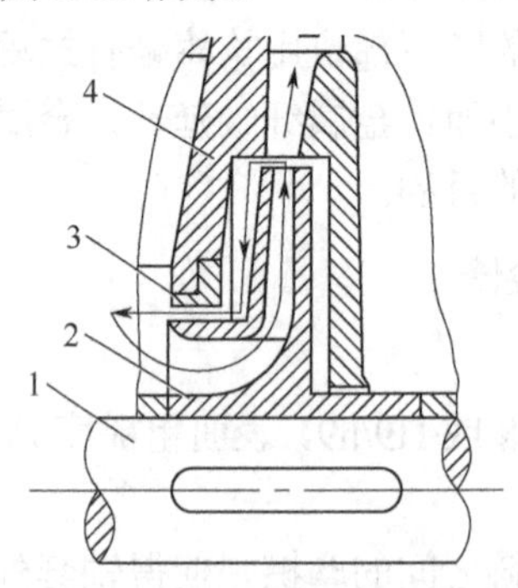

图 2-60　泵壳和叶轮密封环

1—泵轴；2—叶轮；3—密封环；4—泵壳

检查方法可用游标卡尺测量或用压铅法测量。径向间隙数值见表 2-12。

表 2-12　密封环与叶轮之间的径向间隙数值　　mm

密封环内径	径向间隙	磨损后极限间隙	密封环内径	径向间隙	磨损后极限间隙
8～120	0.099～0.220	0.48	＞220～260	0.160～0.340	0.70
＞120～150	0.105～0.255	0.60	＞260～290	0.160～0.350	
＞150～180	0.120～0.280		＞290～320	0.175～0.375	0.80
＞180～220	0.135～0.315		＞320～360	0.200～0.400	

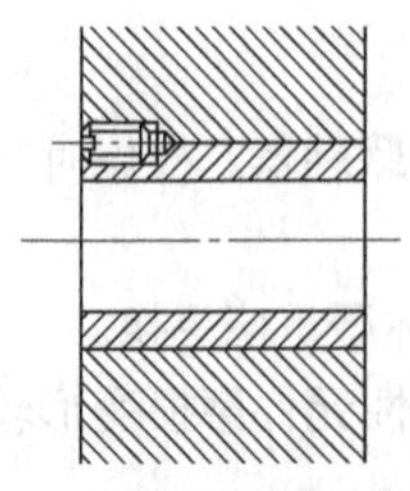

图 2-61　泵壳密封环的固定

密封环内径与叶轮口环间隙较小时，可用车削或刮削的方法修理；间隙太大时应更换新的密封环。若密封环磨损较大或出现断裂时，亦应更换。

密封环的外圆与泵盖的内孔之间为基孔制的过盈配合，过盈值在 0～0.02mm 之间，锉配好后，用手锤打入，或用紧定螺钉锁紧（见图 2-61）。

（2）泵体损伤的检查　由于振动或碰撞等原因，可能造成泵体上产生裂纹。可采用手锤敲击的方法进行检查，即用手锤轻轻敲击泵体的各个部位，如果发出的响声比较清脆，则说明泵体上没有裂缝；如果发出的响声比较浑浊，则说明泵体上可能存在裂缝，也可用煤油浸润法来检查泵体上的穿透裂纹。即将泵体灌满煤油，停留 30min 进行观察，如果泵体的外表面有煤油浸出的痕迹，则说明泵体上有穿透的裂纹。

对于泵体上存在的气孔、裂纹等缺陷，可采用补焊修复，或用环氧树脂黏结剂等高分子材料粘补。

◆任务四　填料密封的检查和修理

填料密封的结构如图 2-62 所示。其中液封环是借引入压力水或其他液体起液封作用，并冷却润滑填料。

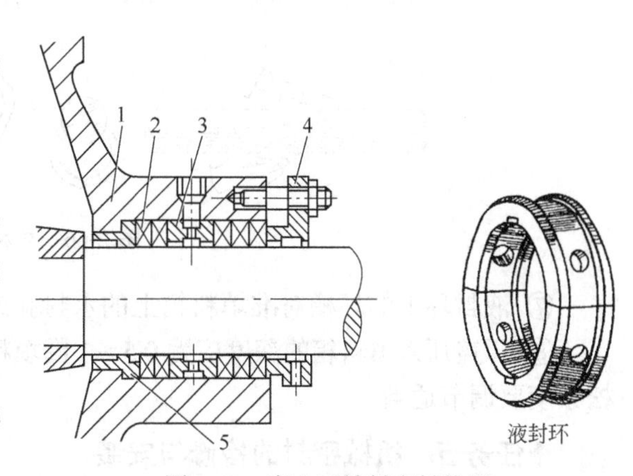

图 2-62　离心泵填料密封装置

1—填料函外壳；2—填料；3—液封环；4—填料压盖；5—底衬套

填料密封的检修及安装要求如下。

① 装填料处的轴颈或轴套表面应光滑，表面粗糙度 *Ra* 不得大于 1.6μm。

② 底衬套和填料压盖与轴或轴套的直径间隙按表 2-13 选取。

表 2-13　轴或轴套与底衬套和填料压盖直径间隙　mm

轴套或轴直径	≤75	＞75～110	＞110～150
直径间隙	0.75～1.00	1.00～1.50	1.50～2.00

③ 液封环与填料箱内壁的直径间隙为 0.15～0.20mm，液封环与轴套（或轴）的直径间隙应较表 2-13 中数值相应增大 0.3～0.5mm。

④ 选择合适的材料及尺寸的填料，$B=(D-d)/2$，其中 B 为填料的宽度，D 为填料箱内径，d 为安装填料处的轴或轴套的外径。填料厚度过大或过小时，用木棒滚压（图 2-63）或用专用模具模压（图 2-64），使厚度均匀，严禁用锤子敲打。

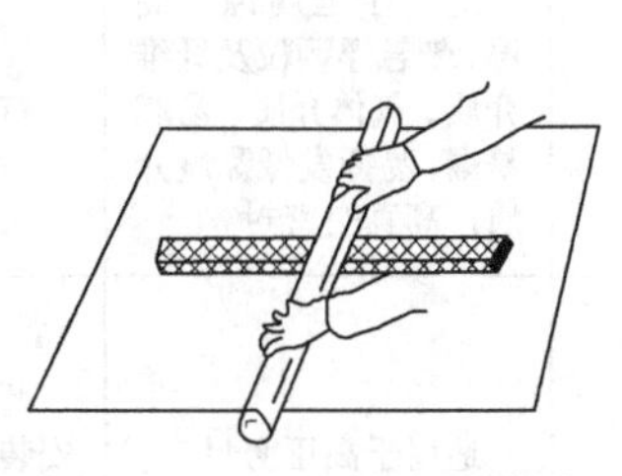

图 2-63　用木棒滚压填料

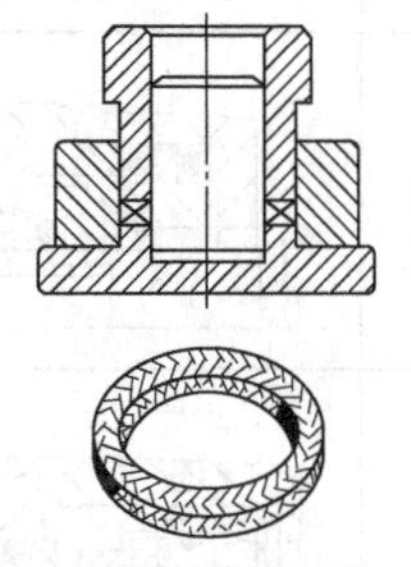

图 2-64　用专用模具模压填料

⑤ 填料一般成卷供应，使用时应缠绕在泵轴或芯轴上进行切割，切口有直切口和 45°斜切口（图 2-65）。

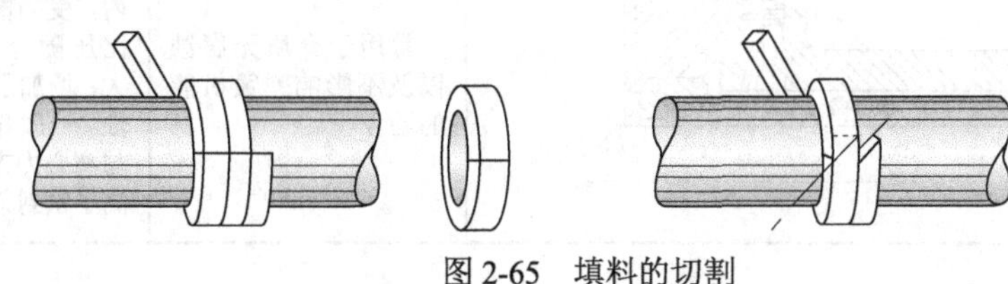

图 2-65　填料的切割

⑥ 每圈在填装前内表面涂以润滑剂，轴向扭开后套在轴上，见图 2-66。相邻两圈填料切口应错开至少 90°；填料圈数较多时，应装填一圈压紧一圈。

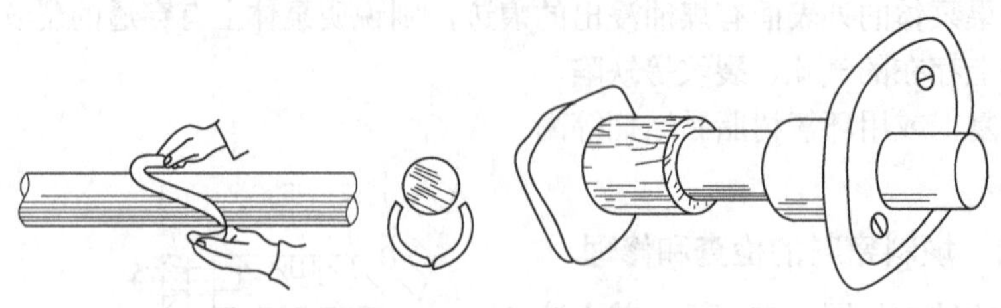

图 2-66 填料的安装

⑦ 液封环上的环槽对准填料箱上的水封孔或略偏外侧，使水流畅通。

⑧ 压盖压入填料箱的深度应为 0.5～1 圈填料高度，最小不能小于 5mm，压盖不得歪斜，松紧度要调节适当。

◆任务五 机械密封的检修与安装

1．机械密封的结构原理

见子项目一。

2．机械密封的类型

机械密封按作用原理与结构分类见表 2-14。

表 2-14 机械密封的类型

按技术特征分类		结构形式	适用范围	特点
摩擦副对数	单端面	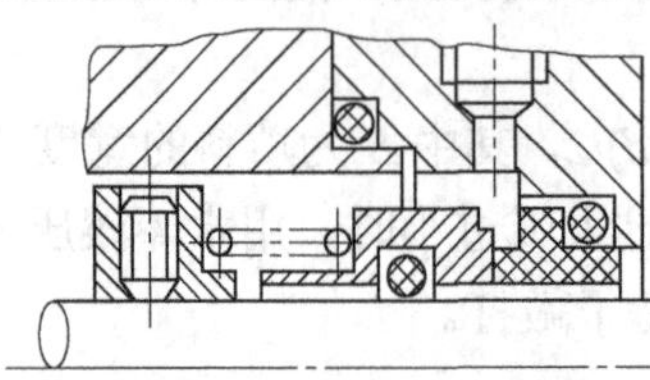	应用面广，适合于一般液体场合，如油品等。与其他辅助设施合用时，可用于带悬浮颗粒、高温、高压液体场合	仅有一对摩擦副
	双端面	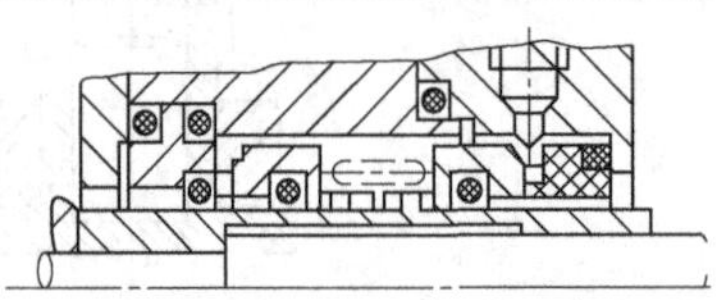	适用于强腐蚀、高温、带悬浮颗粒及纤维介质、气体介质、易燃易爆、易挥发低黏度介质，高真空密封	有两对摩擦副
	串联多端面	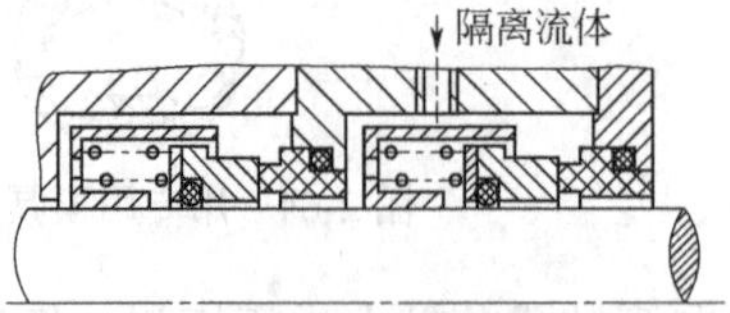 隔离流体	适用于高压密封	两级或更多级串联安装，使每级密封承受的介质压力递减
弹簧与介质接触与否	内装式	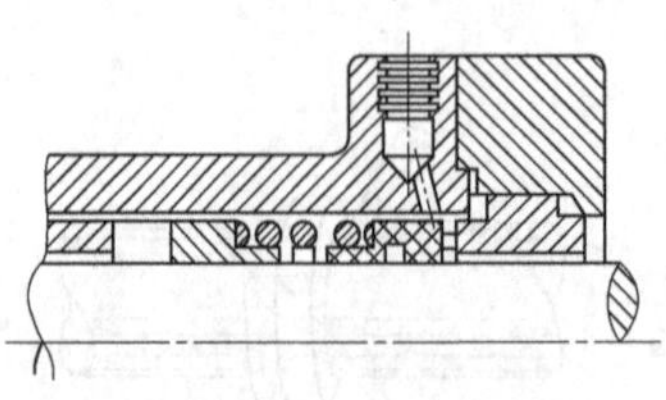	常用于介质无腐蚀以及不影响弹簧机能的场合	弹簧置于密封介质内，受力情况好，端面比压随介质增大而增大，增加了密封的可靠性。一般介质泄漏方向与离心力方向相反，提高了密封效果

续表

按技术特征分类		结构形式	适用范围	特点
弹簧与介质接触与否	外装式	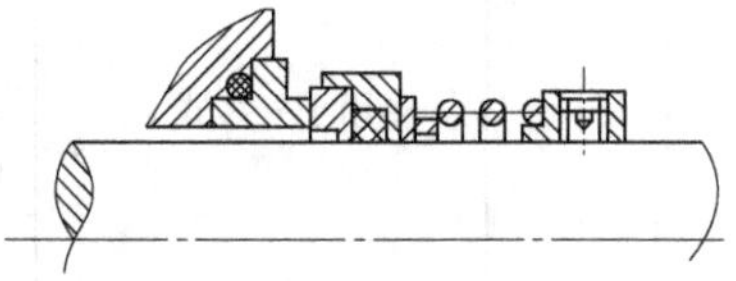	适用于密封零件与弹簧材料不耐腐蚀，介质因易结晶而影响弹簧机能的场合。也适用于黏稠介质安装要求以及压力较低的场合	弹簧置于密封介质之外，受力情况较差，当密封压力波动时会出现密封不稳定 一般情况介质泄漏方向与离心力方向相同而增加泄漏
介质在端面引起的卸载情况	非平衡型（不卸载）	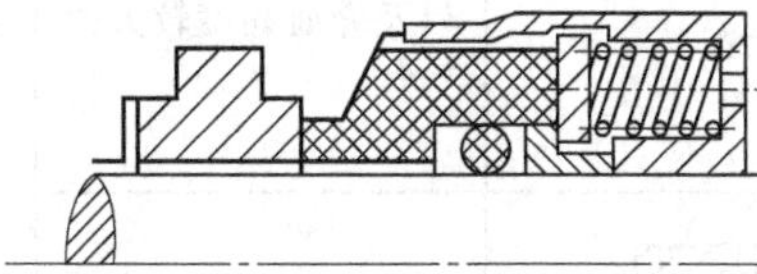	只适用于低压密封，对于一般液体可用于密封压力≤0.7MPa；对于润滑性差及腐蚀性液体可用于压力≤0.3～0.5MPa	密封端面上的作用力随密封流体压力升高而增大 K 为载荷系数，用动环的轴向受力面积与端面贴合面积之比表示 K=载荷作用面积/接触面积 $K \geq 1$
	平衡型（卸载）	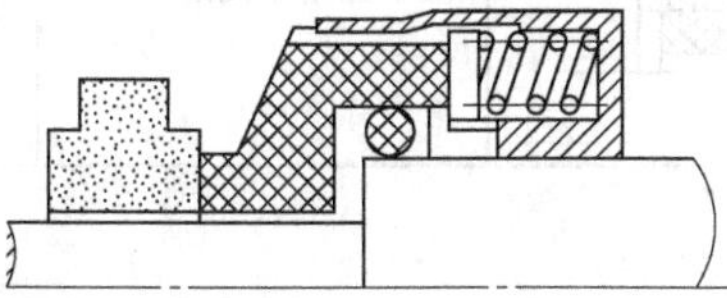	适用于压力较高的场合，一般在 0.5MPa 以上，成本高于非平衡型	载荷系数 $0<K<1$
缓冲补偿元件的形式	弹簧：单弹簧	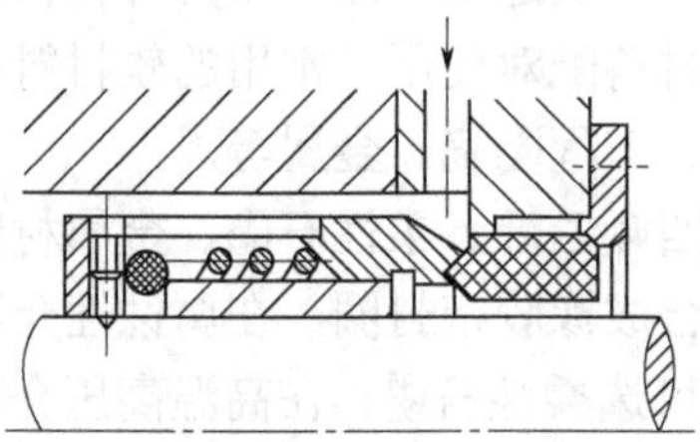	多用于较小轴径（不大于 80～150mm）、低速、载荷较小、有腐蚀介质的场合	比压不均匀，轴颈大时突出；转速大时离心力使弹簧变形；压缩量变化时，弹簧力变化小；丝径大，腐蚀对弹簧力影响小；介质有杂质或结晶时，对弹簧性能影响小；弹簧力不易调节
	弹簧：多弹簧	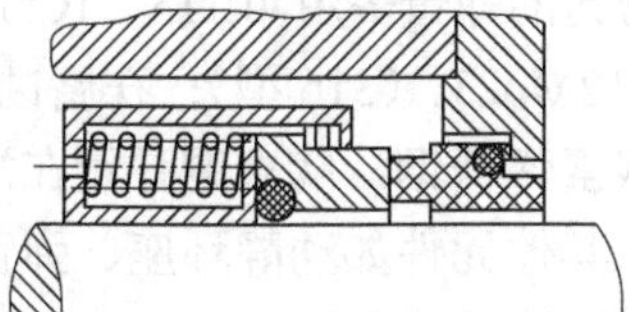	适用于载荷较重、轴径较大、使用条件不太严格的场合	比压均匀；弹簧变形受转速影响小，压缩量变化时，弹簧力变化大；丝径小，腐蚀对弹簧力影响大；介质有杂质或结晶时，对弹簧性能影响大，严重时使性能丧失；通过增减弹簧数易于调节弹簧力
	波纹管	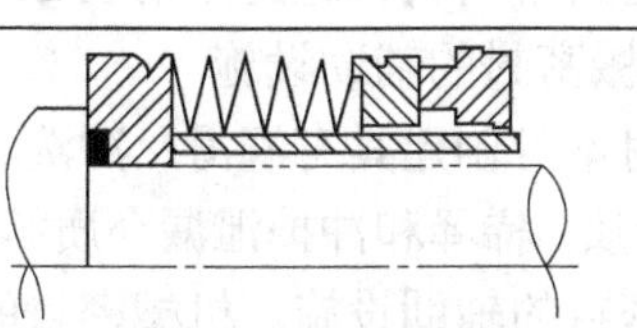	耐温-200～650℃	动环的追随性好
介质泄漏方向	内流式	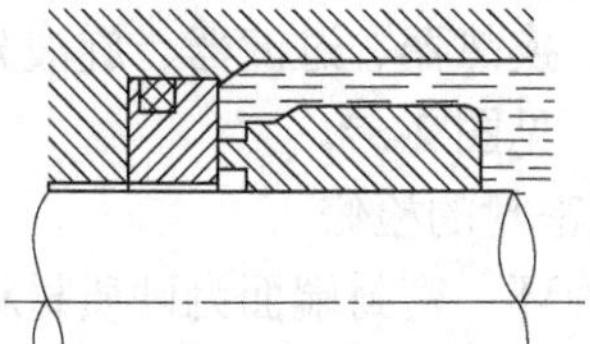	用于一般场合	泄漏方向与离心力方向相反，故泄漏量较外流式小

续表

按技术特征分类		结构形式	适用范围	特点
介质泄漏方向	外流式	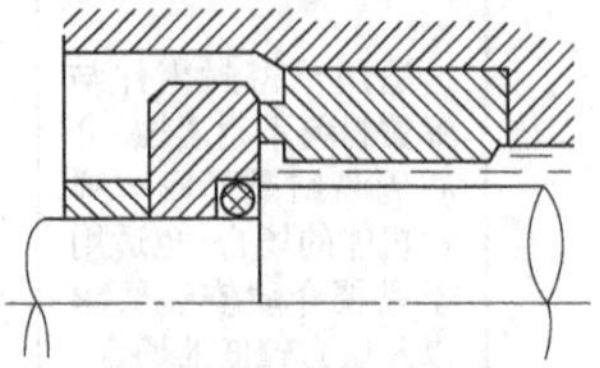	多用于外装式	泄漏方向与离心力方向相同，故泄漏量较内流式大
按补偿机构是否随轴旋转	静止式	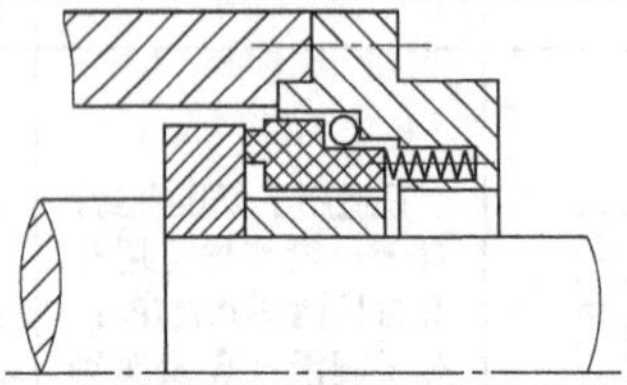	常用于线速度大于30m/s的高速机械密封以及介质黏度较大的场合	弹性元件不受离心力影响
	旋转式	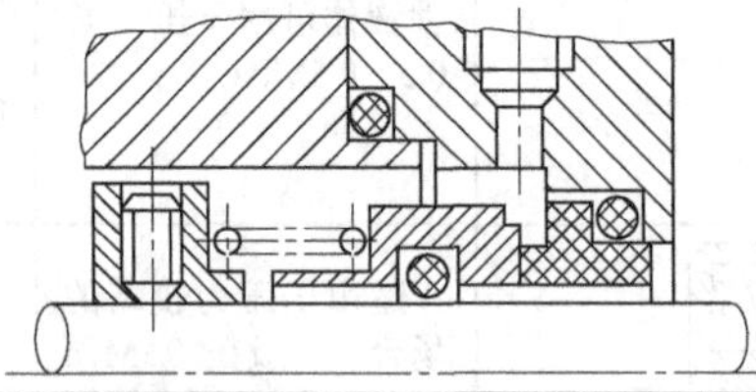	用于一般机械密封，但不宜用于高速	弹性元件装置简单，径向尺寸小

3．机械密封常用材料

摩擦副材料是指动环和静环的端面材料，一般选用一硬一软两种材料配对使用，在特殊情况下（如介质有固体颗粒等）选用硬对硬材料配对使用。常用的软材料有石墨、聚四氟乙烯、铜合金等，常用的硬质材料有硬质合金、工程陶瓷、金属等。

辅助密封圈常用的材料有合成橡胶、聚四氟乙烯、柔性石墨、金属材料等。一般介质使用丁腈橡胶、氟橡胶、硅橡胶、氯丁橡胶等合成橡胶密封圈，在腐蚀性介质中采用聚四氟乙烯制成的V形圈、楔形环等，在高温介质中可选柔性石墨，在高温高压介质中常采用金属O形圈、楔形环（304型、316型）。

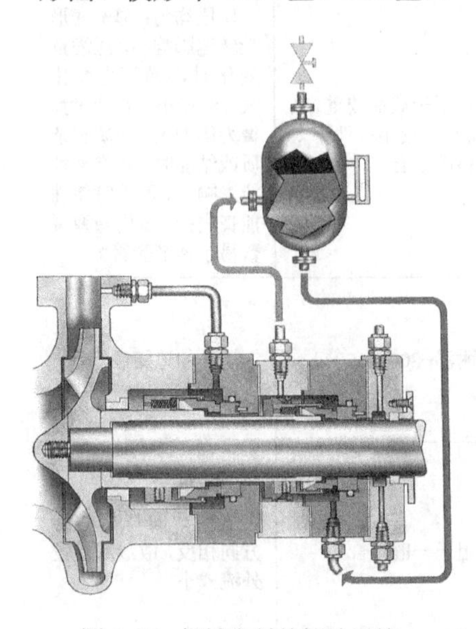

图2-67 机械密封的辅助设施

机械密封的弹簧多用4Cr13、1Cr18Ni9Ti （304型）和0Cr18Ni12Mo2Ti（316型）；在腐蚀性较弱的介质中，也可以用碳素弹簧钢，磷青铜弹簧在海水、油类介质中使用良好。其他元件如动静环座、弹簧座、传动销、轴套、紧定螺钉等，常用1Cr13、2Cr13、1Cr18Ni9Ti等。

机械密封常用材料选配见附表2。

4．机械密封的辅助设施

为机封本身创建具有润滑、冲洗、调温、调压、除杂、更换介质、稀释和冲掉泄漏介质等功能的保护设施，称为机械密封的辅助设施。机械密封的辅助设施由压力罐、增压管、换热器、过滤器、旋液分离器、孔板等基本器件构成，见图2-67。

5．机械密封的检修

（1）动静环　密封端面为硬质材料时，不允许有划痕，其平面度公差可通过研磨加工来达到。对软质材料

（易磨损材料），检修要求如下：

① 重新研磨使其平面度公差合格；

② 软质材料在使用安装中造成崩边、划伤，一般不允许有内外相通的划道；

③ 密封面高度一般要求不小于2mm，否则应予以更换。

（2）密封圈　一般使用一段时间后，密封圈会溶胀或老化，故检修时最好更换新的密封圈。

（3）弹簧　检修时将弹簧清洗干净，测其弹力，如弹力变化小于20%，则可继续使用。

（4）轴套　由于机器自身的振动，导致辅助密封圈有时磨损轴套，形成沟槽，故检修时应仔细检查轴套，可采用适当的工艺修复或更换。

6．机械密封的安装

（1）装配前的检查　检查安装机械密封部位的轴或轴套的径向圆跳动、表面粗糙度、外径公差、轴的轴向窜动等。具体要求见表2-15和表2-16。

表2-15　安装机械密封部位轴或轴套精度要求

轴或轴套外径/mm	径向圆跳动公差/mm	表面粗糙度 *Ra*/μm	外径尺寸公差	转轴轴向窜动/mm
10～50	≤0.04	≤3.2	h6	≤0.3
>50～120	≤0.06			
d	$\leqslant d^{1/2}/100$	≤1.6	h9	≤0.5

表2-16　密封腔体或密封压盖定位端面对轴或轴套表面的跳动要求

类别	轴或轴套外径/mm	跳动公差/mm
泵用	10～50	≤0.04
	>50～120	≤0.06
釜用	20～130	≤0.1

检查要进行安装的机械密封的型号、规格是否正确无误，零件是否完好，密封圈尺寸是否合适，动、静环表面是否光滑平整。若有缺陷，必须更换或修复。检查机械密封各零件的配合尺寸、粗糙度、平行度是否符合要求。使用小弹簧机械密封时，应检查小弹簧的长度和刚性是否相同。使用并圈弹簧传动时，须注意其旋向是否与轴的旋向一致，其判别方法是：面向动环端面，视转轴为顺时针方向旋转者用右旋弹簧；转轴为逆时针旋转者，用左旋弹簧。

（2）机械密封的安装　安装前清洗干净密封零件、轴表面、密封腔体，并保证密封液管路畅通。安装过程中应保持清洁，特别是动、静环的密封端面及辅助密封圈表面应无杂质、灰尘。不允许用不清洁的布擦拭密封端面。为了便于装入，装配时应在轴或轴套表面、端盖与密封圈配合表面涂抹机油或黄油。动环和静环密封端面上也应涂抹机油或黄油，以免启动瞬间产生干摩擦。安装过程中不允许用工具敲打密封元件，以防止密封件被损坏。

① 静止部件的安装　将防转销1插入密封端盖相应的孔内，再将静环辅助密封圈2从静环3尾部套入，如采用V形圈，注意其安装方向，如是O形圈，则不要滚动。然后，使静环背面的防转销槽对准防转销装入密封端盖内。防转销的高度要合适，应与静环保留1～2mm的间隙，不要顶上静环。最后，测量出静环端面到密封端盖端面的距离*A*。如图2-68所示。

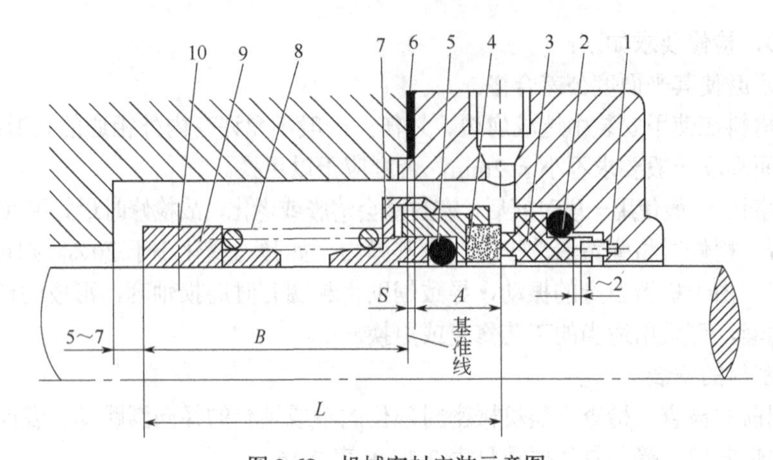

图 2-68 机械密封安装示意图

1—防转销；2—静环密封圈；3—静环；4—动环；5—动环密封圈；
6—垫片；7—推环；8—弹簧；9—弹簧座；10—紧定螺钉

静环装到端盖中去以后，还要检查密封端面与端盖中心线的垂直度及密封端面的平面度。对输送液态烃类介质的泵，垂直度误差不大于 0.02mm，油类等介质可控制在 0.04mm 以内。检查方法是用深度尺（精度 0.02mm）测量密封端面与端盖端面的高度，沿圆周方向对称测量 4 点，其差值应在上述范围内，如图 2-69 所示。

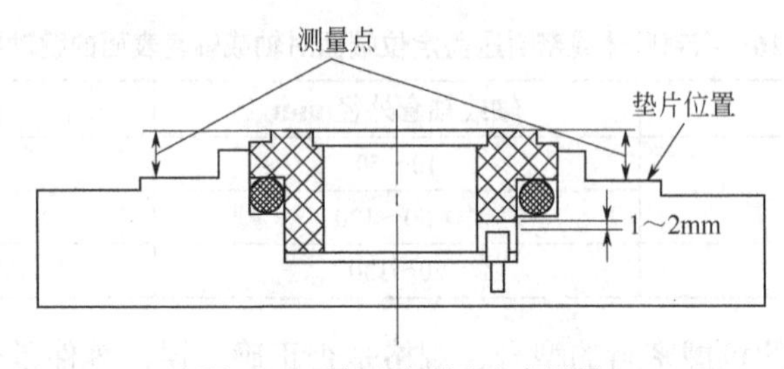

图 2-69 静环端面垂直度测量

② 确定弹簧座在轴上的安装位置 确定弹簧座的安装位置，应在调整定好转轴与密封腔壳体的相对位置的基础上进行。首先在沿密封腔端面的泵轴上正确地划一条基准线。然后，根据密封总装图上标记的密封工作长度，由弹簧座的定位尺寸调整弹簧的压缩量至设计规定值。

弹簧座的定位尺寸（见图 2-69）可按下式得出

$$B=L-(A+S) \tag{2-25}$$

式中 B——弹簧背端面到基准线的距离；

L——旋转部件工作位置总高度；

S——密封端盖垫片厚度；

A——静环装入密封端盖后，由静环端面到端盖断面的距离。

③ 旋转部件的组装 将弹簧 8 两端分别套在弹簧座 9 和推环 7 上，并使磨平的弹簧两端部与弹簧座和推环上的平面靠紧。再将动环辅助密封圈 5 装入动环 4 中，并与推环组合成一体，然后将组装好的旋转部件套在轴（或轴套）上，使弹簧座背端面对准规定的位置，分几次均匀地拧紧紧定螺钉 10，用手向后压迫动环，看是否能轴向浮动。如图 2-68 所示。

④ 将安装好静止部件的密封端盖安装到密封腔体上，将端盖均匀压紧，不得装偏。用

塞尺检查端盖和密封腔端面的间隙，其误差不大于 0.04mm。检查端盖和静环对轴的径向间隙，沿圆周各点的误差不大于 0.1mm。

⑤ 盘车检查压盖、静环与轴（轴套）是否有摩擦，盘车应轻松，均匀无偏重现象。

⑥ 根据泵或密封工作图，连接密封辅助系统管线，如冲洗、冷却水管等。

⑦ 将泵的入口阀门打开，引入介质试静压，检查密封情况。缓慢盘车，一方面检查密封有无泄漏，同时也排除密封腔中的气体，若无泄漏或微泄漏可投入运行或备用。

子项目六　离心泵的常见故障及其处理

知识目标

了解离心泵常见故障的原因及分析诊断过程，掌握相应的处理方法。

能力目标

1. 能够处理离心泵运行中的突发的一般故障。
2. 能够对离心泵运行中存在的问题进行原因分析，提出解决方案。

◆任务一　了解离心泵的常见故障及其处理方法

离心泵常见故障及其处理方法见表 2-17。

表 2-17　离心泵常见故障及其处理方法

故 障 现 象	故 障 原 因	处 理 方 法
泵输不出液体或流量不足	① 注入液体不够 ② 泵或吸入管路内存气或漏气 ③ 吸入高度超过泵的允许范围 ④ 管路阻力太大 ⑤ 泵或管路内有杂物堵塞 ⑥ 密封环磨损严重，间隙过大	① 重新注满液体 ② 排除空气及消除漏气处 ③ 降低吸入高度 ④ 清扫管路或修改管路 ⑤ 检查清洗 ⑥ 更换密封环
电流过大	① 填料压得太紧 ② 转动部分与静止部分发生严重摩擦	① 拧紧填料压盖 ② 检查原因，消除摩擦
轴承过热	① 轴承缺油或油质劣化 ② 轴承受损伤或损坏 ③ 电机轴承与泵轴不在同一条直线上	① 加油或换油并清洗轴承 ② 更换轴承 ③ 校正两轴的同轴度
泵振动大，有杂音	① 电动机轴与泵轴同轴度超标 ② 泵轴弯曲 ③ 叶轮腐蚀、磨损，转子不平衡 ④ 叶轮与泵体摩擦 ⑤ 基础螺栓松动 ⑥ 泵发生汽蚀 ⑦ 轴承损坏	① 电机轴与泵轴重新找正 ② 校直泵轴或更换泵轴 ③ 更换叶轮，校正静平衡 ④ 检查调整，消除摩擦 ⑤ 拧紧基础螺栓 ⑥ 调节出口阀，使泵在规定性能范围内运转 ⑦ 更换轴承
密封泄漏大	① 填料磨损或填料压盖太松 ② 泵轴或轴套磨损严重 ③ 泵轴弯曲 ④ 动、静密封环端面腐蚀、磨损或划伤 ⑤ 静环装配不好 ⑥ 弹簧压力不足	① 更换填料或适当拧紧填料压盖 ② 修复或更换磨损件 ③ 校直或更换泵轴 ④ 修复或更换动环或静环甚至整套机械密封 ⑤ 重装静环 ⑥ 调整弹簧压缩量或更换弹簧

◆任务二 故障诊断案例分析

1．实例一

某塑料厂高压装置的热水泵（212℃），使用一段时间后，泵的流道和口环处损坏严重，如图2-70所示，试分析故障原因，并提出合适的检修方案及预防措施。

图2-70 叶轮损坏情况

（1）原因分析 由于热水的冲刷和汽蚀造成。

（2）解决办法

① 从吸入装置考虑 正确设计吸入管路尺寸、安装高度；降低液体温度；降低吸入管阻力（采用粗而光滑的吸入管，减少管路附件）；降低液体流量（关小排出阀或降低泵转速），使泵入口处有足够的有效汽蚀余量，不发生汽蚀。

② 从泵本身考虑 改进泵进口的结构参数，使泵具有尽可能小的汽蚀余量，如增大叶轮直径和叶片入口边的宽度，采用扭曲叶片，增大叶轮前盖板转弯处曲率半径；使叶轮及叶片流道光滑；采取耐汽蚀材料，以提高泵的使用寿命，如采用铝铁青铜、不锈钢、稀土合金铸铁、高镍铬合金等。

2．实例二

有台离心泵，用于输送清水。采用填料密封，密封材料为聚四氟乙烯纤维填充石墨。填料规格为12mm×12mm，填料函内有5圈填料，轴颈为40mm。安装新填料以后，运转50d左右，填料就出现泄漏，通过填料压盖来上紧填料，但运转十几天后，仍然泄漏，需要频繁更换填料。对填料进行分析，发现靠近压盖处的填料已经磨损，而里边的2圈填料没有磨损。试分析其原因，并提出合适的解决方案。

（1）原因分析 当用压盖压紧填料时，外边的2、3圈填料受力以后压紧，由于填料是软的，压力并没有传递到里面的4、5圈，依靠增多填料的圈数，对密封效果而言，作用不是很大。

（2）解决办法

① 在每装入一圈填料时，都用压环将其压紧，这样，保证每圈填料都起作用。

② 在填料中间加一道金属环，使压盖的力有效地传递到里边填料上。

③ 泵正常运转时，密封流体不使其漏入大气的是润滑剂，而不是填料本身，当填料失去回弹力以后，液膜将无法存在，填料与轴套就会干摩擦，填料很快就会因高温失效。所以应注意填料的润滑与冷却。

3．实例三

聚丙烯装置的切粒机，筒体和模板的加热，采用导热油为传热介质，电加热方式，用离心泵进行循环，导热油的温度为240～260℃。自开工以后，离心泵的轴承运转时间一直很短，一般在3个月左右就失效，频繁更换轴承。解体检查发现，轴承磨损非常严重，而同样的轴承用在其他设备上，却没有发生故障，说明轴承质量没有问题，试分析轴承频繁损坏的原因，并提出合适的解决方案。

（1）原因分析　测量了轴承运转时的温度，达到了90℃。原来，泵体本身的热量传导到轴承处，使得轴承的温度升高。由于轴承的温度高，轴承润滑效果不好，不能形成有效的油膜，使得轴承很快磨损失效。

（2）解决办法

① 在轴承座的位置，安装了一个冷却水夹套，用来冷却轴承。加了冷却水夹套以后，轴承运转时温度在40～45℃。

② 更换在高温下使用的润滑油。

4．实例四

某聚丙烯装置上的丙烯循环泵，在开车运转过程中，电动机电流出现升高的现象，电动机的额定电流为2.4A，此时达到了3.06A。当聚合反应形成以后，电动机电流值恢复正常。

（1）原因分析

① 检查了泵的流量值、出入口压力值，均在正常范围内，没有异常；检查轴承、联轴器也没有发现问题。

② 介质的温度低造成的。当温度低时，介质的黏度大，输送液体所需的功率也大，电流也随之增大。当形成聚合反应以后，温度达到升高，电流值正常为2.4A。

（2）解决办法　开泵前预热。

（3）结论　液体黏度增大后，使液体沿叶轮流动速度减慢，摩擦损失增加，但黏度增加使泄漏量减少，总之使泵的流量、扬程及效率下降，轴功率增加。

5．实例五

某塑料厂高压二级装置的离心泵，由国外进口，用于输送塑料颗粒。投入运行6个月以后，离心泵的流量开始下降，最后只能达到额定流量的60%。检查了电动机转速、管线入口阀门开度、泵入口压力，均没有发现问题。

（1）原因分析　分析认为是水泵的口环间隙变大，导致泵的效率下降。对泵进行检修。解体后发现，泵的口环处汽蚀、冲刷严重，设计的口环间隙为0.60mm，测量实际的口环间隙最大处为3.6mm。

（2）解决办法　加工一个密封环，镶在加工后的圆孔上。圆环采用不锈钢3Cr3加工，预留的口环间隙仍为0.60mm。为了保证口环与泵体固定在一起，在圆环上钻4个M6螺孔，用紧定螺钉将口环固定在泵体上。

6．实例六

某离心水泵，在对其进行振动测量时，发现振动增大，超过振动标准。

（1）原因分析　进一步观察分析，确认振动源在联轴器上，泵的联轴器为挠性爪形联轴器，在两金属间用爪形橡胶作为缓冲垫。停下泵进行检修，发现靠近泵一侧的金属爪盘有一道15mm的裂纹，正是由于出现了裂纹，导致联轴器质量偏心，出现剧烈振动。

（2）解决办法

① 更换联轴器。

② 加工一圆环套，将圆环紧密地套在有裂纹的爪盘上，为了保险起见，在圆环上均匀地点焊4点，与有裂纹的联轴器焊接在一起。加工圆环只用1h，节省了时间，对使用没有任

何影响。

训练项目

1. 认识离心泵的结构

分组进行，每一组向大家讲解某一零部件的结构、类型、工作原理、材料等；其他同学进行评价或提问；完成作业单。

2. 离心泵的选型

为某泵房（或某生产装置）选择合适的离心泵，并校核其安装高度。

3. IS（IH）离心泵的拆检

① 学生分组完成任务。

② 根据检修的设备选择合适的拆卸工具和检测工具。

③ 按正确的拆卸顺序对离心泵进行解体。

④ 对机械密封、轴承、主要配合表面进行清洗，检查；对易损件进行检查更换。

⑤ 按照要求正确组装离心泵。

⑥ 安全文明操作。

4. IS（IH）离心泵的运行

① 学生分组完成任务。

② 每组分别完成：运行前的准备工作；离心泵的启动；离心泵运行中的检查；对离心泵进行流量调节；停泵等操作。

③ 能正确处理运行中遇到的问题。

④ 安全文明操作。

⑤ 每组设计一份运行记录表格，并填写完整。

5. IS（IH）离心泵的故障处理

针对离心泵在运行中出现的轴封泄露、轴承损坏、泵振动、电流过大、轴承温度高等几种常见故障，要求学生模拟企业处理故障的程序进行处理。

① 学生分组，每组针对一种故障提出解决方案，要符合企业生产的实际要求。

② 每个组将处理过程做成PPT，在课堂上讲解。

③ 其他同学进行评价或提问。

项目三　其他类型泵的检修

子项目一　多级离心泵的检修

知识目标

1. 熟悉多级泵各零部件的结构形式，掌握轴向力的平衡方法和原理。
2. 熟悉多级泵的拆装顺序、注意事项。
3. 掌握叶轮、平衡盘等部位的径向和端面跳动值的测量方法。
4. 掌握转子轴向窜量的测量与调整方法。
5. 熟悉多级泵的常见故障及其处理方法。

能力目标

1. 会选择合适的检修工具并能熟练使用。
2. 能够按要求对多级泵进行拆卸、清洗、检查与组装调整。
3. 能够对多级泵进行操作、维护，能够对常见故障进行处理。

◆任务一　认识DL型多级离心泵的结构

1．结构说明

DL型多级离心泵的结构如图3-1所示，由电动机和泵两部分组成，电动机为Y型三相异步电动机，泵和电动机采用联轴器连接，整体为刚性连接，使用时无需校正。泵由定子部分和转子部分组成，泵定子部分由进水段、中段、导叶、出水段、填料函体等零件组成。为防止定子磨损，定子上装有密封环、平衡套等，磨损后可用备件更换。转子部分由轴、叶轮、平衡鼓等组成。转子下端为水润滑轴承，上部为角接触球轴承。泵的轴向力绝大部分由平衡鼓来承担，其余小部分残余轴向力由角接触球轴承来承受。进水段、中段和出水段的结合面用纸垫通过拉紧达到密封。轴封采用填料或机械密封。

泵旋转方向从驱动端向下看为逆时针方向转动。

2．型号及其含义

65 DL-12.6 12.5×5

65——进水口直径，mm；

DL——立式多级分段式离心泵，低转速（1450r/min）；

12.6——流量为12.6m^3/h；

12.5——单级扬程为12.5m；

5——叶轮的数量（级数）。

3．主要零部件的结构

（1）导轮　导轮主要用于多级泵，又叫导叶，是一个固定不动的圆盘，正面有包围在叶

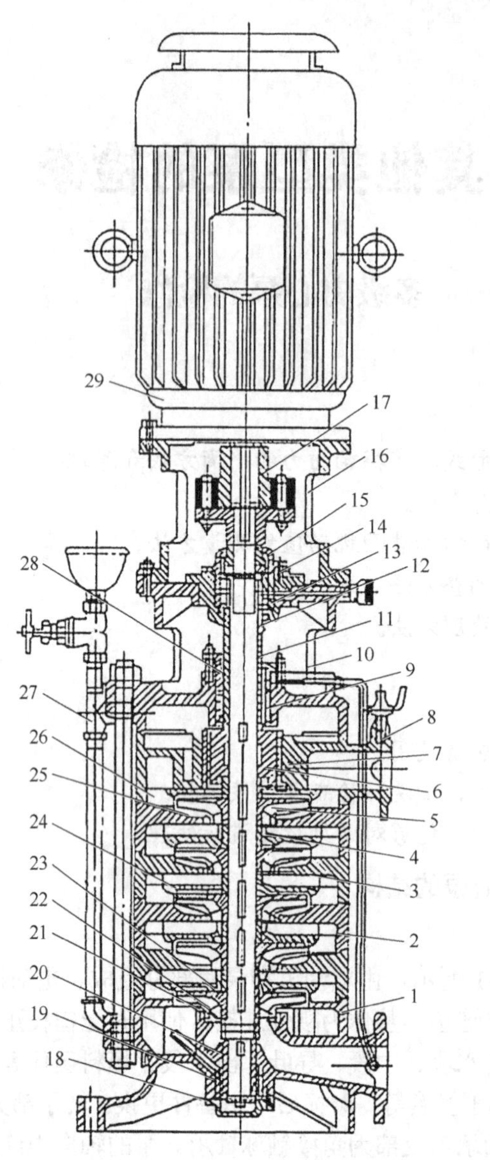

序号	名称
1	进水段
2	中段
3	密封环
4	叶轮挡套
5	叶轮
6	平衡鼓
7	平衡套
8	出水段
9	机械密封
10	填料体
11	轴套
12	挡水套
13	轴承盒
14	推力球轴承
15	轴承盖
16	连接架
17	连接器
18	水中轴承套
19	水中轴承
20	下轴套
21	卡环
22	卡环套
23	导叶管
24	导叶
25	叶轮密封环
26	出水段导叶
27	灌水回水管
28	填料压盖
29	电动机

图 3-1 DL 型多级离心泵结构

轮外缘的正向导叶，构成扩散型流道；背面有将液体引入下一级叶轮入口的反向导叶。液体经叶轮甩出后，平缓进入导轮，沿正向导叶继续向外流动，速度逐渐降低，大部分动能转变为静压能。液体经导轮背面的反向导叶被引入下一级叶轮，结构如图 3-2 所示。

导轮上的导叶数一般为 4～8 片，导叶的入口角一般为 8°～16°，叶轮与导叶间径向间隙约为 1mm，若间隙过大，效率会降低，间隙过小，则会引起振动和噪声。

与蜗壳相比，采用导轮的泵，转子受到的径向力较均匀。导轮比蜗壳便于制造，效率也高，但安装检修困难。另外当偏离设计工况时，液体流出叶轮的运动轨迹与导叶形状不一致，产生较大的冲击损失。

多级泵的泵体指的是导轮外围的圆筒形壳体。

（2）轴向力平衡装置

① 轴向力的产生及其危害　如图 3-3 所示，离心泵工作时，由于叶轮两侧流体压力分布

不均匀（轮盖侧压力低，轮盘侧压力高），而产生一个与轴线平行的轴向力，其方向指向叶轮入口。由于轴向力的存在，使泵的整个转子发生窜动，造成振动并使叶轮入口边缘与密封环产生摩擦，严重时使泵不能工作，因此必须平衡轴向力并限制转子的窜动。

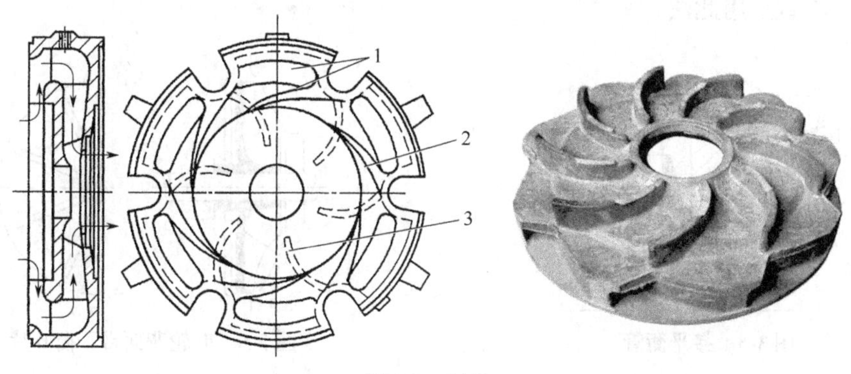

图 3-2　导轮

1—流道；2—正向导叶；3—反向导叶

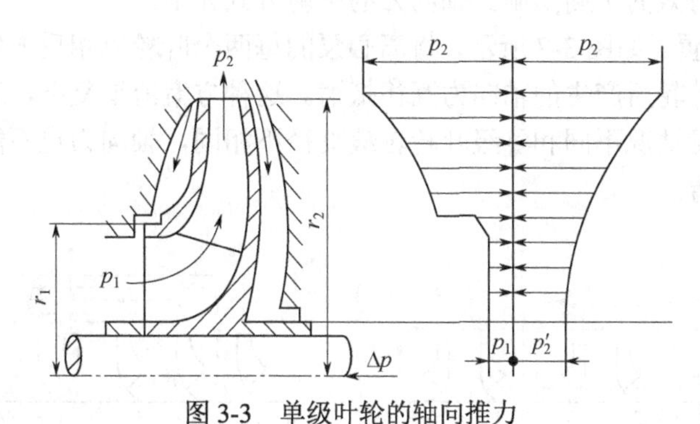

图 3-3　单级叶轮的轴向推力

② 单级离心泵轴向力的平衡方法

a．叶轮上开平衡孔。如图 3-4 所示，叶轮开平衡孔，轮盘外侧相对于吸液口处铸出一道密封凸缘，它与安装在泵壳上的密封环形成一道迷宫密封，使密封环内侧空间与压液室空间隔开，这样可使叶轮吸入口轮盘两侧液流的压力差大为减小，起到平衡轴向推力的作用。由于液体通过平衡孔有一定阻力，仍有少部分轴向力不能平衡，由轴承承受。叶轮上开平衡孔会使泵的效率有所降低，优点是结构简单，多用于小型泵。

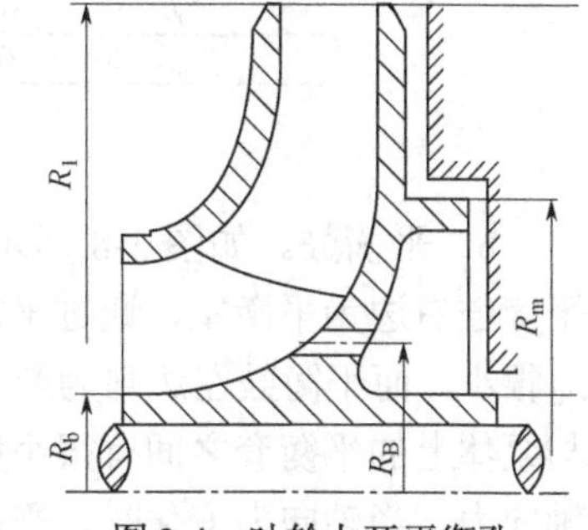

图 3-4　叶轮上开平衡孔

b．采用双吸叶轮。双吸叶轮的外形和液体流动方向均为左右对称，理论上不会产生轴向力，但由于制造质量及叶轮两侧流体流动的差异，仍然有较小的轴向力产生，由轴承承受。生产上采用双吸叶轮多数是为了增大流量。

c．采用平衡管。将叶轮背面的液体通过平衡管与泵入口处液体相通来平衡轴向力。较叶轮开平衡孔方法优越，不干扰泵入口流体流动，效率相对较高。如图 3-5 所示，但结构稍复杂，用得较少。

d．采用平衡叶片。如图 3-6 所示，在叶轮轮盘的背面装有若干径向叶片，当叶轮旋转时，它可以推动液体旋转，使叶轮背面靠叶轮中心部位的液体压力下降，下降程度与叶片的尺寸及叶片与泵壳的间隙大小有关。优点是除了可以减小轴向力外，还可以减少轴封的负荷，对于输送含固体颗粒的液体，可以防止悬浮的固体颗粒进入轴封。但对易与空气混合而燃烧爆炸的液体，不宜采用此法。

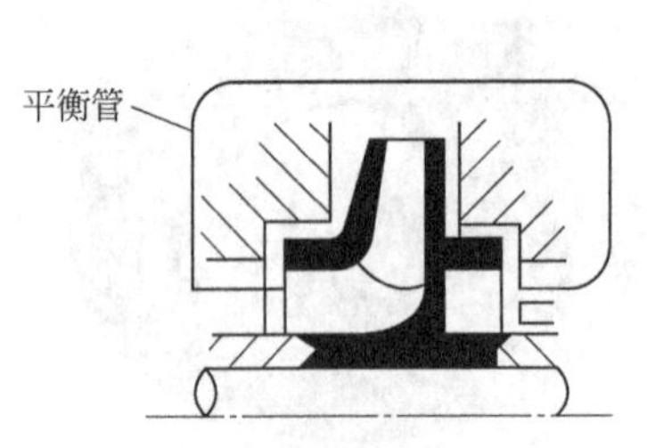

图 3-5 接平衡管

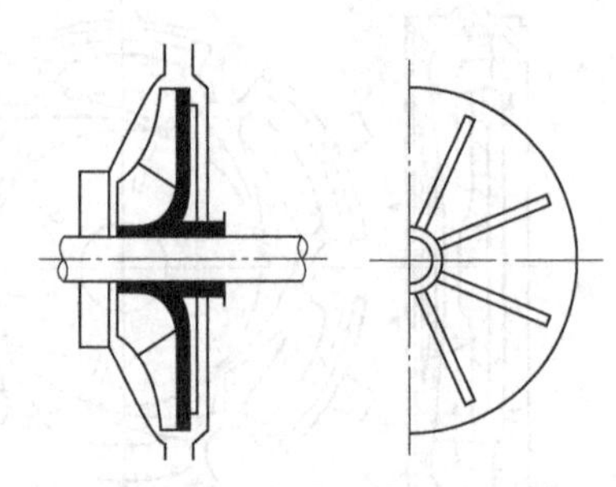

图 3-6 叶轮背面带平衡叶片

③ 多级离心泵平衡轴向力的方法　多级离心泵轴向力是各级叶轮轴向力的叠加，其数值很大，必须采取有效的平衡措施。轴向力的平衡方式如下。

a．叶轮对称布置。如图 3-7 所示，将离心泵的每两个叶轮以相反方向对称地安装在同一泵轴上，使每两个叶轮所产生的轴向力互相抵消。这种方案流道复杂，造价较高。当级数较多时，由于各级泄漏情况不同和各级叶轮轮毂直径不相同，轴向力也不能完全平衡，往往还需采用辅助平衡装置。

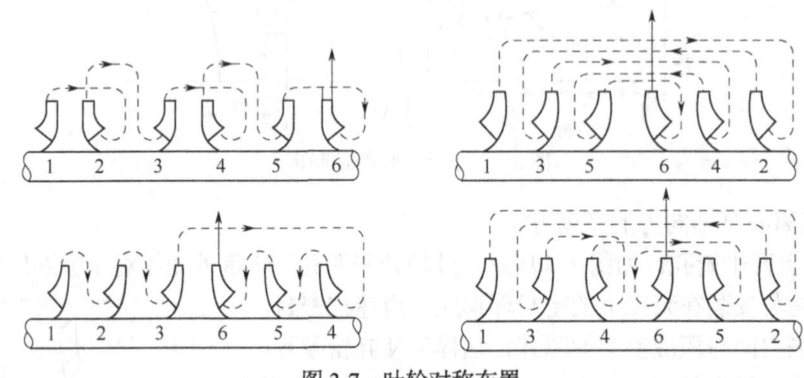

图 3-7 叶轮对称布置

b．平衡鼓。如图 3-8 所示，多级泵末级叶轮后边装一圆柱形平衡鼓（又称为卸荷盘），平衡鼓右边为平衡室，通过平衡管将平衡室与第一级叶轮前的吸入室连通，平衡室内的压力 p_0 很小，而平衡鼓左边则为最后一级叶轮的背面泵腔，腔内压力 p_2 比较高。平衡鼓外圆表面与泵体上的平衡套之间有很小的间隙，使平衡鼓的两侧可以保持较大的压力差，以此来平衡轴向力。当轴向力变化时，平衡鼓不能自动调整轴向力的平衡，仍需装止推轴承来承受残余轴向力。

c．平衡盘。对级数较多的离心泵，更多的是采用平衡盘来平衡轴向力，平衡盘装置由平衡盘（铸铁制）和平衡环（铸铜制）组成，平衡盘装在末级叶轮后面轴上，和叶轮一起转动，平衡环固定在出水段泵体上。平衡盘左边和末级叶轮出口相通，右边则通过一接管和泵的吸入口相连。因此，平衡盘右边的压力接近于泵入口液体的压力，平衡盘左边的压力小于末级叶轮出口压力，即高压液体能通过平衡盘与平衡环之间的间隙 b_0 回流至泵的吸入口，在平衡盘两侧产生一个平衡力（见图3-9）。平衡盘在泵工作时能自动平衡轴向力。

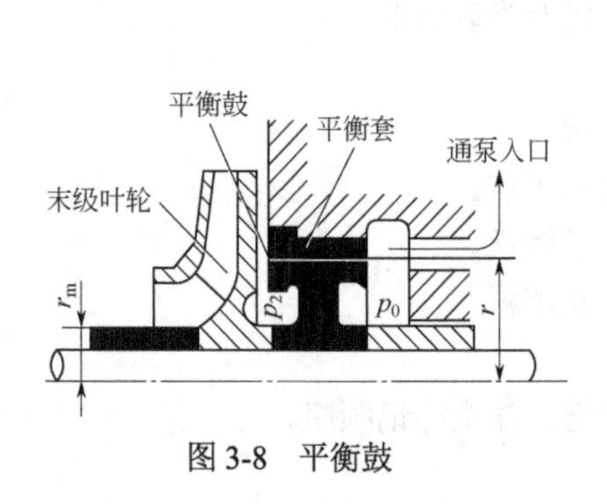

图3-8　平衡鼓

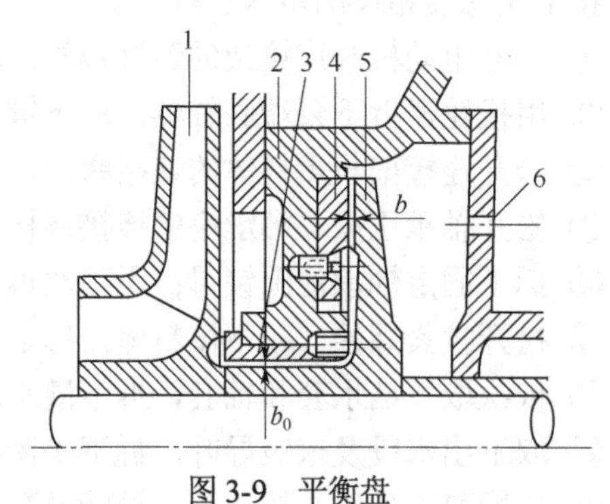

图3-9　平衡盘

1—末级叶轮；2—泵体；3—平衡套；4—平衡环；5—平衡盘；6—接吸入口的管孔

◆任务二　DL型多级离心泵的拆装

1．部件组装

① 将水中轴承装入水中轴承套内，并装在进水段上。

② 将导叶套装到导叶上，并拧紧防转螺钉，然后将导叶装到中段上去。

③ 将平衡套压进出水段上，并装上出水段导叶。

④ 在填料上拧好双头螺栓，并装好软填料及填料压盖。

⑤ 装好灌水回水管部件。

⑥ 在轴上嵌上短键将下轴套穿入轴上，并用挡圈和螺栓压紧固定之。将两半卡环放在轴上装上卡环套。

⑦ 将电动机联轴器装到电动机上。

2．总装

① 将轴穿入进水段，并将键放在轴键槽内，顺轴装上第一级叶轮和叶轮挡圈。

② 将已安装好导叶的中段装上密封纸垫然后顺轴装上，再装上第二级键、叶轮和叶轮定位套，重复以上步骤，直至将所有的键、叶轮、叶轮定位套和中段装完。

③ 将装好密封纸垫的出水段装在中段上，再装键和平衡鼓。

④ 将装好密封纸垫的填料体顺轴装在出水段上，用拉紧螺栓将进水段、中段、出水段和填料体紧固在一起。

⑤ 将轴套装在平衡鼓的同一轴键上。

⑥ 装入挡水套，将装好密封毡圈的轴承盒装在填料体上并对齐注油孔，用螺栓紧固。

⑦ 装上向心推力球轴承，并套上轴承垫圈，再装上第二个向心推力球轴承并用螺母紧固。

⑧ 向轴承盒内注入适量黄油，并将纸垫套在轴承盖上，将轴承盖装到轴承盒上，用螺栓紧固，再装上泵联轴器。 并用手盘动转子，检查转子是否灵活。

⑨ 将连接架装在填料体上，用螺栓紧固之。并在连接架上安装好电机。

⑩ 在泵上装好灌水回水管部件。

⑪ 装上联轴器柱销。装上放气旋塞、黄油杯和所有四方螺塞。

3．泵的拆卸

按上述总装相反的步骤进行。

① 松开电动机与连接架的连接螺栓，取下电动机及半联轴器。

② 用拔轮器拆下泵端联轴器，取下键。

③ 松开连接架与填料体的连接螺栓，取下连接架。

④ 松开轴承压盖与轴承座的连接螺栓，取下轴承压盖。

⑤ 拆下固定轴承的圆锁母；用顶丝拆下轴承座及轴承。

⑥ 松开拉紧螺栓，取下填料体，拆下填料压盖及填料。

⑦ 依次取下挡水套和轴套，拆下灌水回水管。

⑧ 取下出水段及末级导叶，拆下平衡鼓，取下键；注意标记顺序。

⑨ 依次取下各级叶轮、键、导叶及泵壳。

⑩ 取下泵轴及底衬套。

⑪ 松开进水段底部的螺栓，拆下底轴承压盖，取出底轴承。

◆任务三　多级离心泵主要零部件的检修

1．导轮（导叶）的检修

① 检查液体流通壁面是否光滑，有无冲刷沟槽及裂纹等缺陷。

② 导轮的叶片应无缺损和开裂，若损伤严重应更换。

③ 导轮密封面应无凸起或压痕等缺陷，若发现应进行修复。

④ 每级导轮的轴向和径向配合应松紧适度，符合设计要求。

⑤ 检查各级导轮密封环，应无污垢、冲蚀、毛刺、裂纹、偏磨等缺陷。

2．平衡鼓（盘）的检修

平衡鼓（盘）与平衡套（环）接触的平面应接触良好，表面粗糙度 Ra=1.6μm。

多级泵平衡盘装置在装配和运转中常出现的问题是平衡鼓（盘）与平衡套（环）两接触面的磨损，出现这种情况会使泵在运行中造成液体大量内泄漏，最终导致平衡鼓（盘）失效，起不到平衡转子轴向力的作用。

检查平衡鼓（盘）与平衡套（环）两接触面接触情况时，先在平衡鼓（盘）与平衡套（环）两接触面的一个面上涂上薄薄一层红丹，然后进行对研，根据红丹接触面积大小，判断两接合面接触是否达到要求，一般两者接触面积应达 75%以上。若是轻微磨损，可在两接触面之间用细研磨砂进行对研。如果磨损严重，则要上车床进行修复或更换。

平衡鼓（盘）与平衡套（环）之间的间隙一般在 0.1～0.2mm。

3．转子径向和端面圆跳动的测量及处理

多级泵转子各部位径向跳动值过大，则泵在运转中比较容易产生摩擦。因此多级泵在总装配前转子部件要进行小装，对小装后的转子要进行径向和端面圆跳动检查以消除超差因素，避免因误差积累而到总装时造成超差现象。

测量方法参照单级单吸泵检查方法。

转子径向圆跳动和端面圆跳动超差的处理：由泵轴弯曲引起的，先将轴矫直再进行组装；由各零部件之间接触面与轴中芯线不垂直引起跳动超差的，应对转子各组件的接触端面进行研磨修理。由加工误差引起两接触面不平行的，可将零件夹在车床上，用芯轴定位，在同一找正情况下车另一侧端面，加工使其达到要求。

4．泵体止口间隙的检修

多级泵的泵壳之间以及单级泵的托架和泵体之间都是止口配合的，如果止口间隙过大，会影响转子和定子的同轴度。

检查方法是将相邻的两个泵壳叠起，在上面泵壳的上部放置一个磁性百分表座，夹上一个百分表，表头的触点与下泵壳的外缘接触，如图3-10所示。

随后按图中箭头方向将上泵壳往复推动，百分表上的读数差就是止口之间的间隙。在相隔90°的位置上再测一次。一般止口间隙在0.04～0.08mm之间，如间隙大于0.10～0.12mm就要进行修理。

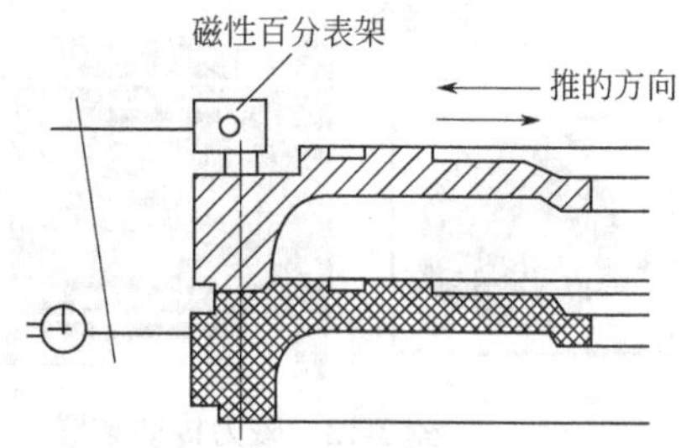

图3-10　泵壳止口同轴度的检查

子项目二　磁力泵和屏蔽泵的检修

知识目标

1．了解磁力泵和屏蔽泵的组成结构、工作原理、用途及主要零部件的形式。
2．掌握磁力泵和屏蔽泵的拆检方法。
3．了解磁力泵和屏蔽泵的操作注意事项和常见故障及处理方法。

能力目标

1．会选择合适的检修工具并能熟练使用。
2．能够按照操作说明书或检修规程对磁力泵和屏蔽泵进行拆检。
3．能够对磁力泵和屏蔽泵进行操作、维护，能够对常见故障进行处理。

◆任务一　磁力泵的检修

1．磁力泵结构

如图3-11所示，磁力泵由泵、磁力传动装置、电动机三部分组成。

2．工作原理

磁力泵是利用磁性联轴器的工作原理无接触地传递扭矩的一种新泵型，当电动机带动外磁转子旋转时，通过磁场的作用带动内磁转子与叶轮同步旋转，从而达到抽送液体之目的，由于液体被封闭在静止的隔离套内，所以它是一种全密封、无泄漏的泵型。

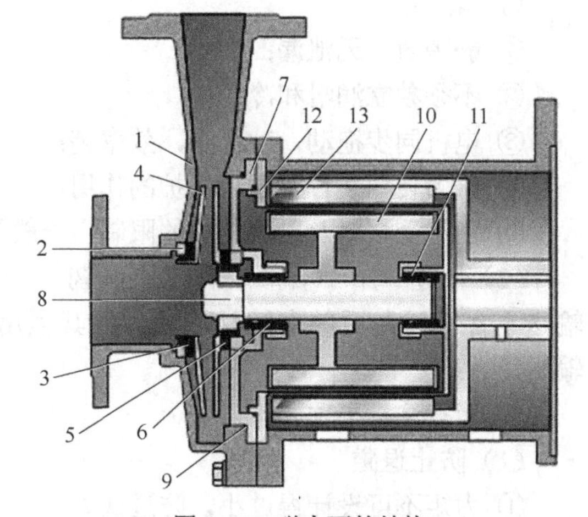

图3-11　磁力泵的结构

1—前泵壳；2—前静环；3—前动环；4—叶轮；5—后动环；6—前轴承；7—隔板；8—泵轴；9—大小O形圈；10—内磁转子；11—后轴承；12—隔离套；13—外磁转子

3．主要零部件结构

（1）泵体、叶轮　磁力泵的泵体、叶轮与离心泵相似。输送腐蚀性液体时，可选用不锈钢、工程塑料来制造，达到耐腐蚀的目的。

（2）磁力传动装置　如图3-12所示，磁力传动装置由内磁转子、外磁转子和隔离套构成。外磁转子与电机轴通过键连接，内装有磁钢；内磁转子与泵轴通过键相连，外圆柱面装有磁钢。为保护转子的磁性材料与外界隔离，使磁性材料不易被氧化、腐蚀等，一般在转子外表面用金属或塑料进行包封，金属包封用焊接形式，塑料包封采用注塑。磁钢材料常用有：钕铁硼合金，使用温度＜120℃；钐钴合金，使用温度＜400℃，抗退磁能力较强。

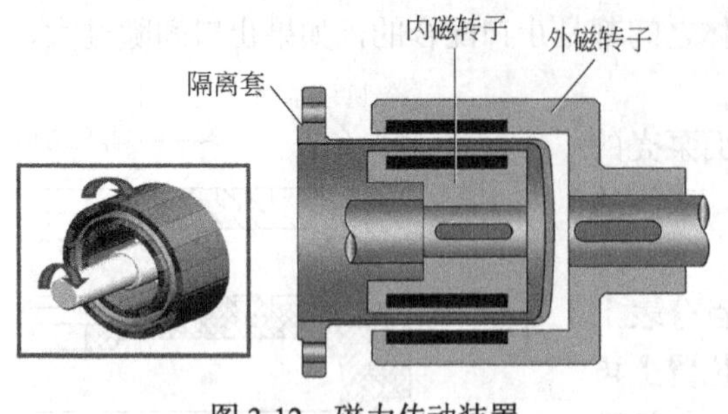

图 3-12 磁力传动装置

隔离套也称密封套，它位于内、外磁转子之间，将其完全隔开，把介质封闭在隔离套内。它与内磁转子外圆和外磁转子内圆保持一定的间隙，避免内外磁转子在运转中产生摩擦而对包封造成破裂、损伤，最终使磁转子的磁性减弱。隔离套的厚度与工作压力和使用温度有关，过厚会增加内外磁转子之间的距离，从而影响传动效率；过薄会影响强度。材料有金属和非金属两种，金属隔离套常用材料有不锈钢等。

隔离套与内磁转子和外磁转子之间的间隙很小，原则上减少气隙，增加磁场强度，间隙大小取决于制造与装配精度，一般为 1～2mm。

（3）轴承　磁力泵选用的轴承常用滑动轴承，用输送介质润滑，润滑性较差，一般采用耐磨性和润滑性良好的材料制作。常用轴承材料有青铜、锡锑轴承合金、铅锑轴承合金、石墨、聚四氟乙烯、碳化硅陶瓷等。

（4）前、后动静环（推力盘）　前、后动静环一方面起到密封的作用，另一方面起到承受一定的轴向力的作用。磁力泵转子部件通过调整前、后动静环大小，轴向力可以基本保持平衡；推力盘只在启动或停泵的瞬间承受轴向力；当内磁钢在轴向偏离设计位置时，外磁钢对内磁钢具有强大的吸引力，转子部件具有在轴向回归设计点的趋势。

4．特点及用途

（1）特点

① 静密封，无泄漏；

② 不须独立润滑和冷却；

③ 电机同步拖动，功率小，效率高；

④ 磁力转动装置有过载保护的作用；

⑤ 由于受材料及磁性传动的限制，一般只用于输送 100℃以下，1.6MPa 以下的介质。

（2）用途　用于石油、化工、制药、印染、电镀、食品、环保等企业的生产流程中输送不含铁屑杂质的腐蚀性液体，尤其适用于易燃、易爆、易挥发、有毒和贵重液体的输送。

5．运行注意事项

（1）防止退磁

① 力矩不可设计得过小，防过载。

② 应在规定温度条件下运行，严禁介质温度超标。

（2）防止干摩擦

① 严禁空转。

② 严禁介质抽空。

③ 在出口阀关闭的情况下，泵连续运转时间不得超过 2min，以防磁力传动器过热而失效。

（3）防止颗粒进入

① 不允许有铁磁杂质、颗粒进入磁力传动器和轴承摩擦副。

② 输送易结晶或沉淀的介质后要及时冲洗，以保证滑动轴承的使用寿命。

③ 输送含有固体颗粒的介质时，应在泵流管入口处过滤。

（4）检查项目　磁力泵日常主要检查电流、温升和出口压力是否正常，是否渗漏运行，振动和噪声是否正常。

6．磁力泵的检修

（1）零部件的检查

① 泵体、叶轮应无伤痕和腐蚀。

② 内外磁转子包封应无裂缝、破碎、漏洞等。

③ 隔离套拆卸后应进行仔细的检查，看是否有裂纹存在，对采用金属材料的隔离套必要时进行探伤，以保证具有的耐破裂压力和安全系数。

④ 轴承在超过磨损界限以后，便会引起泵的振动，因此应对轴承的内外表面进行检查，确认轴承无划痕，且与轴的配合间隙在规定的范围内。

⑤ 轴表面应无伤痕和腐蚀，其直线度要符合使用说明书要求。

（2）组装

① 外磁转子与隔离套的最大端面跳动不超过 0.25mm，最大径向跳动不超过 0.50mm，同时保证内外磁转子和隔离套的径向间隙符合使用说明书的要求；

② 对滑动轴承，止推盘与石墨轴承端面之间轴向间隙符合使用说明书要求，没有要求时不能大于 1mm。轴承径向间隙应符合要求，间隙过小泵在运转时轴承容易热膨胀、抱轴、摩擦负荷大，影响效率；间隙过大会加速轴承的磨损振动。

③ 对于叶轮及口环，叶轮多采用成形的流线型整体铸造结构，口环一般采用 CFR/TEE 或碳化硅材料制作，组装时应保证口环间隙符合使用说明书要求。

④ 外磁转子与电机连接后其径向和轴向跳动应小于 0.01mm。

⑤ 组装过程中，不允许用硬工具或硬物敲打石墨轴承、内外转子、隔离套等。

◆任务二　屏蔽泵的检修

1．屏蔽泵的结构

屏蔽泵的泵与电动机直连，叶轮直接固定在电机转子轴上，并同装于一个密闭壳体内，没有联轴器和轴封装置，从根本上消除了液体的外漏，如图 3-13 所示，为防止输送液体和电气部分接触，用耐腐蚀、非磁性的材料做成的薄壁圆筒形定子屏蔽套和转子屏蔽套与被输送的液体隔绝。

（1）轴承和轴套、推力盘　屏蔽泵的轴承采用滑动轴承，一般用非金属材料如石墨等制造。它主要用于支承转子组件和承受泵在工作中产生的轴向力，见图 3-14。

由于转子较长，屏蔽泵需设前后两个滑动轴承座。这两个轴承要求精确对中。如果对中不佳，轴承很容易碎裂。如果前后两个滑动轴承座的对中性好，也可采用碳化硅或氮化硅材质。

与石墨滑动轴承配套的轴套、推力盘常采用不锈钢表面堆焊钨、铬、钴等硬质合金或等离子喷涂氮化硅一类硬质合金制成。

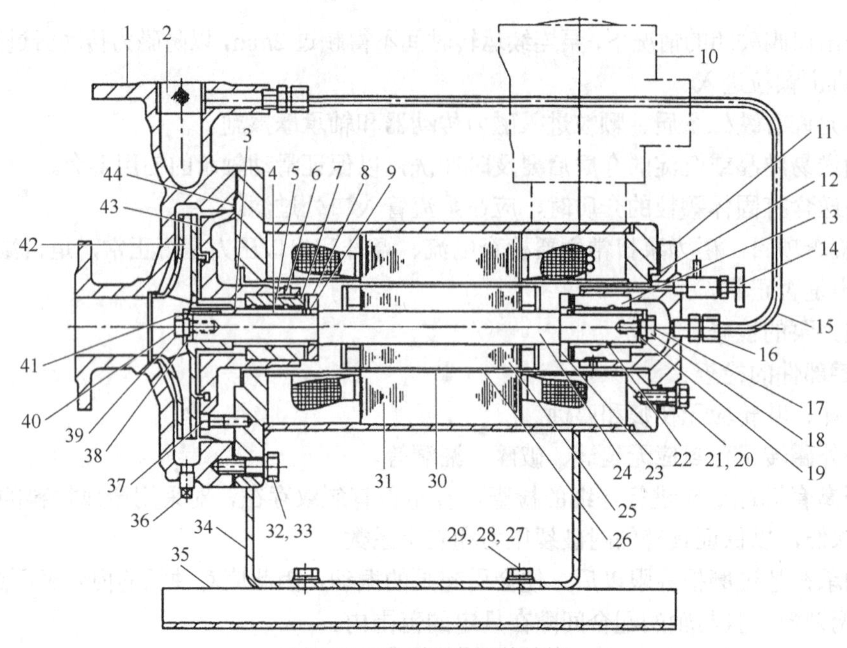

图 3-13 典型屏蔽泵的结构

1—泵体；2—过滤器；3—调整垫片；4，22—轴套；5—垫子；6—紧锁螺钉；7，13—滑动轴承；
8，23—推力环；9—防转销；10—接线盒；11—RB 端盖；12，44—密封垫；14—排气阀；
15—循环管；16—活接头；17，21，29，32，37，40—螺栓；18，39—齿型防松垫圈；
19，27，38—压紧垫圈；20，28，33—弹簧垫圈；24—轴；25—转子；
26—转子屏蔽套；30—定子屏蔽套；31—定子；34—机架；
35—底座；36—排液堵头；41—叶轮键；
42—叶轮；43—FB 端盖

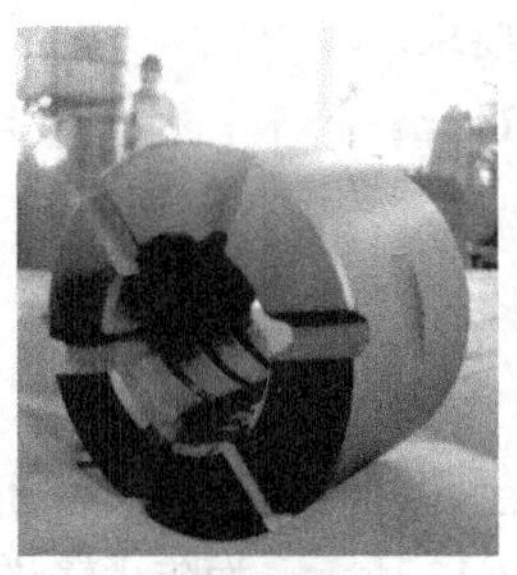
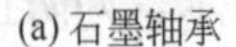
(a) 石墨轴承

(b) 轴套

(c) 推力盘

图 3-14 石墨轴承、轴套、推力盘

（2）屏蔽套 屏蔽泵通常有两个屏蔽套，即定子屏蔽套和转子屏蔽套。用来防止工作介质浸入定子绕组和转子铁芯，其厚度一般为 0.4～0.7mm。由于屏蔽套的存在，使电动机定子和转子之间的间隙加大，造成屏蔽电动机的性能下降，同时在屏蔽套中还会产生涡流，增加了功率损耗。

对于屏蔽泵，其屏蔽套应选用耐腐蚀性好、强度高的非导磁材料，定子屏蔽套优先选用哈氏合金。转子屏蔽套一般选用哈氏合金或奥氏体不锈钢。

（3）轴承监测表（TRG 表） 如图 3-15 所示，屏蔽泵电机的尾端装有轴承监测表，在泵运转中，轴承发生磨损或定子屏蔽套、转子屏蔽套腐蚀严重时，轴承监视器的传感器探头被磨穿，监视器内部泄压，压力表指针指向红色区域，此时应停泵检查。

（4）冷却系统　屏蔽泵电机的冷却以及轴承的冷却，是依靠被输送介质的自身循环带走热量来实现的。输送常温液体时，一般在泵出口用循环管引一股液体送往电机后轴承，再经转子和定子间的间隙及电机前轴承返回泵内，形成外封闭循环系统。当输送高温液体时，有单独的循环冷却回路，并配有换热设备，浆泵出口引出的液体冷却后送往电机。

图 3-15　轴承监测表

由于轴套与轴承、转子与定子的间隙很小，当输送含有固体颗粒的液体时，应当在循环回路中串联过滤器。

2．屏蔽泵的特点

（1）优点　无外泄漏；结构紧凑；没有联轴器，拆装时不需要找中心；轴承不需要另外加润滑油或润滑脂，操作维修方便。

（2）缺点　屏蔽套制造困难，成本高；由于电机转子在液体中运转，使摩擦阻力增大，加上泵要向电机提供循环冷却液，叶轮密封间隙较大，因此泵的效率较低；由于屏蔽泵采用滑动轴承，且用被输送的介质来润滑，故润滑性差的介质不宜采用屏蔽泵输送。一般地适合于屏蔽泵介质的黏度为 0.1～20mPa・s。

3．屏蔽泵的运行

屏蔽泵的开停车过程同离心泵，但在使用中应注意以下问题。

① 严禁空载运转。

② 开泵前排气要彻底。

③ 断流转动不得超过 30s。

④ 不得逆向连续运转。

⑤ 不得在冷却水投用前开泵。

⑥ 运转中如果有异常现象应及时停泵处理。

⑦ TRG 表在红色区域，禁止运转。

⑧ 小于最小流量不允许运转。

⑨ 冷却水流量小于要求的值时不允许开泵。

⑩ 环境温度要求-20～40℃，湿度不大于 85%和规定的防爆标志。

⑪ 泵排气时严防有压力喷出。

⑫ 电泵在运转过程中，温度升高，不要用手触摸。

⑬ 当过流继电器和热元件动作时，一定要查找原因后才能启动。

4．屏蔽泵的检修

① 转子屏蔽套和定子屏蔽套应无划伤、膨胀和腐蚀；造成屏蔽套损坏的原因，主要是轴承损坏或磨损超过极限值而造成定、转子屏蔽套相擦而损坏；其次由于化学腐蚀造成焊缝等处产生泄漏。

② 泵体、叶轮、诱导轮应无伤痕和腐蚀。

③ 轴套和推力盘的工作面应无损伤，表面粗糙度应符合要求。

④ 轴应无伤痕和腐蚀，其弯曲度要符合使用说明书要求。

⑤ 轴承的磨损超过界限后，便会引起转子和定子屏蔽套的接触，造成屏蔽套的破损。

因此轴承的径向间隙 $C=B-A$ 和轴承全长 L 的磨损量不能超过使用说明书的规定要求值，如图 3-16 所示。

⑥ 电气检查。

直流电阻检查：三相电阻的不平衡度不得超过 2%。

绝缘电阻检查：屏蔽泵电机绕组的绝缘电阻一般能达到 100MΩ 以上。如低于 5MΩ 时需分析原因，绝缘是否受潮，或屏蔽套是否有泄漏点等，如经定子屏蔽套检漏无问题，则纯属绝缘受潮，需进行干燥处理，如定子屏蔽套有问题，则需更换屏蔽套。

5．屏蔽泵的组装调整

① 轴承的装配。装配轴承时，前后轴承不能调换。在把轴承装进轴承座前要在轴承的外圆切口部位放上钢垫片，如图 3-17 所示，将轴承装进轴承座后，要将止动螺钉旋入钢垫部位，旋紧力度要符合使用说明书要求。

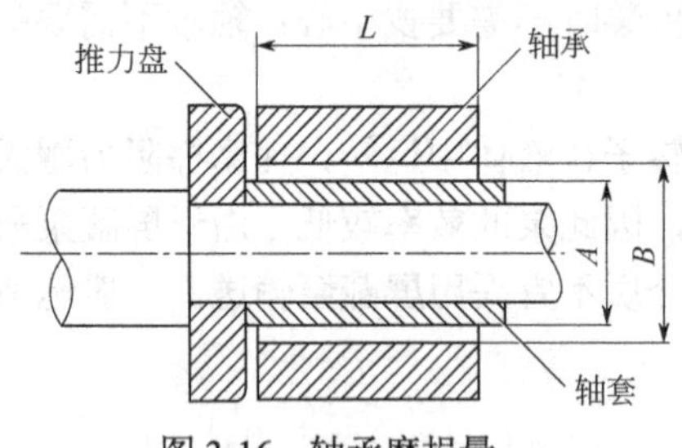

图 3-16 轴承磨损量

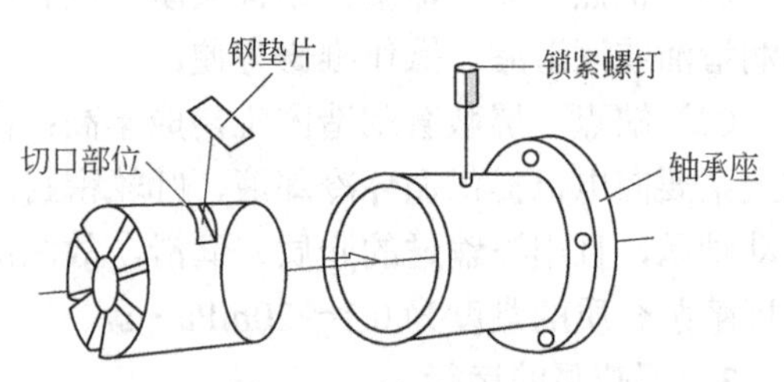

图 3-17 轴承的装配

② 推力盘的装配。推力盘装配时，要将喷镀面的一侧对着轴承轴向工作面。后侧轴套和推力盘组装完成后，一定要将止动垫片正常锁紧。

③ 转子轴向总窜量应符合使用说明书的要求，不符合要求时可通过对后轴承和后轴承座之间的垫片厚度进行调整。

④ 叶轮与前后轴承座之间的轴向间隙符合使用说明书的要求，不符合要求时可通过对叶轮与轴套之间的垫片进行调整。

⑤ 叶轮及诱导轮装配完毕后，要将止动垫片锁紧。

6．屏蔽泵常见的问题与处理

（1）石墨轴承损坏

原因：汽蚀，轴间窜动，石墨炸裂。

处理：切换泵，更换轴承。

（2）泵无法启动

原因：介质结晶或温度低黏稠。

处理：切换泵，提高泵体温度。

（3）泵体过热

原因：汽蚀或冷却水中断。

处理：查明原因消除汽蚀；恢复冷却水。

（4）振动或噪声

原因：汽蚀或轴承磨损。

处理：查明原因消除汽蚀；切换泵更换轴承。

（5）出口压力低

原因：汽蚀，叶轮损坏，入口有杂质堵塞。

处理：查明原因消除汽蚀；切换泵并更换叶轮或清除杂质。

7. 磁力泵和屏蔽泵特性比较

① 要求占地面积尽可能小时，可考虑选用屏蔽泵。

② 对噪声和振动要求苛刻时，屏蔽泵有一定的优势。

③ 对安全性要求较高时，应考虑选用屏蔽泵。

④ 要求泵和机械密封泵能够互换时，可考虑选用磁力泵。

⑤ 输送强腐蚀介质，且必须用非金属材料作为过流部件时，可选用磁力泵。

⑥ 大功率，或输送高温介质，且现场无冷却水时，可考虑选用磁力泵；当两者皆可以使用时，应根据业主的要求，以及工程公司（设计院）的习惯和经验来确定无密封泵的类型。

训练项目

1. 多级泵的拆检

① 按照说明书或指导书的步骤对多级泵进行拆卸、清洗、检查、组装。

② 检测平衡鼓与平衡套之间的间隙。

③ 检测叶轮的径向和端面跳动。

④ 模拟进行多级泵的运行和故障处理。

2. 多级泵泵轴弯曲度的检测

① 用百分表对泵轴进行测量。

② 判断泵轴是否弯曲。

③ 对弯曲的泵轴提出合适的修理方法。

3. 屏蔽泵的拆检

① 按照说明书或指导书的步骤对屏蔽泵进行拆卸、清洗、检查、组装。

② 检测轴承和轴套之间的间隙。

③ 检测转子的轴向窜量并进行调整。

④ 模拟进行屏蔽泵的运行和故障处理。

项目四　活塞式压缩机的检修

压缩机是一种用于压缩气体以提高气体压力或输送气体的机器，广泛地应用于石油化工、采矿、冶金、机械制造、土木工程、制冷与气体分离工程以及国防工业中，而且医疗、纺织、食品、农业、交通等部门，对压缩机的需求也在不断增加。

压缩机种类繁多，尽管用途可能一样，但其结构形式和工作原理都可能有很大的不同。气体的压力取决于单位时间内气体分子撞击单位面积的次数与强烈程度。因此提高气体压力的主要方法是增加单位容积内气体分子数目，这也是容积式压缩机（活塞式、滑片式、罗茨式、螺杆式）的基本工作原理；利用惯性的方法，通过气流的不断加速、减速，因惯性而彼此被挤压，缩短分子间的距离，来提高气体的压力，是透平式（速度式）压缩机的工作原理。

下面主要介绍活塞式压缩机的检修。

子项目一　V 型（W 型）压缩机的检修

知识目标

1. 熟悉 W 型压缩机及主要零部件的结构形式、工作原理。
2. 了解 V(W)型压缩机的润滑方式、密封结构及原理等。
3. 了解汽缸、活塞、气阀等主要零部件的拆装及修理方法。
4. 理解压缩机的工作循环；掌握排气量公式的含义及其排气量影响因素。
5. 熟悉压缩机流量的调节方法。

能力目标

1. 能够按照使用说明书或检修规程对 V(W)型压缩机进行拆检，更换易损件。
2. 能够对 V(W)型压缩机进行正确的操作。
3. 能够对 V(W)型压缩机的常见故障进行处理。

◆任务一　认识 V 型（W 型）压缩机的结构

V 型（W 型）压缩机属于小型压缩机，使用电动机或内燃机作动力，移动性强，适应性强。在施工过程中，用于压缩空气做动力或介质，如用于喷沙除锈、管线吹扫和试压等。

1．W 型压缩机的结构

如图 4-1 所示，电动机驱动的移动式压缩机的组成部分包括电机、带轮及传动带、汽缸、机身（曲轴箱）、缓冲罐、安全阀、连接管路及附属仪表等部分组成。

图 4-1　W 型压缩机外观

主机的结构如图 4-2 所示，主要零部件包括空气过滤器、吸排气阀、汽缸、活塞、活塞销、活塞环、连杆、曲轴、机体（曲轴箱）等。驱动机通过带传动带动压缩机曲轴旋转，通过连杆带动活塞进行往复运动，对气体进行压缩。

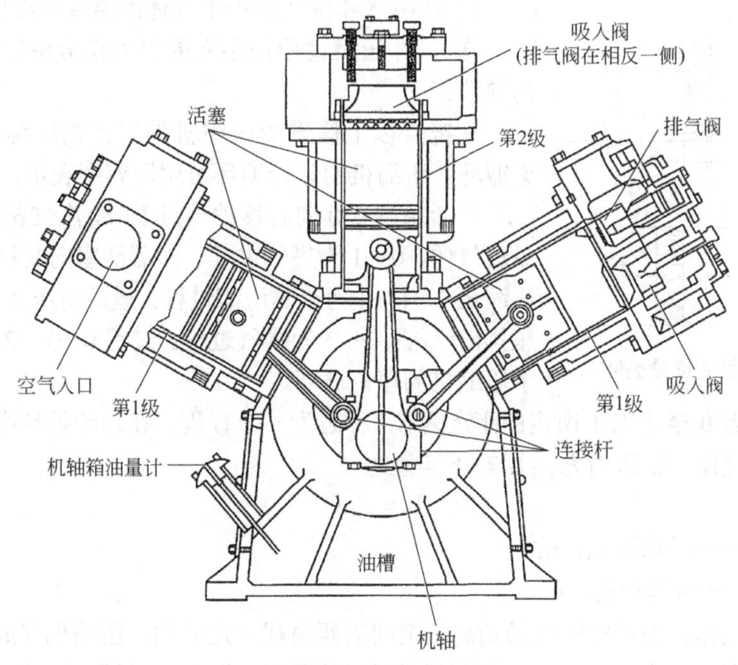

图 4-2　W 型压缩机的结构

压缩机的型号表示方法如下。

W-1.5/7：W——W 型压缩机；1.5——排气量 1.5m^3/min；7——排气压力 0.7MPa。

活塞式压缩机的工作过程由若干连续的循环组成，每一个循环有吸气、压缩、排气、膨胀四个过程组成。如图 4-3 所示，当活塞在最高点向下运行时吸气阀打开，气体从吸气阀进入汽缸，充满汽缸与活塞端面之间的整个容积，直到活塞运行到最低点，吸气过程完成。当活塞从最低点又向上运动时，吸气阀关闭，气体被密封在汽缸的密封空间。活塞继续向上运行，迫使这个空间越来越小，因而气体压力达到了工作要求的数值，压缩过程完成。排气阀被迫打开，气体在该压力下被排出，直到活塞运行到最高点为止，排气过程完成。

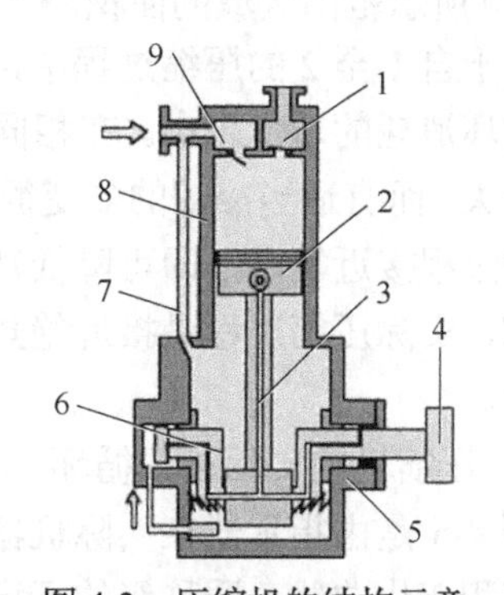

图 4-3　压缩机的结构示意

1—排气阀；2—活塞；3—连杆；4—飞轮；5—曲轴箱；6—曲轴；7—平衡管；8—汽缸；9—进气阀

活塞处在汽缸内最高点时称上止点，最低点时称下止点。活塞从上止点开始运动又回到上止点位置的全过程称为一个循环，上止点到下止点之间的距离叫行程。

2．压缩机的理论工作循环

压缩机的活塞往复运动一次，在汽缸中进行的各过程的总和称为一个循环。为便于分析压缩机的工作状况，作如下的简化和假定：

① 在循环过程中气体没有任何泄漏；

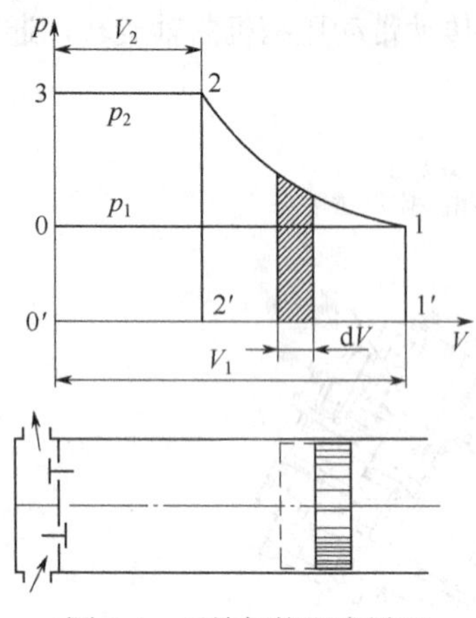

图 4-4　压缩机的理论循环

② 气体在通过吸入阀和排出阀时没有阻力；

③ 排气过程终了汽缸中的气体被全部排尽；

④ 在吸气和排气过程中气体的温度始终保持不变；

⑤ 气体压缩过程按不变的热力指数进行，即过程指数为常数。

凡符合以上假设的压缩机的工作循环称为压缩机的理论循环。压缩机的理论循环可用压容图表示，见图 4-4。

当活塞自点 0 向右移动至点 1 时，汽缸在压力 p_1 下等压吸进气体，0—1 为进气过程。然后活塞向左移动，自 1 绝热压缩至 2，1—2 为绝热压缩过程。最后将压力为 p_2 的气体等压排出汽缸，2—3 为排气过程。过程 0—1—2—3—0 便构成了压缩机的理论循环。

活塞从止点 0 至止点 1 所走的距离为 S，称之为一个行程。在理论循环中，活塞一个行程所能吸进的气体，在压力为 p_1 状态下其值为

$$V_1 = F_S S \tag{4-1}$$

式中　F_S——活塞面积，m^2；

S——活塞行程，m。

压缩机把气体自低压空间压送到高压空间需要消耗一定的功，压缩机完成一个理论循环所消耗的功为图 4-4 的 0—1—2—3—0 所围区域的面积，即进气过程中气体对活塞所做的功 p_1V_1 相当于 0—0′—1′—1—0 所围区域的面积；压缩过程中活塞对气体所做的功相当于 1′—1—2—2′—1′所围的面积；排气过程中活塞对气体所做的功相当于 2—3—0′—2′—2 所围的面积。假定气体对活塞所做的功为负值，活塞对气体所做功为正值，则三者之和为图 4-4 中 0—1—2—3—0 所示范围区域的面积。

由于自 1 至 2 的压缩过程中，指数越小，过程曲线越平坦，因此可知过程指数越小，压缩机循环消耗的功也越小。在相同的初压 p_1、终压 p_2 下，等温理论循环功最小，绝热理论循环功最大，而有适当冷却的多变循环功则介于两者之间。因此应尽可能创造良好的冷却条件，使压缩过程接近等温，即可降低功耗。实际上受传热速率及其他因素的限制，不可能实现等温压缩，实际压缩过程是接近绝热过程的某一多变过程。

3．压缩机的实际工作循环

图 4-5 是由指示器在实际机器某级上测得的压力容积变化曲线，通称级的示意图，即为压缩机的实际循环图。它与理论循环图 4-4 的区别是：由于有余隙容积 V_0 的存在，使高压气体不可能全部排出汽缸，在活塞改变行程后，出现了 V_0 内高压气体的膨胀线 3-4。

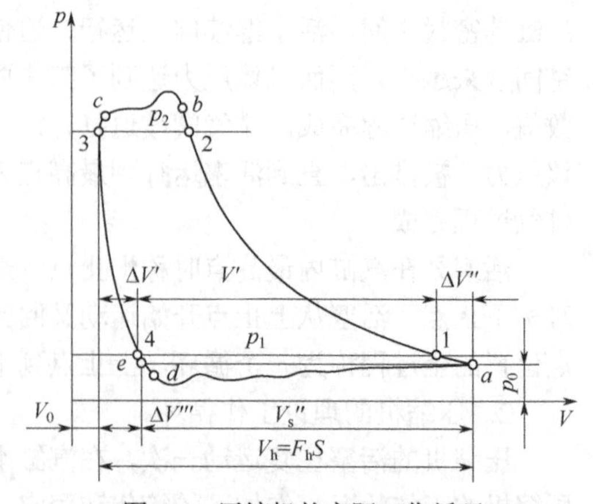

图 4-5　压缩机的实际工作循环

吸气及排气过程中压力均为变值，所以水平线为波形曲线；由于气阀及管道阻力损失的存在，使实际吸入压力线总低于名义吸入压力 p_1 的水

平线，排气压力线则高于名义排气压力p_2的水平线；由于气体与缸壁等有热量交换，所以压缩及膨胀过程指数是一个始终变化的数值；除此之外，还存在着气体的泄漏等。显然它们影响了吸入气体量和耗功，既不像图4-4那样全部吸气行程都吸入气体，也不是只消耗面积为1—2—3—0—1那么少的功。

压缩机的余隙容积包括活塞运动至止点时与缸盖之间的间隙（止点间隙），活塞端面与第一道活塞环之间，由汽缸镜面与活塞外圆之间包围的环形空间，阀座下面空间以及气阀内部的剩余容积。

止点间隙一般为1.5～4mm，留此间隙的目的是为了避免因活塞杆、活塞的热膨胀和弹性变形而引起活塞与汽缸的碰撞，同时也可防止因气体带液而发生事故。

4．活塞式压缩机的受力

活塞式压缩机在正常运转时，作用于运动机构上的力主要有惯性力、气体压力的作用力——气体力和相对运动表面之间产生的摩擦力。

（1）惯性力　压缩机中各运动零件的运动若为不等速运动或旋转运动时，便会产生惯性力。惯性力的大小与方向决定于运动零件的质量和加速度，等于两者之乘积，其方向和加速度方向相反。

（2）气体力　汽缸内的气体压力也是随着活塞的运动，即随着曲轴转角而变化的。作用在活塞上的气体力，为活塞两侧各相应气体压力和活塞作用面积的乘积之差值。

（3）摩擦力　相对运动表面互相作用的摩擦力，其方向始终与运动方向相反，其大小则随曲轴转角而变化，但其规律比较复杂。

（4）作用力的分析　活塞式压缩机运动件受力状况见图4-6。曲柄处于任意的转角α时，气体作用力P_g和往复惯性力I合成的活塞力P，作用在十字头销或活塞销A上，然后再沿着连杆传递过去。由于连杆是相对于汽缸轴线摆动的，它和汽缸轴线间摆动的夹角为β，故传递到连杆上点A的作用力$P_L = P/\cos\beta$，式中$P = P_g + I$。同时，因为十字头是由十字头导轨导向的，也产生了一个压向十字头导轨的分力——侧向力N，$N = P\tan\beta$。连杆力P_L沿着连杆轴线传到曲柄销中心点B，它对曲轴产生两个作用，一个作用是连杆力相对于曲轴中心构成一个力矩$M_y = P_L h = Pr\dfrac{\sin(\alpha+\beta)}{\cos\beta}$；另一个作用是曲轴的主轴颈在主轴上产生一个作用力$P_L$。$P_L$可以分解为水平方向和垂直方向两个分力，垂直方向分力$N = P_L\sin\beta = P\tan\beta$，水平方向分力$P = P_L\cos\beta$，此外主轴承上还作用有离心力$I_r$。

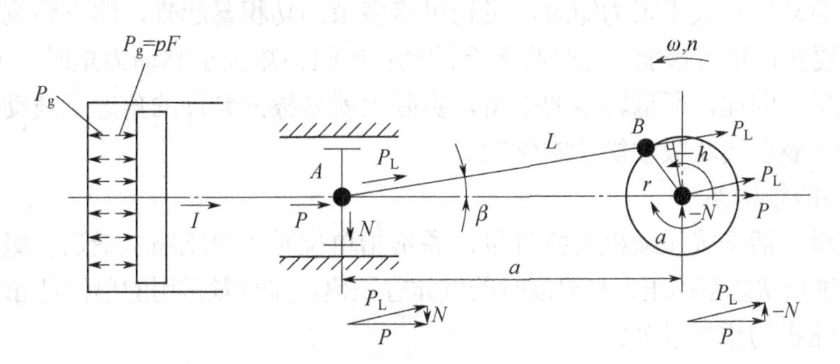

图4-6　作用力分析

（5）惯性力的平衡　作用在主轴承上的活塞力P，其中的气体部分P_g已在机器内平衡掉，余下的往复惯性力部分I却未被平衡掉，它要通过主轴承及机体传到机器外面的基础上。由于往复惯性力I的方向和数值随着曲轴转角周期地变化，因而能够引起机器及基础的振动。此外，还有数值不变但作用线方向随曲轴转角周期地改变的旋转惯性力I_r也作用在主轴承上，也会引起机器做相应的振动。过大的振动会使基础产生不均衡沉降，影响厂房寿命，影响操作人员的健康，影响附近地区精密器械的操作，此外，振动还会消耗能量，严重时能达到压缩机总功的5%。

采用增大基础的办法来减少振动需要增加基建费用，消耗大量的物力和人力，因此应尽量设法在机器内部把惯性力平衡掉。不平衡旋转质量所造成的离心力I_r的平衡比较简单，只要在曲柄的相反方向装上适当的平衡质量，使两者所造成的离心力互相抵消即可。往复惯性力的平衡比较复杂，在单列压缩机中，往复惯性力是无法简单地予以平衡的。但是，用加平衡重的方法，可以改变一阶惯性力的方向，使其从沿着汽缸轴线的方向转移到与汽缸轴线垂直的方向，原来的二阶往复惯性力I_2则仍保持原状。在单列的卧式压缩机中，经常利用上述方法，将水平方向的一阶往复惯性力I_1的30%～50%转移至垂直方向，以减轻水平方向上机器的振动。在多列压缩机中，可以使往复惯性力在机器内部彼此间得到部分的或全部的平衡。平衡方法的原则：一种是利用惯性力本身的特点，使各列的曲轴错角合理地配置，使惯性力互相抵消；另一种是在同一曲拐上配置几列，各列轴线间夹角合理地配置，使各列惯性力的合力为某一不变的数值，且始终作用在曲柄方向。这样，就可以利用加平衡重的方法来平衡它，如L型压缩机。

（6）转矩的平衡　活塞式压缩机工作时，驱动机提供的功和压缩机所消耗的功在一个周期内（每一转中）是相等的，但是在某瞬时两者并不一定完全相同，驱动力矩M_d或大于阻力矩M_k或小于阻力矩M_k。当$M_d > M_k$即输入功率有盈余时，曲轴就会加速，当$M_d < M_k$即输入功有亏缺时，曲轴就会减速，使压缩机的转速极不平稳，主轴转速产生波动。

压缩机的主轴转速波动，与不平衡惯性力一样，对机组的运转起着不利的影响，主要有：

① 在运动部件的连接处产生附加动载荷，从而降低机械效率和工作的可靠性；

② 机器在垂直于曲轴的平面内引起振动；

③ 如果是电机直接驱动，则要引起供电电网中电压波动。

控制主轴转速周期性波动的基本方法，就是在主轴上设置一个飞轮，即增大旋转质量的转动惯量。当驱动力矩大于阻力矩时，飞轮可将多余的功积蓄起来，即飞轮利用本身巨大的转动惯量，只要转速稍有增加，便吸收多余的功；当阻力矩大于驱动力矩时，飞轮转速稍减，放出积蓄的能量。因此，所谓转矩的平衡，实际上就是根据允许的角速度波动幅度，选择适当的飞轮矩——表明飞轮吸收能量本领的量。

5．主要性能结构参数

（1）排气量　活塞式压缩机的排气量，通常指单位时间内压缩机最后一级排出的气体，换算到第一级进口状态下的压力和温度时的气体容积值，排气量常用的单位是m^3/min或m^3/h。

活塞式压缩机的排气量公式

$$\overline{V_d} = V_d n_f = \frac{\pi}{4} D_1^2 \lambda_0 S n_f \qquad (4\text{-}2)$$

$$\lambda_0 = \lambda_V \lambda_p \lambda_T \lambda_l \qquad (4\text{-}3)$$

$$\lambda_V = 1 - \alpha(\varepsilon'^{\frac{1}{m}} - 1) \tag{4-4}$$

式中　n_f——每秒转速，r/min；

D_1——第一级活塞直径，m；

S——活塞行程，m；

λ_0——排气系数；

λ_V——容积系数；

α——相对余隙容积，$\alpha = \frac{V_M}{V_h}$；

V_M——余隙容积；

V_h——活塞行程容积；

ε'——压力比，排出压力与吸入压力之比；

m——多变膨胀指数；

λ_p——压力系数，由于气体通过吸入阀时有阻力损失，造成气体在汽缸中的平均压力小于吸气压力，气体进入汽缸后由于体积膨胀占去一部分有效容积，影响新鲜气体的吸入量，这种影响用压力系数λ_p表示，λ_p一般在0.95～1.0之间；

λ_T——温度系数，由于压缩机运转一段时间后，汽缸、活塞、气阀及其与之相连接的管路温度升高，高于新鲜气体的温度，因此在吸入过程中，气体被加热，体积膨胀失去了部分有效容积，使得实际吸入气体量减小，这种影响用温度系数λ_T表示，一般λ_T=0.94～0.98；

λ_1——泄漏系数，气体通过填料函的外泄漏以及通过活塞环、气阀的内泄漏都将使压缩机的实际排气量减小，用泄漏系数λ_1表示，一般λ_1=0.95～0.98。

（2）排气压力　活塞式的排气压力通常指最终排出压缩机的气体压力，排气压力应在压缩机末级接管处测量，常用单位为MPa。

（3）转速　指的是压缩机曲轴的转速，常用 r/min 表示，它是活塞式压缩机的主要结构参数。

（4）活塞力　活塞力为曲轴处于任意的转角时，气体力和往复惯性力的合力，它作用于活塞杆或活塞销上。活塞力已成为压缩机系列化、规格化的一个主要参数，常用单位为 t。我国推荐的系列为1、2、3.5、5、5.5、8、12、15、22、32和45(t)。

（5）活塞行程　活塞式压缩机在运转中，活塞从一端止点到另一端止点所走的距离，称为一个行程，常用单位为mm。

（6）功率　活塞式压缩机所消耗的功，一部分直接用于压缩气体，称为指示功，另一部分用于克服机械摩擦，称为摩擦功，主轴需要的功为两者之和，称为轴功。单位时间内消耗的功称为功率，常用单位为 W 或 kW。压缩机的轴功率为指示功率和摩擦功率之和，常用N_s表示。

压缩机的驱动机消耗的功率称为驱动功率，用N_d表示。

$$N_s = N_d \eta \tag{4-5}$$

式中，η为传动效率。

（7）压缩比（压力比）

级的压缩比：压缩机每一级的排气压力与吸入压力之比，一般用ε_i表示。

总压缩比：压缩机最末一级的排气压力与第一级的吸入压力之比，用ε表示。

$$\varepsilon=\varepsilon_1\varepsilon_2\cdots\varepsilon_n \tag{4-6}$$

注意：计算压缩比时，吸气压力与排气压力都要用绝对压力来计算。

6．活塞式压缩机的分类

（1）按汽缸中心线相对位置分类

立式：汽缸中心线与地面垂直。

卧式：汽缸中心线与地面平行

角度式：汽缸中心线彼此成一定角度，其中包括L形、V形、W形、扇形和星形等，见图4-7。

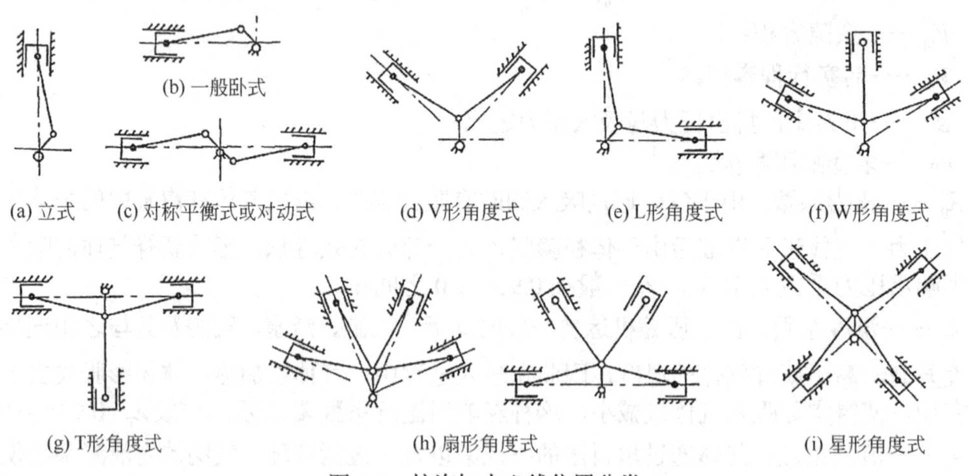

图4-7 按汽缸中心线位置分类

（2）按排气压力分类

低压压缩机：0.2 MPa $<p_d\leqslant$1MPa。

中压压缩机：1MPa $<p_d\leqslant$10MPa。

高压压缩机：10MPa $<p_d\leqslant$100MPa。

超高压压缩机：$p_d>$100MPa。

（3）按排气量分类

微型压缩机：$V_d<1\text{m}^3/\text{min}$。

小型压缩机：$1\text{m}^3/\text{min}<V_d\leqslant 10\text{m}^3/\text{min}$。

中型压缩机：$10\text{m}^3/\text{min}<V_d\leqslant 100\text{m}^3/\text{min}$。

大型压缩机：$V_d>100\text{m}^3/\text{min}$。

（4）按有无十字头分类　可分为有十字头压缩机和无十字头压缩机。

（5）按活塞在汽缸内的作用情况

单作用：汽缸内仅一端进行压缩循环。

双作用：汽缸内两端都同时进行同一级次的压缩循环。

级差式：汽缸内一端或两端进行两个或两个以上不同级次的压缩循环。

（6）按压缩机级数分类

单级压缩机：气体经一次压缩达到终压。

两级压缩机：气体经两级压缩达到终压。

多级压缩机：气体经三级以上压缩达到终压。

◆任务二　认识W型压缩机主要零部件的结构

1．汽缸

汽缸是构成压缩容积实现气体压缩的主要部件，是压缩机主要零部件中结构最复杂的一个，因此汽缸应满足以下几方面的要求：①足够的刚度和强度；②工作表面有良好的耐磨性；③在有油润滑的汽缸中，工作表面处于良好的润滑状态；④尽可能减小汽缸内的余隙容积和阻力；⑤有良好的冷却；⑥结合部分的连接和密封可靠；⑦有良好的制造工艺性，装拆方便；⑧汽缸直径和气阀安装孔等尺寸符合标准化、通用化、系列化的要求。

（1）汽缸的结构形式　按冷却方式分，有风冷汽缸和水冷汽缸；按活塞在汽缸中的作用方式分，有单作用、双作用及级差式汽缸；按汽缸的排气压力分，有低压、中压、高压、超高压汽缸等；按材质分，有铸铁、稀土球墨铸铁、铸钢等。

W-1.5/7型压缩机的汽缸为低压、小型汽缸。

排气压力小于0.8MPa，排气量小于1m^3/min的汽缸为低压微型汽缸，多为风冷式移动式空气压缩机采用；排气压力小于0.8MPa，排气量小于10 m^3/min的汽缸为低压小型汽缸，有风冷、水冷两种。

微型风冷压缩机汽缸结构如图4-8所示，为强化散热，它在缸体与缸盖上设有散热片，汽缸上部温度高，散热片应长一些。大多数低压小型压缩机都采用水冷双层壁汽缸，如图4-9所示。汽缸材料多采用铸铁。

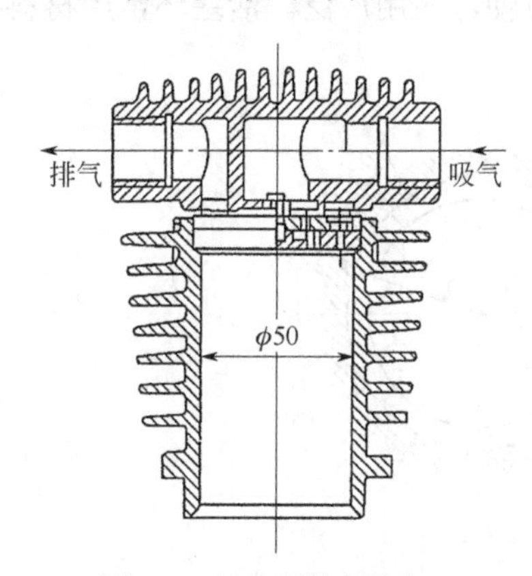

图4-8　风冷压缩机汽缸

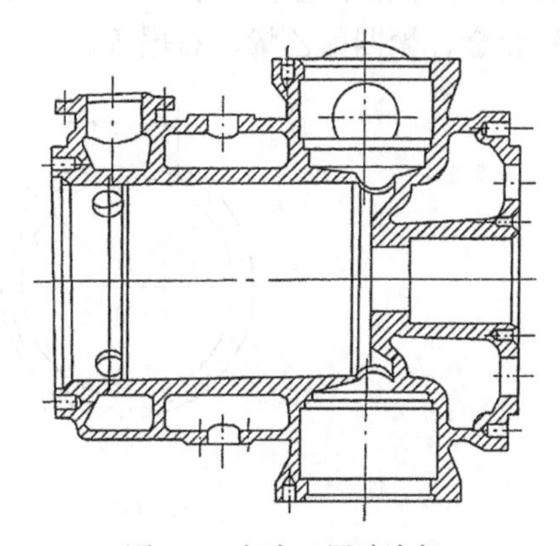

图4-9　水冷双层壁汽缸

（2）气阀在汽缸上的配置　V型、W型压缩机的气阀一般配置在气缸的上端，为减小余隙容积，有时采用组合阀。

布置气阀的主要要求：尽量使气阀通道面积大些，以减少气流阻力损失；配置气阀力求汽缸余隙要小；气阀安装维修方便。

（3）汽缸的润滑　汽缸润滑的目的是为了改善活塞环的密封性能，减少摩擦功和磨损，并带走摩擦热。W型等微小型压缩机多采用飞溅润滑，在曲轴上装有打油针，随曲轴旋转将曲轴箱内的润滑油溅起至汽缸、连杆瓦等需要润滑的部位。

（4）汽缸的密封　汽缸与缸盖之间采用软垫片密封，垫片材料可用橡胶、石棉、金属石棉垫（铜包垫）、柔性石墨垫等。

2．活塞

活塞与汽缸构成压缩工作容积，是压缩机中重要的工作部件。W-1.5/7 型压缩机的活塞为筒形活塞。

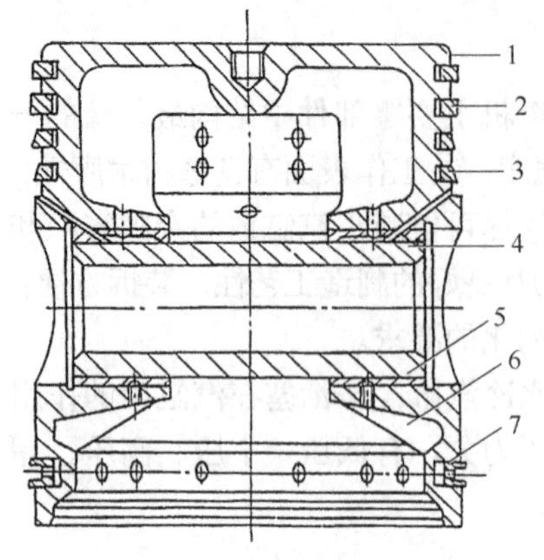

图 4-10 筒形活塞的结构

1—活塞；2—活塞环；3—刮油环；4—活塞销；5—衬套；6—加强筋；7—布油环

筒形活塞为单作用活塞，常用于小型无十字头的压缩机，通过活塞销与连杆直接相连，筒形活塞的典型结构见图 4-10，活塞顶部直接承受缸内气体压力。环部上方装有活塞环以保证密封。裙部下方装一至两道刮油环，活塞上行时刮油环起均布润滑油作用，下行时起刮油作用。筒形活塞裙部用于承受侧向力。

材料一般采用铸铁或铸铝。

活塞销一般为空心圆柱形，用于连接筒形活塞和连杆小头。用弹簧卡子固定在活塞上。

3．活塞环与刮油环

活塞环是汽缸镜面与活塞之间的密封零件，同时也起着布油和导热作用。要求活塞环密封可靠、耐磨性好。

活塞环是一个开口的圆环，其结构如图 4-11 所示，其自由状态下的直径大于汽缸直径，自由状态下的开口间隙值为 A，装入汽缸后，环产生初弹力，该力使环的外圆柱面与汽缸镜面贴合，产生一定的预紧密封力，在切口处还应留有周向热胀间隙 δ。如图 4-12 所示，活塞环的切口通常有三种：直切口、斜切口和搭切口，直切口制造简单，但泄漏量大，斜切口泄漏量较少，加工方便，应用广泛。活塞环常用材料有铸铁、铜合金、聚四氟乙烯、石墨等。

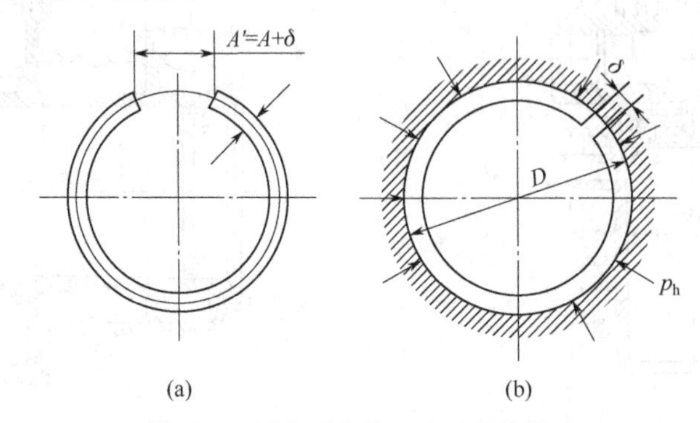

图 4-11 活塞环有关尺寸及参数图示

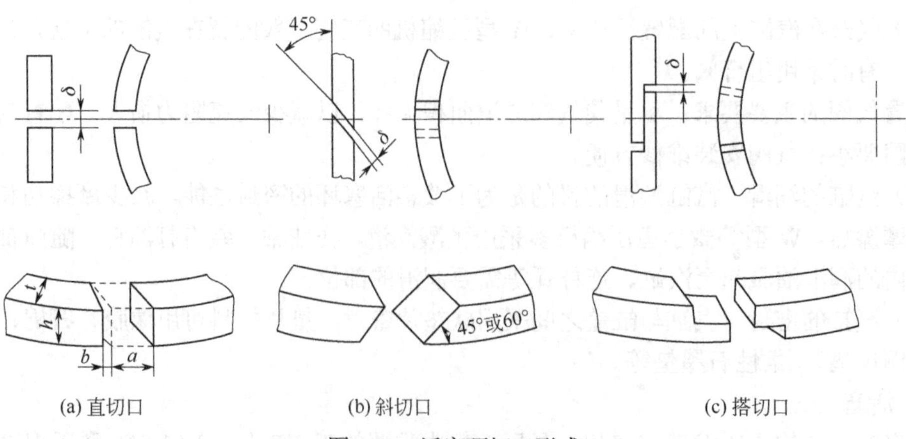

(a) 直切口 (b) 斜切口 (c) 搭切口

图 4-12 活塞环切口形式

活塞环的密封机理：活塞环是依靠阻塞与节流来实现密封的，如图 4-13 所示，气体的泄漏由于环面与汽缸镜面之间的贴合而被阻止，在轴向由于环端面与环槽的贴合而被阻止，此即所谓阻塞。由于阻塞，大部分气体经由环切口节流降压流向低压侧，进入两环的间隙后，又突然膨胀，产生旋涡降压而大大减少了泄漏能力，此即所谓节流。所以活塞环的密封是在有少量泄漏的情况下，通过多个活塞环形成的曲折通道，形成很大压力降来完成的。

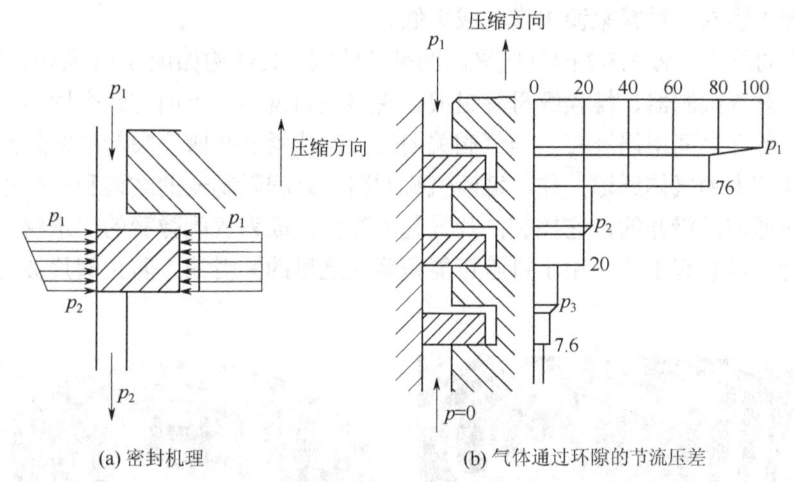

图 4-13　活塞环密封机理

活塞环的密封还具有自紧密封的特点，即它的密封压力是靠被密封气体的压力来形成的。如图 4-13 所示，活塞环本身的弹性产生一个对汽缸壁的预紧力，使得气体通过间隙产生节流，在活塞前后形成压差；在活塞环前后压差的作用下，活塞环端面与活塞环槽贴紧，阻止气体沿环槽端面泄漏；在活塞环与活塞环槽内气体压力可近似认为等于汽缸工作压力 p_1，而作用在活塞环的外表面的气体压力是变化的，于是在环的内外表面形成压差，其值等于$(p_1-p_2)/2$，在此压差的作用下使环压向汽缸工作表面，阻塞了气体的泄漏。由于密封压紧力是靠被密封气体的压力来形成的，而且气体压差愈大则密封压紧力也愈大，所以称之为“自紧密封”。通过采用多个活塞环并限制切口的间隙值，可产生很大的阻塞与节流作用，使泄漏得到充分的控制。

如图 4-13（b）所示，密封环的密封作用主要靠前三道环承担，且第一道环产生的压降最大，起主要的密封作用，承受的压力差最大，当然磨损也最快；三道环以后增加环数所起密封作用不大；环数过多反而会增加磨损和功耗。在低压级中，由于排气压力小，环承受的压力小，所以环的磨损慢；而同一机的高压级中，环承受的压力大，磨损也较快，为使低压级与高压级活塞环的检修周期相同，所以高压级采用较多的活塞环数。

刮油环用于无十字头单作用活塞，把汽缸壁上多余润滑油刮下来。如图 4-14 所示，活塞上有导油沟，使刮下来的油流回曲轴箱。

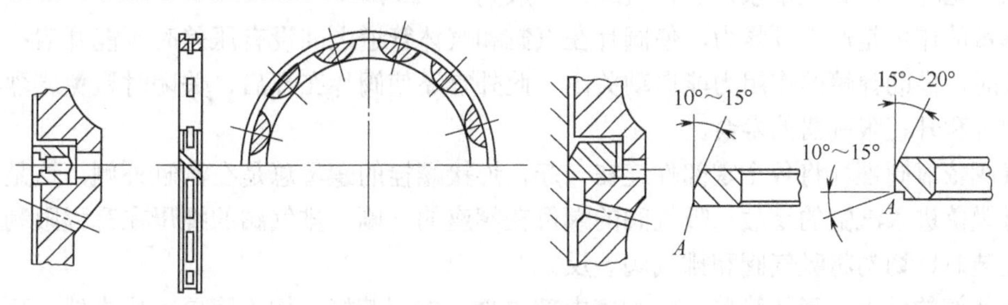

图 4-14　刮油环

4．气阀

气阀的作用是控制气体及时吸入、排出汽缸，是压缩机的一个重要部件，也是易损件。活塞式压缩机的气阀采用随管路气体压力变化而自行启闭的自动阀，依靠阀片两侧的压力差来实现启闭。

（1）对气阀的基本要求　耐用；阻力小；密封性好；开闭及时、迅速；余隙容积要小；结构简单，加工容易，材料来源丰富，成本低。

（2）气阀的结构　W-1.5/7 的气阀采用的是环状阀，其结构如图 4-15 所示，气阀由阀片、阀座、弹簧、升程限制器、螺栓螺母等组成。阀座呈圆盘形，上面有几个同心的环状通道，供气体通过，各环之间用筋连接。当气阀关闭时，阀片紧贴在阀座突起的密封面（俗称凡尔线）上，将阀座上的气体通道盖住，截断气流通路。升程限制器的结构和阀座相似，但其气体通道和阀座通道是错开的，它控制阀片升起的高度，成为气阀弹簧的支承座。在升程限制器的弹簧座处，常开有小孔，用于排除可能积聚在这里的润滑油，防止阀片被粘在升程限制器上。

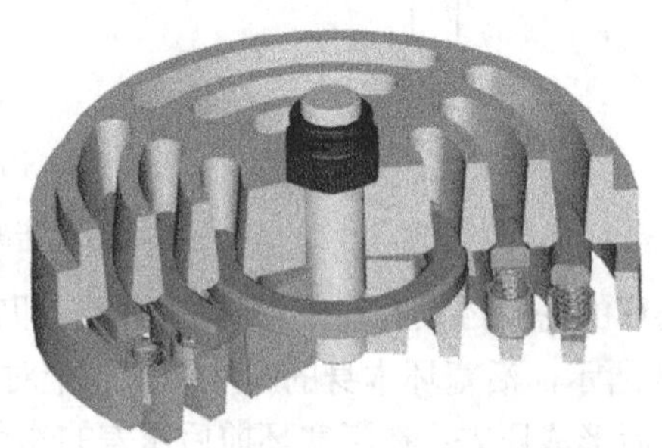

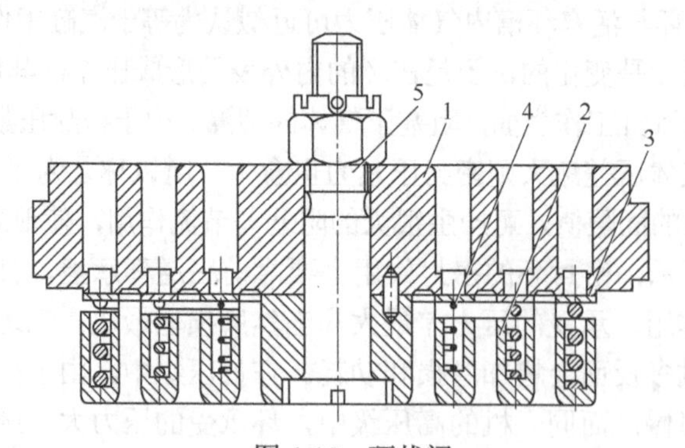

图 4-15　环状阀

1—阀座；2—升程限制器；3—阀片；4—弹簧；5—螺栓螺母

阀片呈环状，其数量取决于排气量，一般为 1～5 环。

弹簧的作用是产生预紧力，使阀片在汽缸和气体管道之间没有压差时不能开启；在吸排气结束时，借助弹簧的作用力能自动关闭。此外它还使阀片在开启、关闭时避免剧烈冲击，延长阀片和升程限制器的寿命。

气阀依靠阀螺栓将各个零部件连在一起，连接螺栓的螺母总是在汽缸外侧，这是为了防止螺母脱落进入汽缸的缘故。吸气阀的螺母在阀座的一侧，排气阀的螺母在升程限制器的一侧。安装时，切勿将吸气阀和排气阀装反。

环状阀的优点是形状简单，应力集中部位少，抗疲劳好，加工简单，成本低，环可单独更换，经济性好。缺点是各环动作不易一致，阻力大，无缓冲片，寿命差，导向部位易磨损。适用于大、中、小气量，高低压压缩机；不宜用于无油润滑压缩机。

（3）组合阀　又称同心阀，是吸气阀与排气阀合为一体的一种气阀，可以使气阀的余隙容积降到最小。中央部分是一个普通的气阀，可以是吸气阀或排气阀，外圈部分则布置另一个对偶的气阀，多为环状，用片状弹簧居多。组合阀用于对布置紧凑性要求较高的压缩机。

（4）卸荷阀　卸荷阀是在环状阀上增加了卸荷器，如图4-16所示，在压缩机部分或全部行程中，卸荷器将吸气阀打开，使得在压缩时，气体返回吸入管，调节排气量。通过进气阀的延迟关闭，使多余部分气体未经压缩而重新返回到进气总管，压缩循环中只压缩了需要压缩的气量，从而大大节省了压缩机的能耗，降低了压缩机运行的总费用。

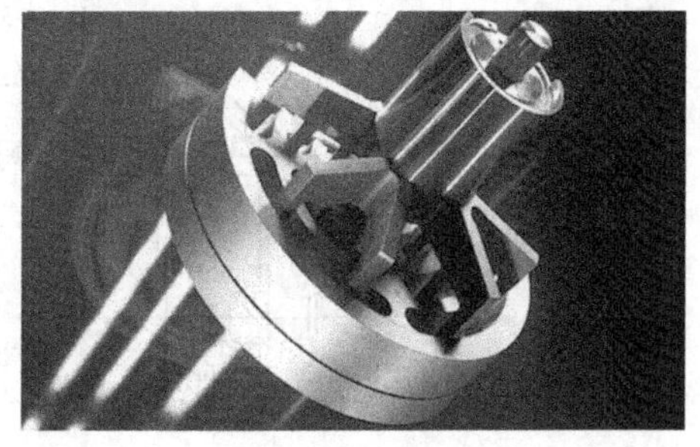

图4-16　卸荷阀

卸荷阀用于调节压缩机的排气量，用做卸荷阀的是压缩机的吸气阀。

（5）气阀的材料　对没有腐蚀性的气体，阀片常用材料30CrMnSiA、30CrMoA等，对腐蚀性气体（二氧化碳、氧气等）常采用1Cr18Ni9Ti、3Cr13、2Cr13、1Cr13等。

阀座和升程限制器的常用材料见表4-1。

表4-1　阀座和升程限制器常用材料

压差（10^2kPa）	≤6	＞6～16	＞16～40	＞40
材料	HT200	HT300、合金铸铁、稀土球墨铸铁	稀土球墨铸铁、铸钢	锻钢、35、45、40Cr、35CrMo

一般阀座的材料要比升程限制器好。

一般压缩机气阀的弹簧常采用碳素弹簧钢丝和合金弹簧钢丝，碳素弹簧钢丝用于工作温度低于120℃的气阀，合金弹簧钢丝如50CrVA、60SiMn、60Si2、65Mn用于工作温度250～400℃的场合，50CrVA对缺口敏感性小，适用于长期工作的气阀。介质具有腐蚀性时，常采用4Cr13、1Cr18Ni9Ti等。

气阀的连接螺栓一般用优质碳素结构钢或合金钢，如35、45、40Cr、35CrMo等；介质具有腐蚀性时，常采用不锈钢；螺母一般用Q235或35。

图4-17　曲柄轴

5．曲轴

曲轴是压缩机中主要的运动件，它承受着方向和大小均有周期性变化的较大载荷和摩擦磨损。因此对疲劳强度和耐磨性均有较高的要求。

压缩机曲轴主要包括主轴颈、曲柄销和曲柄、轴身等部分，有两种基本形式即曲柄轴和曲拐轴。曲柄轴仅在曲柄销的一端有曲柄，曲柄销的另一端为开式，连杆的大头可从此端套入。曲柄轴采用悬臂式支承，如图4-17所示。小型压缩机多采用曲柄轴。

曲拐轴，简称曲轴，如图4-18所示，曲柄销的两端均有曲柄，大多数压缩机采用这种结构。

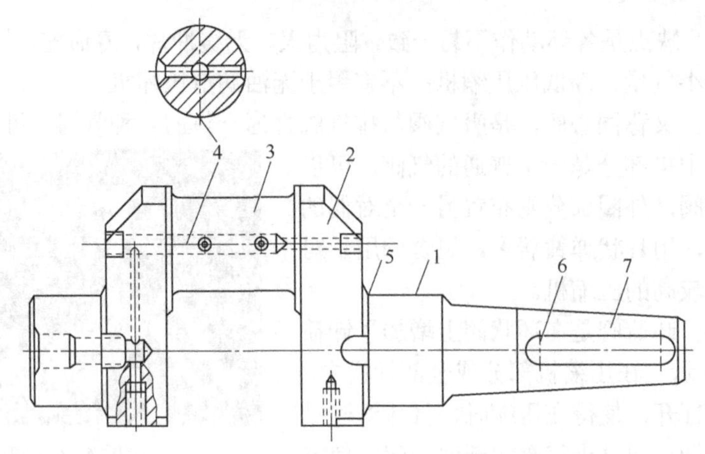

图4-18　单拐曲轴

1—主轴颈；2—曲柄（曲臂）；3—曲拐销（曲柄销）；4—通油孔；5—过渡圆角；6—键槽；7—轴端

曲轴一般用40或45优质碳素钢锻造或用稀土镁球墨铸铁铸造而成，经表面淬火和氮化处理，提高耐磨性能。大多数压缩机的曲轴常被做成空心结构，有利于提高抗疲劳强度，降低惯性力，减轻质量。

6．连杆

连杆将作用在活塞上的力传给曲轴，将曲轴的旋转运动转换为活塞的往复运动。 连杆包括杆身、大头和小头三部分。杆体截面有圆形、矩形、工字形等。连杆的结构形式有开式连杆和闭式连杆两种。

开式连杆的大头为剖分式，通过连杆螺栓将连杆体与大头盖连接把紧，使大头孔与曲柄销配合，见图4-19。闭式连杆的大头为整体结构，见图4-20，常用在缸径较小的小型压缩机中。整体式连杆大头的结构简单，无连杆螺栓，便于制造，工作可靠，容易保证其加工精度。

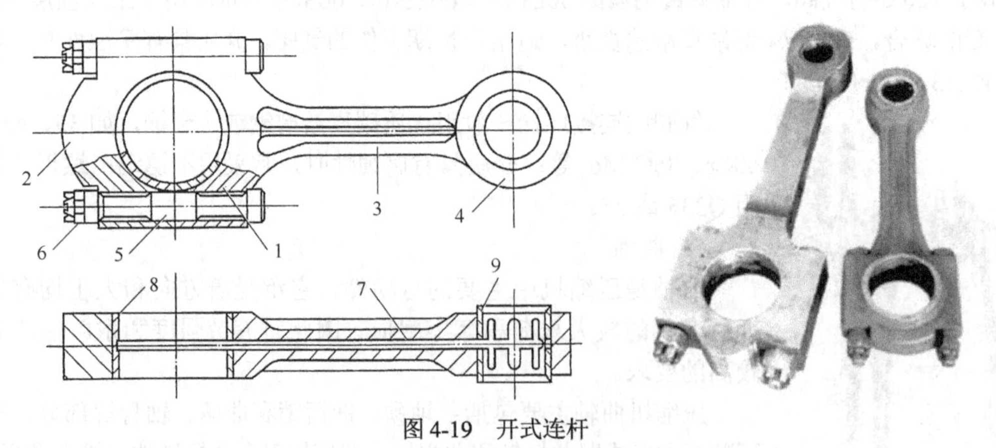

图4-19　开式连杆

1—大头座；2—大头盖；3—杆身；4—连杆小头；5—连杆螺栓；
6—连杆螺母；7—润滑油孔；8—大头瓦；9—小头衬套

连杆小头一般均做成整体式，广泛采用简单的薄壁圆筒形结构。小头与活塞销相配合的支承表面，除了小型压缩机的铝合金连杆外，通常都压有衬套。衬套材料一般采用锡磷青铜合金、铁基或铜基粉末冶金等。连杆小头的润滑方式有两种：一种是靠从连杆体钻孔输送过来的润滑油进行压力润滑，另一种是在小头上方开有集油孔槽承接曲轴箱中飞溅的油雾进行润滑，润滑油可通过衬套上开的油槽和油孔来分配。

为改善连杆大头与曲柄销之间的摩擦性能，大头孔内装有耐磨轴套或轴瓦。整体式连杆大头镗孔中要压入轴套，只有连杆材料为铝合金时可以用本身材料作为轴承材料。

连杆材料一般采用35、40、45优质碳素钢或球墨铸铁。高转速压缩机可采用40Cr、30CrMo等优质合金钢，小型及微型连杆常用锻铝材料。

剖分式连杆大头的大头盖与连杆体用连杆螺栓连接，典型的连杆螺栓如图4-21所示。它对大头盖与连杆体之间既起紧固作用，又起定位作用。

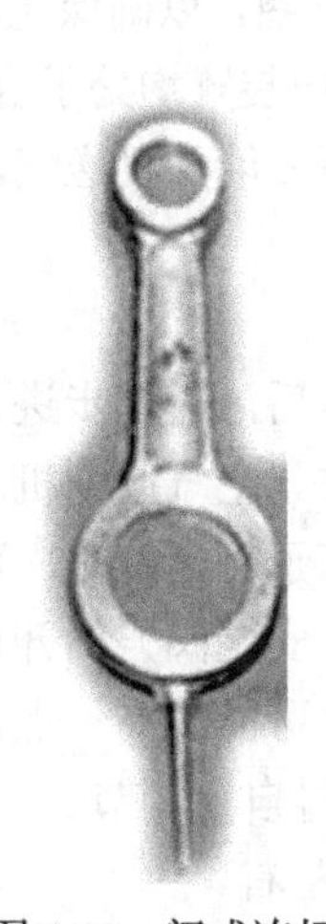

图4-20　闭式连杆

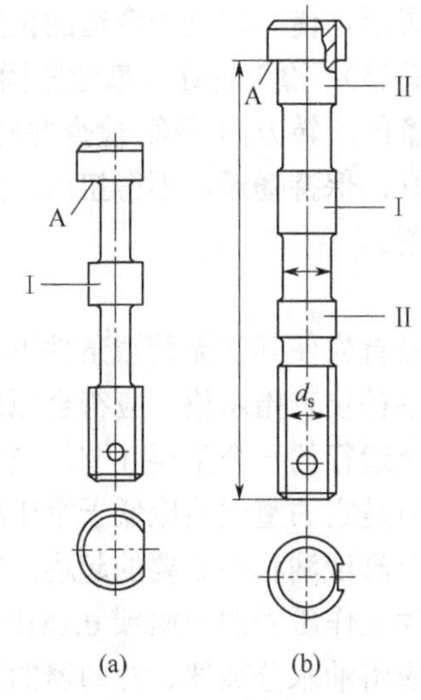

图4-21　连杆螺栓

连杆螺栓承受很大的交变载荷和几倍于活塞力的预紧力，其断裂是由应力集中的部位上的材料疲劳造成的，属疲劳破坏。所以螺栓上的螺纹一般采用高强度的细牙螺纹，螺纹底部不允许有尖角，如图4-21中A处；螺纹杆部粗糙度不低于 *Ra* 0.8μm，如图4-21中Ⅰ、Ⅱ处。连杆螺栓的材料为优质合金钢，如40Cr、45Cr、30CrMo、35CrMoA等，螺母用开口销防松，开口销不允许重复使用。

7. 其他零部件

① 机座（曲轴箱）：曲轴箱内装有润滑油，用于润滑轴承和汽缸以及连杆瓦。

② 主轴轴承：装于曲轴箱轴承座孔内，支承曲轴，承受、传递载荷；小型压缩机多采用滚动轴承。

③ 带轮兼飞轮：传递动力，平衡转矩。

④ 配重：装于曲轴上与曲柄销相对的一侧，用于平衡旋转惯性力，减小机器振动。

⑤ 进气过滤器。

⑥ 排气管。

⑦ 缓冲罐：用于储存压缩气体。

⑧ 安全阀：安装于缓冲罐上，起超压保护作用。

⑨ 仪表控制系统：压力表、流量调节装置等。

◆任务三 W 型压缩机的运行

1．压缩机的放置

由于施工环境往往恶劣，主要表现在高温、沙尘暴、潮湿多雨或寒冷低温等，因此空气压缩机作业环境应注意采取措施，避免这些危害和影响，保持其清洁和干燥，使其满足使用说明书的环境条件要求。其周围半径 15m 以内不得进行焊接或热加工作业。移动式空气压缩机在移动前应先检查行走装置完好，移动时注意控制速度，避免颠簸。停置后保持水平，紧固行走装置。

2．开车

空压机在最初开车或空压机及其系统设备检修后重新启动应遵循下述程序和要求：检查所有的阀门开闭灵活，使其均处于合适的位置及正确的启闭状态，拆除所有为安全维修而设置的附件（如盲板等）；检查各连接部位紧固情况，盘车至少一圈，以确保无机械干涉，且使驱动机及旋转设备的旋转方向正确；检查并确定所有的安全保护装置均处于合适的操作状态；将输气管道连接好，保持畅通，不得扭曲，并通知有关人员后才能开机送气，在出气口前不准有人工作或逗留。

3．运行

启动压缩机后首先使其在无荷载条件下进行，待运转正常后，再逐步进入载荷运行。运转时要注意观察各种仪表指示值，应符合原厂家说明书的要求。空气压缩机对排气压力的自动控制是保证安全运行的一个重要环节，当空压机排气压力高于额定值时，可以对其排气量进行自动调节，但是它的整定值应低于空压机压力释放装置（安全阀）的开启压力。

为了防止安全阀泄漏和不必要的起跳，它的开启压力应尽可能地高一点，但不应超过其所保护的系统元件工作压力的 10%或 0.1MPa，且操作人员不得自行调节。

每个工作日应将油水分离器、冷却器的油水排放 1～2 次左右。

发现下列情况之一时，应立即停车检查，找出原因待排除故障后，方可重新启用：

① 压力表、电流表、温度表等仪表指示超过规定值；

② 排气压力表突然升高，排气阀、安全阀突然失效；

③ 机械有异常响声或电机温升异常；

④ 漏水、漏气、漏电或冷却水突然中断。

运转中如果因缺水致使汽缸过热而停机时，不得立即添加冷水，必须待汽缸自然冷却，降温至 60℃以下方可加水。电动空压机运转中如遇突然停电，应立即切断电源，待来电后重新启动。

当环境温度低于 5℃时，应将冷却水或其他存水放尽，避免冻裂管道或设备。

4．检查和维修

为了保证空压机的安全运行，空压机的所有防护罩、各种标志等防护装置应定期检查，使其处于完好状态。对空压机安全性能检验应有以下内容：噪声、振动、排气压力的自控装置、压力仪表、安全阀、润滑油、电气、防护装置、警告标志等，但要注意，有的检验必须由该类检验资质的机构和人员进行。

无论何种情况，空压机的所有维护工作均应在停车状态下进行。在维修时，应在启动装置上设置“警告：正在检修，严禁开车！”的标志牌，并采取有效措施将空压机动力切断，以避免因疏忽或意外而启动空压机。

为了避免火灾发生，不得用汽油或煤油清洗空气压缩机的滤清器和其内芯、汽缸及管道的零件，也不允许用燃烧方法清除管道的油污。

5. 排气量调节

常用调节方法如下。

（1）转速调节　转速调节分连续调节和间断调节两种。小型压缩机多采用停止旋转的间断调节方法。带变频电机的压缩机可采用连续调节方法。

（2）切断进气阀调节　切断进气阀调节装置如图4-22所示，图4-23为切断进气阀调节示功图。

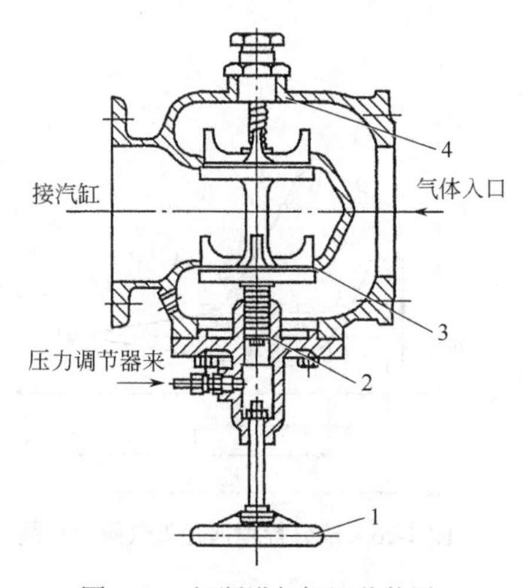

图4-22　切断进气阀调节装置

1—手轮；2—小活塞；3—阀板；4—阀体

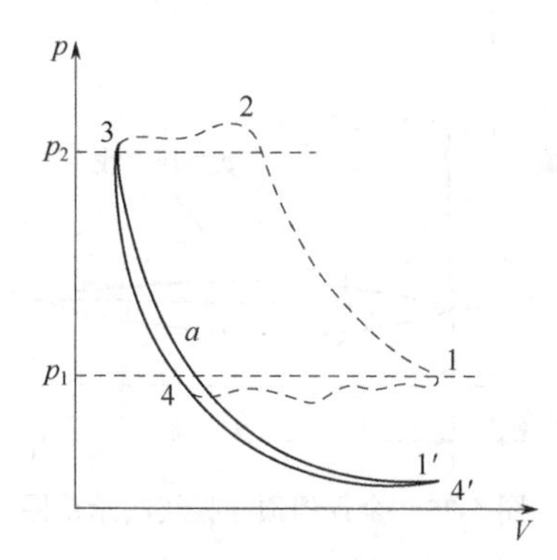

图4-23　切断进气阀调节示功图

在压缩机进口管道上安装停止进气阀，当压缩机的排气量大于耗气量，排出压力升高至一定数值时，使停止进气阀关闭，于是压缩机停止吸气，进入空转状态。当排气压力低至某一数值时，打开停止吸气阀，压缩机再次进入正常工作状态。属于间歇调节。

切断进气阀调节广泛用于中小型压缩机，其结构简单、工作可靠，由于压缩机空转，几乎不消耗功率。缺点是：停止吸气时，由于吸气压力降低，汽缸内出现很高的压力比，使活塞力突变，随压力比增高，会使排气温度急剧增高；由于汽缸内形成真空，对不允许吸入空气的压缩机严禁使用。对无十字头压缩机，有使大量润滑油吸入汽缸的危险。

（3）顶开吸气阀调节（卸荷阀调节）　有全行程和部分行程顶开吸气阀调节之分。

全行程顶开吸气阀调节借助完全顶开吸气阀调节装置（图4-24）的压叉2使吸气阀片在压缩机循环的全部行程中始终处于开启状态，机器空转，排气量为零，从而获得排气量的调节。图4-25为全行程顶开吸气阀调节示功图，由图可见，调节工况耗功很小。

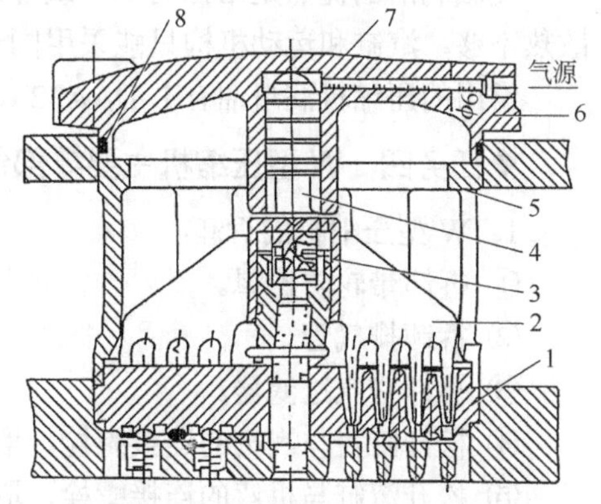

图4-24　全行程顶开吸气阀的装置

1—升程挡板；2—压叉；3—弹簧；4—顶杆；5—压阀罩；6—阀盖；7—小活塞；8—密封圈

调节器的工作原理：当压缩机正常工作时，由于弹簧 3 的弹力作用，调节器的压叉 2 及小活塞 7 被向上顶起，压叉下面与阀片不接触。当系统的用气量减少，储气罐内的气体压力升高到某一定值时，此气体压力经阀盖 6 上的气道传至小活塞 7 的上面，迫使小活塞推着压叉下降顶开阀片，压缩机停止供气。

这种方法的特点是设备简单，顶开吸气阀时，耗功极小，广泛用于压缩机的气量调节。

部分行程顶开吸气阀调节，是在压缩机循环的部分行程将吸气阀打开，当活塞运行到某预定位置时，吸气阀又关闭，在剩余行程中气体完成正常的压缩与排气。根据吸气阀顶开时间的长短，可得到不同的排气量。此种方法结构简单，功耗较小，能连续地调节排气量，应用广泛，但会降低吸气阀的寿命，见图 4-26。

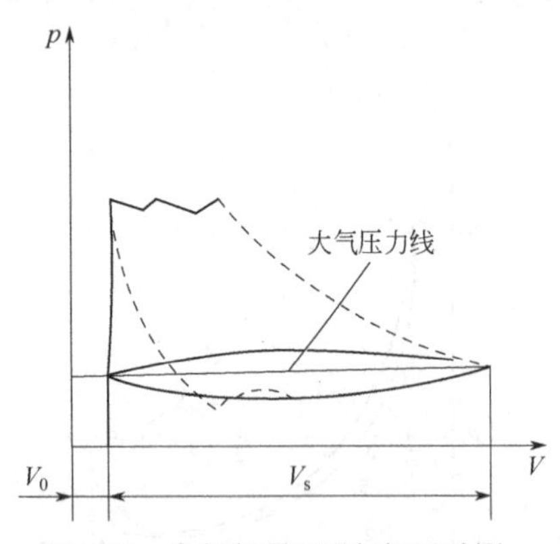

图 4-25 全行程顶开吸气阀示功图

------正常工作时；一全程开启时

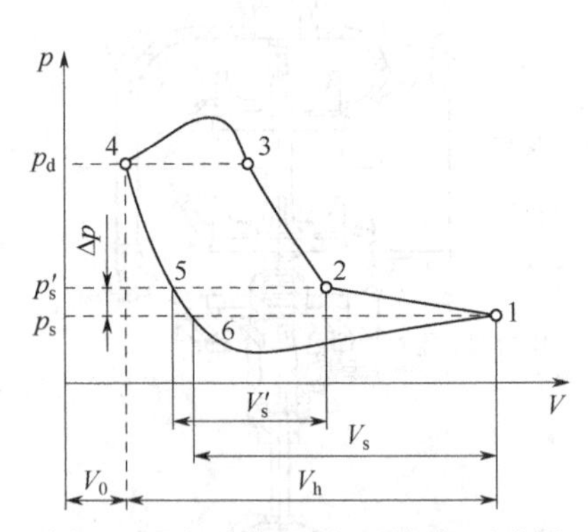

图 4-26 部分行程顶开吸气阀示功图

调节装置可采用手动调节，也可采用气动或液压调节。

6. W 型压缩机的润滑

微小型无十字头单作用压缩机的润滑一般采用飞溅润滑方式，曲轴旋转时，装在连杆上的打油杆将曲轴箱中的润滑油击打形成飞溅，形成的油滴或油雾直接落到汽缸镜面上。另有一部分润滑油经连杆大、小头特设的油孔，将油导至摩擦表面。

飞溅润滑的优点是结构简单，缺点是润滑油耗量大，润滑油未经过滤，运动件磨损大，散热不够，汽缸和运动机构只能采用同一种润滑油。

常用的压缩机润滑油有 L-DAA32 、L-DAA46、L-DAA68 等。

◆任务四 W 型压缩机主要零部件的检修

1. W 型压缩机的拆卸

① 拆卸带轮防护罩。

② 拆卸排气管。

③ 拆卸空气过滤器。

④ 松开缸盖与汽缸的连接螺栓，取下缸盖、气阀、垫片等；最好做标记，以免装错。

⑤ 松开汽缸与机座的连接螺栓，取下汽缸。

⑥ 用尖嘴钳拆下活塞销两端的弹簧卡子，取下活塞销、活塞。

⑦ 拆卸带轮。

⑧ 拆卸两侧轴承压盖。

⑨ 从带轮一侧抽出曲轴，取下连杆。

⑩ 从活塞上拆下活塞环。

2．汽缸的检修

（1）汽缸常见缺陷　汽缸表面磨损造成圆度和圆柱度超差，汽缸的最大磨损处在活塞行程止点最外边第一个活塞环所在的位置；汽缸表面擦伤、拉毛、裂纹；汽缸的冷却水夹套有裂纹或渗漏；阀座止口磨损；缸盖工作面损坏等。

（2）修理方法

① 汽缸磨损的修理　当汽缸表面有轻微的擦伤或拉毛时，可用半圆形油石沿缸壁圆周方向进行手工研磨，直到用手触摸无明显的感觉为止。当擦伤深度大于 0.5mm，宽度在 3～5mm 以上时，必须进行镗缸修理。汽缸磨损达到最大值时，要重新镗缸。汽缸镜面允许磨损量见表 4-2。

表 4-2　汽缸镜面允许磨损量　mm

汽缸直径	<100	100～150	150～300	300～400	400～700	700～1000
圆周均匀磨损量	0.3	0.5	1.0	1.2	1.4	1.6
圆度、圆柱度误差	0.15	0.25	0.4	0.6	0.6	0.8

汽缸内孔镗孔后，直径增加不应大于 2mm。如大于 2mm 时，应重新配置与新汽缸内径相适应的活塞及活塞环。如果镗去的量需增大到 10mm 以上时，应镶缸套。

阀座止口损坏或变形时，轻者用刮刀、油石或铸铁研磨块加研磨砂研磨；严重者用镗床、铣床、钻床加工调整。如图 4-27 所示。

缸盖工作面损坏的修理，如图 4-28 所示，以 *a*、*b* 面为基准，将损坏的工作面车去，并开好凹槽，用表面粗糙度为 *Ra*1.6μm，25～30mm 厚的钢板，外径与凹槽孔按 H8/js6 配合加工，与凹槽的贴合面车光，加密封垫后，用埋头螺钉压紧，再以 *a*、*b* 面为基准，修整外圆。

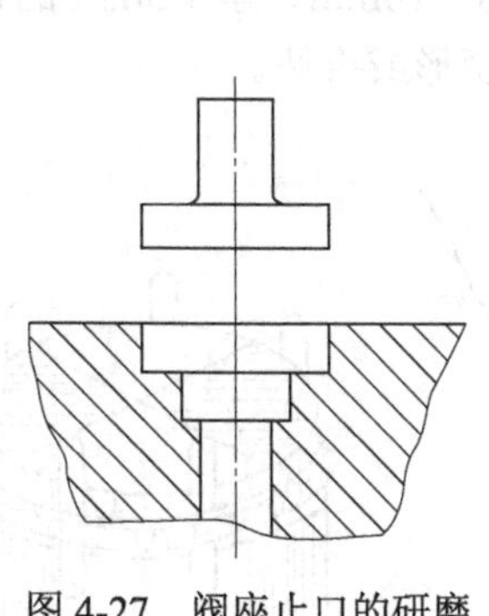

图 4-27　阀座止口的研磨

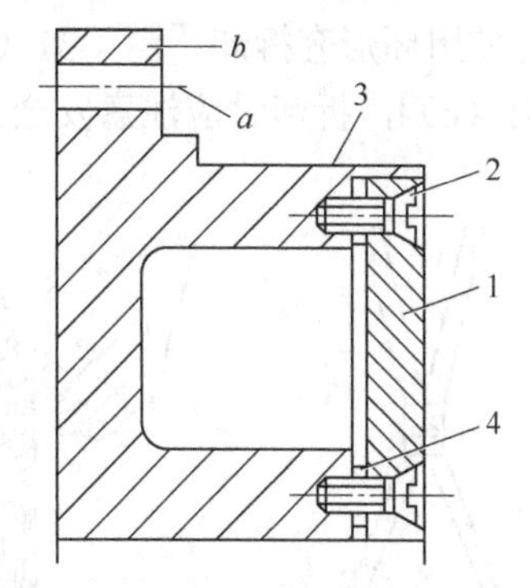

图 4-28　缸盖工作面损坏的修理

1—钢板；2—埋头螺钉；3—缸盖；4—垫片

② 汽缸裂纹或渗漏　汽缸工作表面（镜面）裂纹，一般都不能进行修理，应予以报废。如果缸套上有裂纹，也应予以更换。汽缸冷却水夹套的裂纹或渗漏，可以用补补丁、粘接法、焊修法等进行修理。汽缸修理后应进行水压试验。汽缸试验压力为工作压力的 1.5 倍，水夹套试验压力为 0.3～0.5MPa。试验时不允许有渗漏和残余变形现象产生。

3．活塞的检修

（1）活塞的检查　检查活塞表面、活塞环槽磨损和变形情况，检查槽面有无裂纹存在；

检查活塞销孔与活塞销的配合间隙是否符合要求。

（2）活塞的修理

① 低压小型压缩机的活塞一般为筒形结构，立式压缩机的活塞外圆柱面甚少磨损。偶有轻微擦伤，可用手工修正光滑即可。

② 活塞环槽的修理。活塞环槽磨损量超过允许范围时，为保证活塞环的互换性，可用镶嵌两半圆环的方法修复，如图 4-29 所示。首先将活塞环槽的一侧车去一定宽度，以便安装镶环，镶环的材料牌号与活塞一致。用氧化铜无机黏结剂把制备好的两半镶环黏结到活塞上。镶环的外圆面和非黏结面应留有加工余量，黏结好后的活塞在车床上加工至尺寸精度。对活塞环槽的技术要求：两侧面表面粗糙度 *Ra* 不低于 1.6μm，宽度公差为 H8 或 H9，活塞环槽两侧面对安装活塞杆孔轴心线的垂直度不低于 7 级精度。

③ 活塞销孔磨损后可镗削，然后配制大直径的活塞销，见图 4-30。活塞销的外圆尺寸要与活塞销孔研配一致。

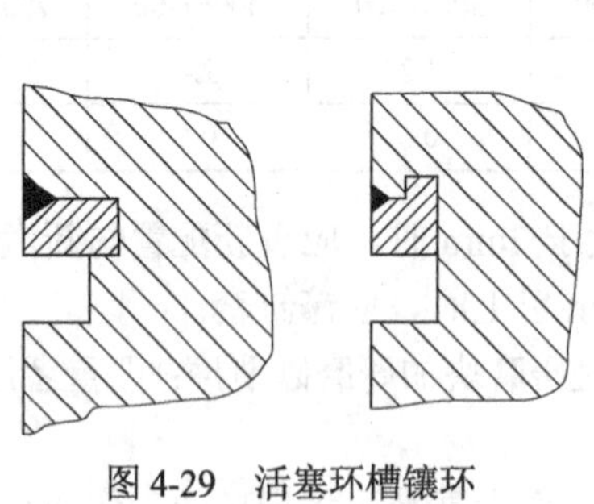

图 4-29　活塞环槽镶环

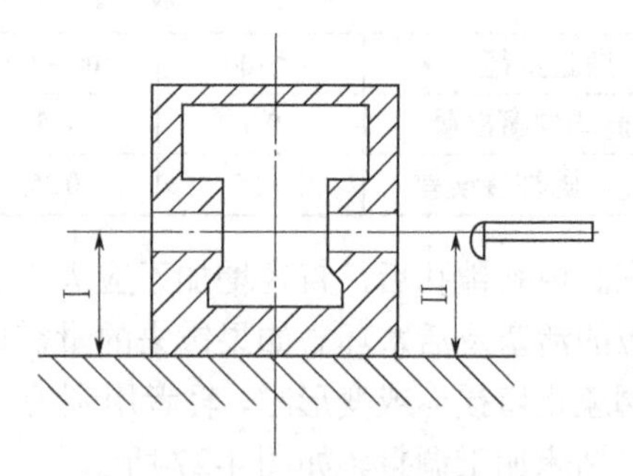

图 4-30　活塞销孔的镗削

4．活塞环的检修

（1）活塞环的拆卸　手工拆卸方法如图 4-31 所示，拆卸小型活塞环可使用夹钳［图 4-31（a)］，还可使用环形套拆卸［图 4-31（b)］，以及借助宽 8～10mm、厚 1.5mm 的钢板进行拆卸［图 4-31（c)］，拆卸时应注意安全，同时防止活塞环变形或拆坏。

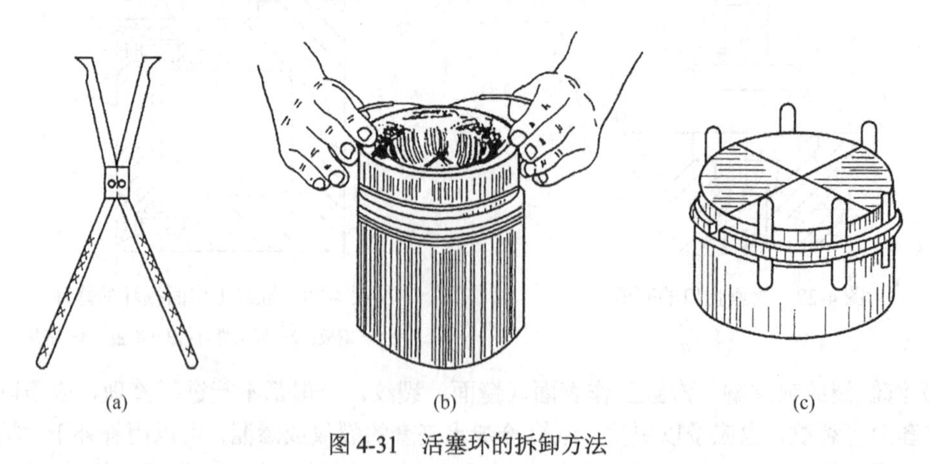

图 4-31　活塞环的拆卸方法

（2）检查内容

① 检查活塞环有无断裂、划痕及过度磨损等现象，活塞环的倒角是否完好。

② 检查活塞环与汽缸的贴合情况及开口间隙等，见图 4-32、图 4-33，整个圆周上漏光

不得多于两处，漏光弧长最长不超过 25°，总长不超过 45° 漏光，处离切口不小于 30°。

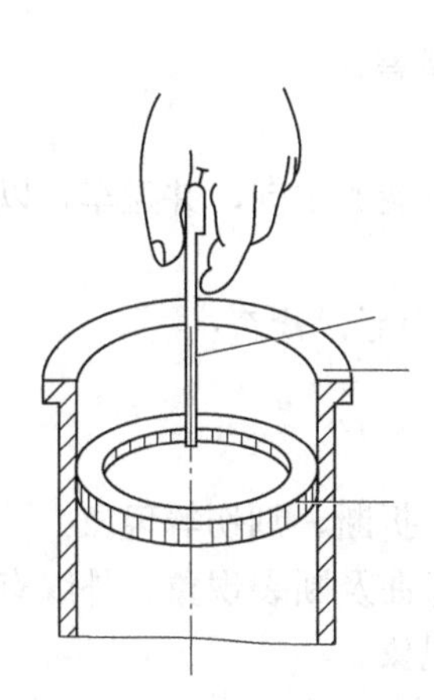

图 4-32　活塞环开口间隙的检查

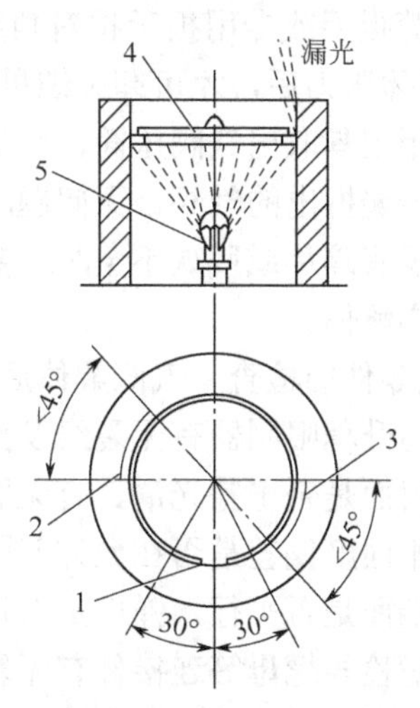

图 4-33　活塞环与汽缸贴合间隙的检查

1—活塞环开口；2，3—漏光缝隙；4—挡板；5—灯光

③ 检查活塞环与活塞环槽的径向间隙及轴向间隙，见图 4-34。

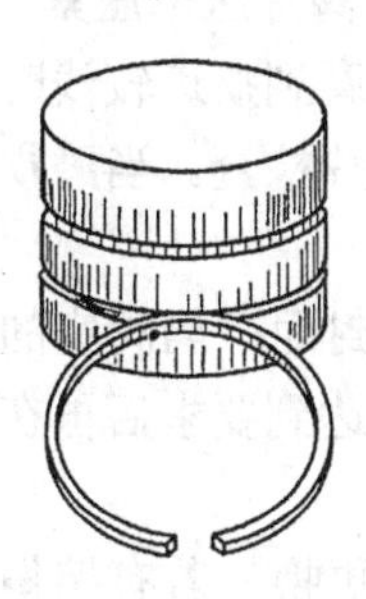

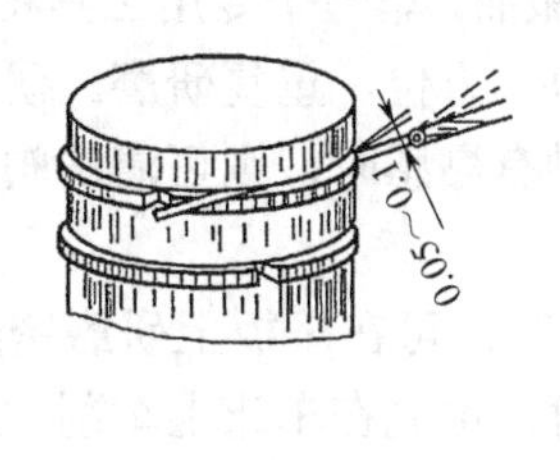

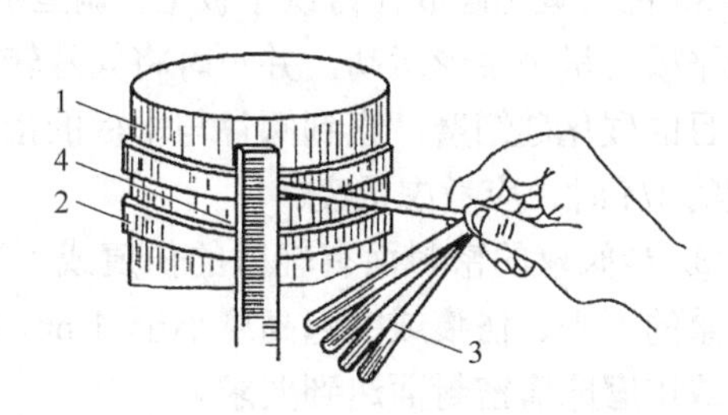

图 4-34　活塞环与活塞环槽的径向间隙及轴向间隙

1—活塞；2—活塞环；3—塞尺；4—直尺

④ 将活塞环放在平台上，检查活塞环两端面的平行度（翘曲），用塞尺塞入环与平台之间缝隙内或用百分表检查活塞环的翘曲度及扭曲情况，见图 4-35。

⑤ 活塞环的弹力检查。

（3）活塞环的修理　活塞环一般不进行修理，发现下列情况之一，应予以更换：活塞环断裂或过度擦伤；活塞环径向厚度磨损 1～2mm，轴向厚度磨损 0.2～0.3mm；活塞环在活塞环槽中两侧间隙达 0.3mm 或超过原间隙的 1～1.5 倍；活塞环的外表面与汽缸镜面有 1/3 圆周的接触不良，或有大于 0.05mm 的间隙；活塞环弹性丧失但活塞环损坏不大时可以应急使用；翘曲不大时，可将环放在平板上，用研磨法修理。

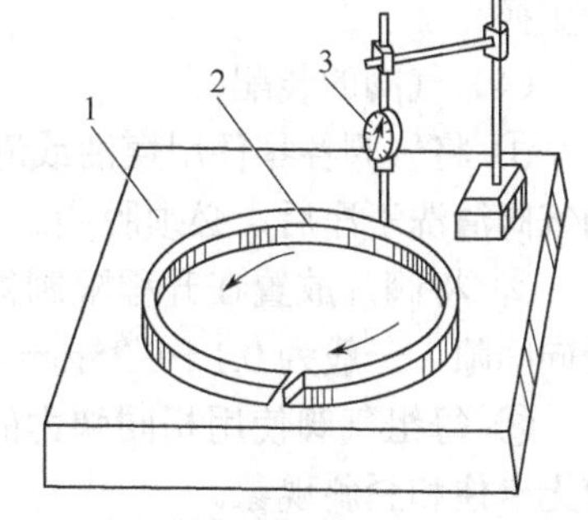

图 4-35　活塞环两端面平行度的检查

1—平台；2—活塞环；3—百分表

5．气阀的检修

（1）气阀的拆卸

① 对损坏的气阀，当温度达 100℃以上时不能立即拆卸，而要等温度降到 60℃以下时

才可拆卸。

② 用套筒扳手或专用扳手按对角顺序松开汽缸阀盖螺母，将阀盖撬开一些，证实汽缸内确实没有气体压力后，才可卸去螺母。

③ 用专用工具取出气阀压筒、铝垫或尼龙垫、气阀等。

④ 粗查一遍拆出的气阀，无问题时，用煤油试漏。

⑤ 若发现有碎片或残缺不全时，要用手电筒查找可能的去向，并盘车，以免发生事故。

⑥ 将气阀解体。

（2）气阀零件的检查　气阀解体后，将各零部件洗净后，检查：

① 阀座与升程限制器有无裂纹及掉块等缺陷；

② 各密封面是否平整光滑、有无磨损现象；

③ 阀片平面度偏差是否在允许范围内，有无裂纹、折断、划伤等现象；

④ 弹簧端面是否平行，弹性是否符合要求、有无弯曲及断裂现象、外缘有无明显磨损；

⑤ 连接螺栓与螺母等连接件有无裂纹及螺纹损坏现象。

（3）气阀的修理

① 阀片出现裂纹或折断现象时，必须进行更换。

② 阀片的密封面磨损或损伤不大时，可用研磨或在磨床上精磨方法修复；手工研磨时，先用 80 目的碳化硅放在铸铁平板上，调些机械油，车一个专用工具将阀片压平压紧。然后用手在平板上呈∞字形运动，并不时将阀片转 90°方位，重复研磨。研磨到痕迹较浅时，再用 180 目的碳化硅细磨，直到阀片与平板的接触有黏感时，则可清洗阀片检查。当磨损超过原厚度的 1/4 时，应考虑报废。

③ 当阀座的密封面有轻微的伤痕或不平时，可在平板上研磨密封面；当阀座的密封面有严重的不平、伤痕或突起高度小于 1mm 时，可先在车床上车削，达到要求后再在平台上研磨或用磨床磨密封面达到要求。

④ 升程限制器的弹簧孔磨穿或变形大时，一般不予修理而直接更换，若有擦伤、沟痕及小变形时，一般用车削方法修理。

⑤ 当弹簧使用时间过长，弹性变小或折断，弹簧两端面不平行或出现弯曲、外圆明显磨损时，应更换新弹簧。

⑥ 连接螺栓与螺母等紧固件若存在裂纹、弯曲变形、螺纹损坏等缺陷或断裂时，应进行更换。

（4）气阀的装配

① 将气阀各零件用煤油或清洁剂清洗干净（包括气体通道的积炭和污垢）。氧气压缩机的气阀清洗干净后，必须脱脂。

② 将阀片放置在升程限制器上，检查与升程限制器上的导向柱（气垫阀为导向槽）的径向间隙，一般为 0.1～0.25mm。

③ 每组气阀使用相同弹力的弹簧；每环阀片使用相同高度和刚性的弹簧。阀片和弹簧应无卡住和歪斜现象。

④ 选配阀座与升程限制器的固定销子，不许有歪斜现象。

⑤ 阀座与升程限制器叠装在一起，装好卡簧，把紧螺栓，检查阀片的升程（即升起高度）是否符合图纸要求，可用游标卡尺测量。用螺丝刀通过阀座的气道轻压阀片，如活动灵活，说明安装正确。压开吸气阀压叉的行程和阀片升程应符合规定。

⑥ 应在气阀组件装配好后，用煤油进行气密性检验，氧气压缩机的气阀用水试漏，在5min内允许有断续的滴状渗漏，渗漏滴数应符合表4-3的要求。

表4-3 气阀密封性能试验时5min内允许渗漏的煤油滴数

气阀阀片环数	1	2	3	4	5	6
允许渗漏滴数	≤10	≤28	≤40	≤64	≤94	≤130

子项目二 L型压缩机的检修

知识目标

1. 熟悉汽缸组件、活塞组件、气阀、传动机构、密封元件等的结构和作用；熟悉气缸及曲轴箱润滑方式；
2. 熟悉主要零部件的检修、安装要求；
3. 掌握解压缩机的开停车步骤及其注意事项；掌握压缩机排气量的调节方法；
4. 了解缓冲器、冷却器、油水分离器、安全阀等的结构和作用；
5. 了解压缩机振动的原因和减振的方法。

能力目标

1. 能够按照使用说明书或检修规程对L型压缩机进行拆检，更换易损件；
2. 能够对压缩机进行正确的操作；
3. 能够对常见故障进行处理。

◆任务一 认识L型压缩机主机的结构

1．压缩机型号及其含义

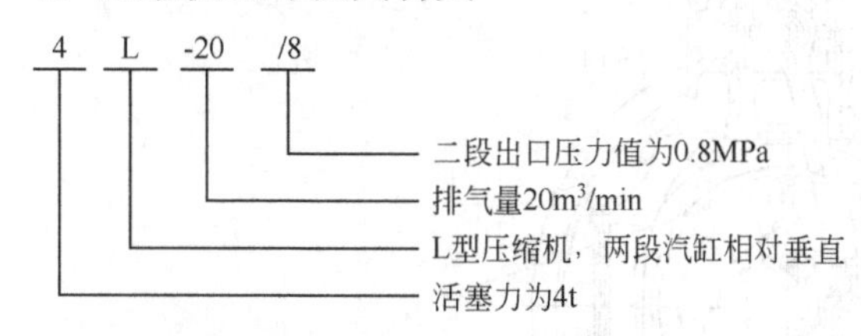

主要性能参数见表4-4。

表4-4 4L-20/8压缩机主要性能参数

名称		单位	参数	
			4L-20/8	3L-10/8
排气量		m^3/min	20	10
入口压力		MPa	0.01	0.01
排气压力		MPa	0.8	0.8
汽缸直径	一级	mm	420	300
	二级		250	180
活塞行程		mm	240	200
曲轴转速		r/min	400	480

续表

名称		单位	参数	
			4L-20/8	3L-10/8
油泵压力		MPa	>0.1	0.1～0.25
排气温度		℃	160	160
安全阀开压力	一级	MPa	0.23	0.22
	二级		0.8	0.8
电动机型号			JS127-8	JR115-6
功率		kW	130	75

2．压缩机结构和工作原理

如图 4-36 所示，4L-20/8 活塞式空气压缩机由机身、汽缸、曲轴、连杆、十字头、活塞、活塞杆、气阀等组成，当驱动机（电机）开启后，通过弹性联轴器（或 V 带）带动压缩机的曲轴作旋转运动，旋转的曲轴通过连杆使十字头、活塞杆、活塞分别在十字头滑道内和汽缸内作往复直线运动。

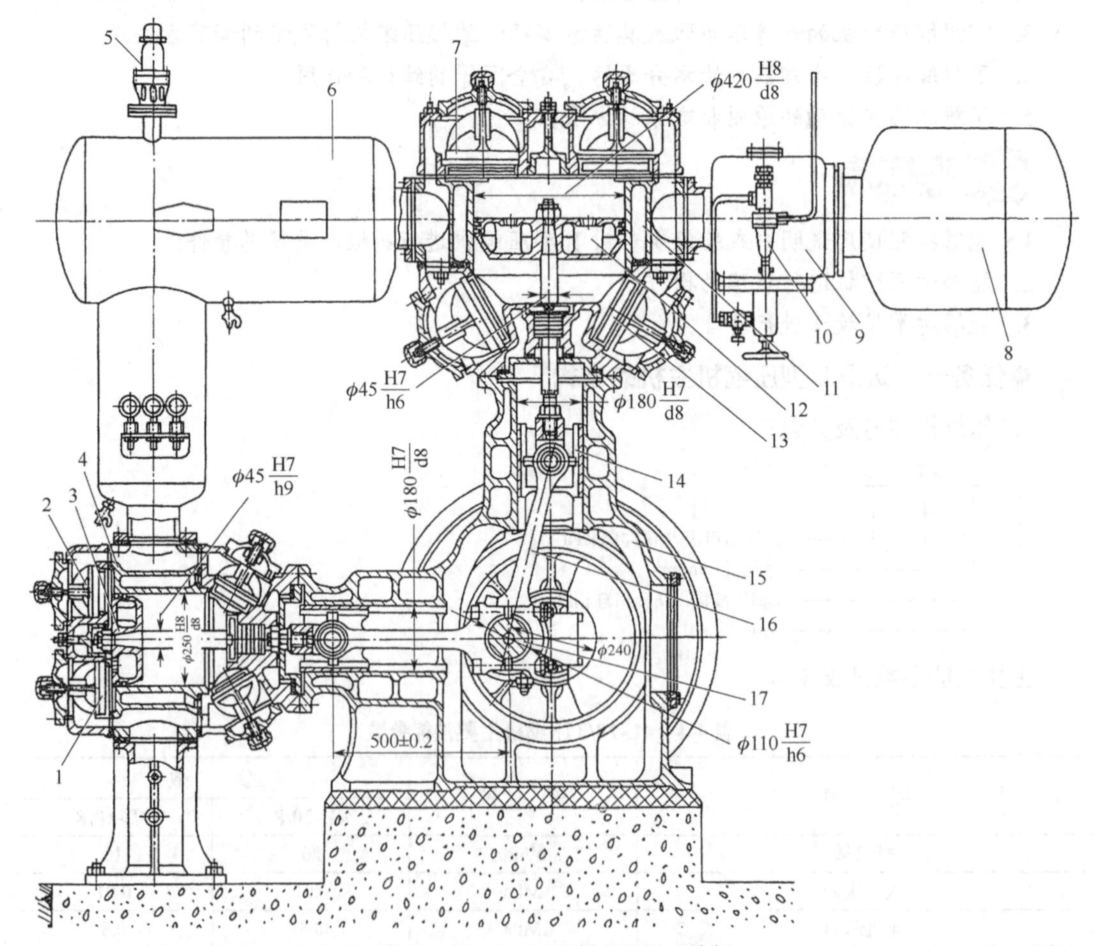

图 4-36 4L-20/8 活塞式空气压缩机

1—Ⅱ级排气阀；2—Ⅱ级吸气阀；3—Ⅱ级活塞；4—Ⅱ级气缸；5—安全阀；6—中间冷却器；7—Ⅰ级排气阀；8—空气滤清器；9—减荷阀；10—压力调节器；11—Ⅰ级气缸；12—Ⅰ级活塞；13—Ⅰ级吸气阀；14—十字头；15—机身；16—连杆；17—曲轴

当活塞由外止点向内止点开始移动时，汽缸内活塞外侧处于低压状态，空气则通过滤清器、吸气阀进入汽缸。当活塞由内止点向外止点移动时，吸气阀关闭，汽缸内的空气则被压缩后提高压力。当压力超过排气阀外的压力时，排气阀打开，开始排气。当活塞到外止点时，排气完毕，到此完成一个工作循环。气体通过一级汽缸压缩，再经中间冷却器冷却后，进入二级汽缸。同样再经过压缩后进入储气罐中，以备使用。如此，活塞往复循环运动，则不断排出压缩空气。

3．多级压缩

单级压缩所能提高的压力范围是有限的，当需要更高压力的场合，必须采用多级压缩。多级压缩是将气体的压缩过程分别在若干级中进行，并在每级压缩之后导入中间冷却器进行冷却。如图 4-37 所示为一台三级压缩机的工作示意图，其理论工作循环由三个连续压缩的单级理论工作循环组成，为便于分析比较，设循环中各级压缩都按绝热压缩过程（或多变压缩过程）进行，每级气体排出冷却器后的温度与第一级的吸气温度相同，该理论循环的 p-V 图如图 4-38 所示。

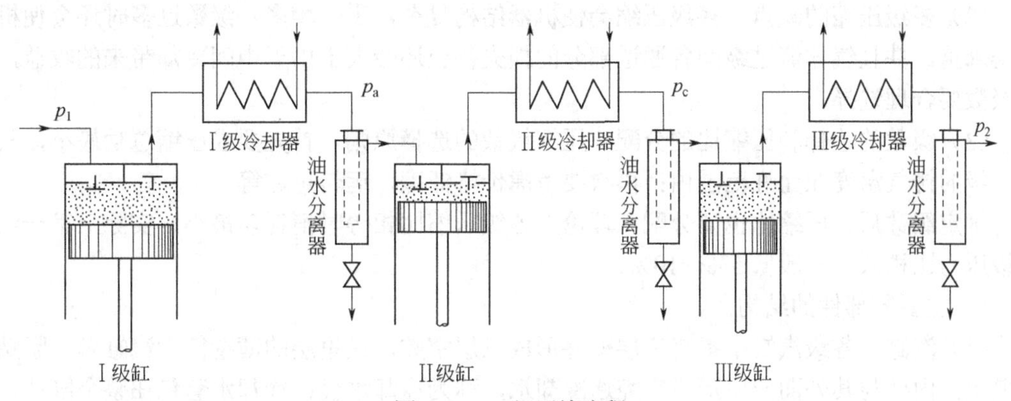

图 4-37　三级压缩流程

（1）多级压缩的优点

① 节省压缩气体的指示功　由图 4-38 可知，气体进入汽缸后，从状态 1 开始压缩，若按最理想单级压缩过程，为等温压缩过程，其过程线为 1-2，压力从 p_1 提高到 p_2，若按单级绝热压缩，其过程线为 1-2"；若采用多级压缩，其过程线为 1-a-b-c-e-2'梯形折线。

由图可知，等温单级压缩过程最理想，功耗最省，绝热单级压缩过程功耗最大，多级压缩介于两者之间。级数越多，过程线将变成更密的阶梯形折线，即更接近于等温过程线，更能节省指示功。

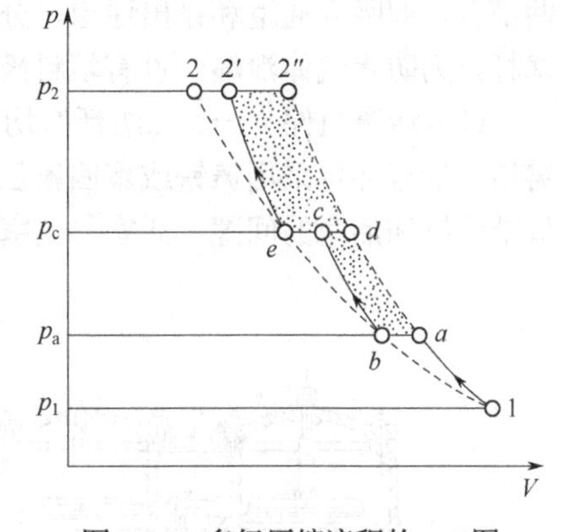

图 4-38　多级压缩流程的 p-V 图

② 降低排气温度　排气温度也是限制压缩机压力比提高的主要原因，排气温度可由下式计算

$$T_2 = T_1 \varepsilon \frac{m'-1}{m'} \tag{4-7}$$

式中，T_1、T_2 分别为吸气温度和排气温度，K；ε 为压缩比；m'为压缩过程指数。

对于有油润滑的压缩机，温度过高会使润滑油黏度降低，润滑性能不良，并造成积炭，甚至可能引起爆炸。一般固定式空气压缩机的排气温度 T_d≤160℃，移动式空气压缩机的排气温度 T_d≤180℃，乙炔、湿氯气、石油裂解气等介质的压缩机的 T_d≤100℃，干氯气的 T_d≤130℃。无油润滑压缩机受自润滑材料限制，聚四氟乙烯的工作温度不超过 170℃，尼龙材料的工作温度不超过 100℃。

采用多级压缩后，由于降低了每一级的压缩比，以及采取了级间冷却的措施，故可降低排气温度。

③ 降低作用在活塞上的最大气体力　多级压缩可大大降低作用在活塞上的气体力，使运动机构重量减轻，机械效率得以提高。

④ 提高容积系数　由式（4-4）可知：

$$\lambda_V = 1 - \alpha(\varepsilon'^{\frac{1}{m}} - 1)$$

若每一级的压缩比 ε' 下降，会使容积系数增高，增大吸气量，从而提高汽缸工作容积的利用率。

（2）多级压缩的缺点　多级压缩会使机器结构复杂，零件增多，级数过多时还会使机器变得笨重，并且气体流过级间各通道部分的损失甚至还会大于由于中间冷却带来的收益，所以级数要合理选择。

（3）级数的选择和压缩比的分配　压缩级数的选择原则，首先要求压缩总功最小，其次每一级的排气温度在允许范围内；再次要考虑价格低廉，运转可靠等。

确定级数后，压缩比也要分配，理论上各级压缩比相等时消耗功最小，实际上第一级和末级压力比稍低，一般低 5%～10%。

4．主要零部件的结构

（1）汽缸　各级汽缸中都有三层壁并形成三层空腔，最里层的薄壁筒为汽缸套，紧贴在内壁上，内壁与其外面一层形成空腔通冷却水，称为冷却水套；冷却水套包在整个缸体、缸头、填料函腔和气阀空腔周围，以期全面冷却汽缸里的各部件；外层是气体通道，它被分成两部分，即吸入通道和排出通道，分别与吸入和排出阀相通，缸体靠近曲轴侧，由于穿过活塞杆，为防止气体泄漏，设有填料函腔。整体为铸铁结构，如图 4-39 所示。

（2）活塞组件　一、二级活塞均为盘形中空活塞，如图 4-40 所示。材质为铸铁或铝合金铸造，活塞环可采用铸铁或聚四氟乙烯，活塞杆与十字头用螺纹连接，旋入或旋出螺纹即可调节汽缸和活塞的间隙。活塞与活塞杆采用锥形连接面。

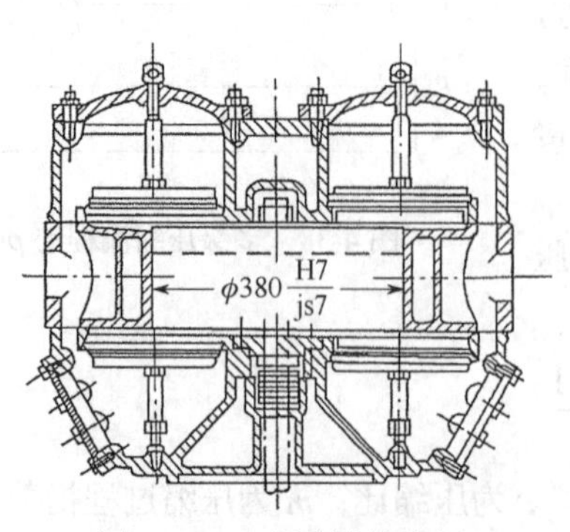

图 4-39　三层壁铸铁汽缸

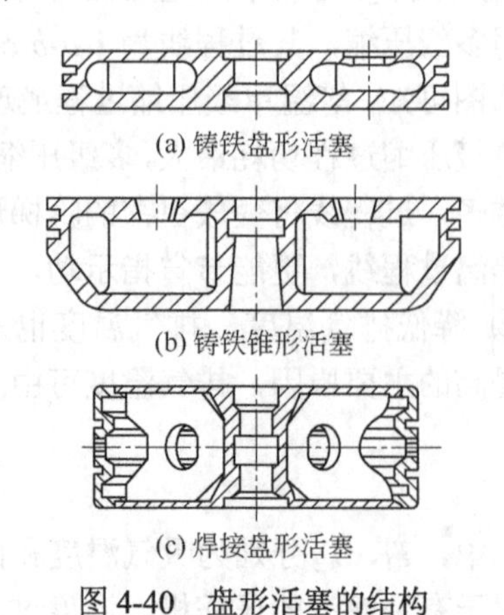

(a) 铸铁盘形活塞

(b) 铸铁锥形活塞

(c) 焊接盘形活塞

图 4-40　盘形活塞的结构

活塞杆用来连接活塞和十字头，用来传递活塞力，见图4-41。活塞杆与活塞的连接方式有两种：锥面连接与凸肩连接。

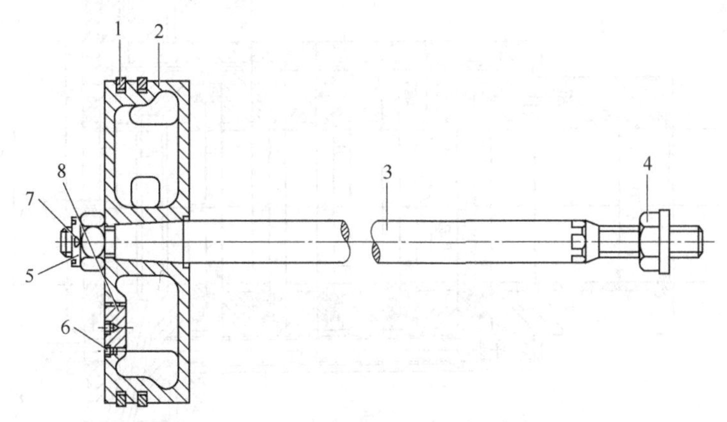

图4-41　活塞杆与活塞连接结构

1—活塞环；2—活塞；3—活塞杆；4—螺母 5—冕形螺母；6—紧定螺钉；7—开口销；8—丝堵

锥面连接的优点是拆装方便，缺点是加工精度要求高，其锥度要精确，否则活塞杆与活塞连接不能紧固，也无法保证活塞杆与活塞的垂直度。凸肩连接的活塞用键固定于活塞杆上，活塞螺母压住活塞，用翻边锁紧在活塞上或用开口销锁紧在活塞杆上，以防锁母松动造成严重事故。活塞与活塞杆的同轴度靠圆柱面的加工精度来保证，活塞与凸肩的支撑表面要进行配磨。

（3）气阀组件　各级吸、排气阀均为环形阀，由阀座、升程限制器、阀片、弹簧、螺栓螺母等零件组成。阀片由不锈钢组成，其他零件都经镀铬处理，因而气阀的耐磨性良好。气阀中均匀分布的弹簧将阀片压紧在阀座上，工作时，阀片在两边压差和弹簧力的作用下打开或关闭，由于气阀阀片自动而频繁的开启，因而要求弹簧力均匀，安装时应对弹簧仔细挑选，力求弹簧高度一致。另外，在阀座、升程限制器的密封面上，严禁划伤或粘上固体颗粒杂质。

（4）填料函　填料函用于有十字头压缩机，是用来密封汽缸内的高压气体，使气体不能沿活塞杆表面泄漏的组件。填料是填料函中的关键零件，其密封原理与活塞环类似，利用阻塞和节流的作用来实现密封。在填料函中用的最多的是自紧式填料，按照密封结构的不同，可分为平面填料和锥形填料。

① 填料函结构　常用的低、中压填料函结构如图4-42所示。它有五个密封室，用长螺栓8串连在一起，并以法兰固定在汽缸体上。由于活塞杆的偏斜和振动对填料影响很大，故在前端设有导向套1，内镶轴承合金，压力差较大时还可在导向套内开沟槽起节流降压作用。填料和导向套靠注油润滑，注油还可带走摩擦热和提高密封性。注油点A、B一般设在导向套和第二组填料上方。填料右侧有气室6，由填料漏出的气体和油沫自小孔C排出并用管道回收，气室的密封靠右侧的前置填料7来保证。带前置填料的结构一般用于密封易燃或有毒气体，必要时采用抽气或用惰性气体通入气室进行封堵，防止有害气体漏出。

填料函的每个密封室主要由密封盒、闭锁环、密封圈和镯形弹簧等零件组成。密封盒用来安放密封圈和闭锁环，密封盒的两个端面必须研磨，以保证密封盒以及密封盒与密封圈之间的径向密封。

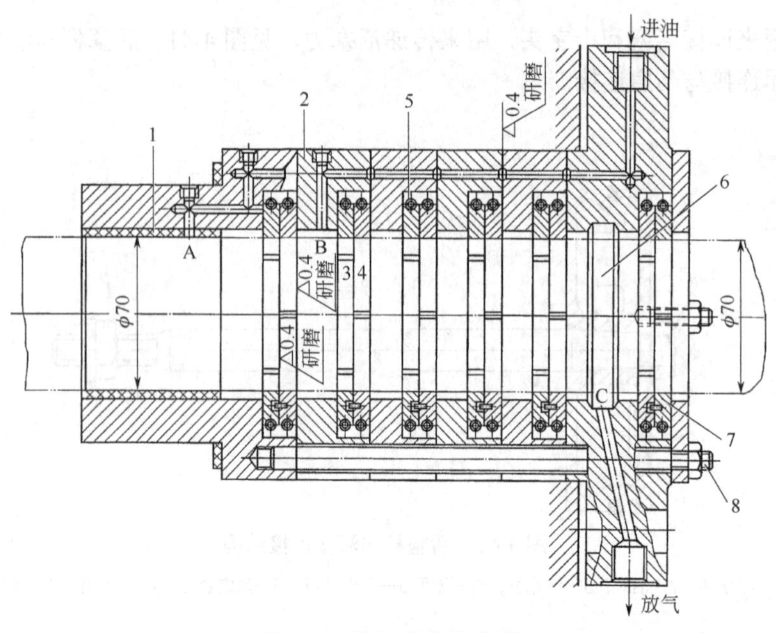

图 4-42 填料函密封结构

1—导向套；2—密封盒；3—闭锁环；4—密封圈；5—镯形弹簧；6—气室；7—前置填料；8—长螺栓

填料函的密封机理如图 4-43 所示。利用气体的径向压力差，使密封圈压紧在活塞杆上，将活塞杆与密封圈间的间隙密封。密封圈采用分瓣式填料环，弹簧起预紧力作用，当密封圈磨损后能自行调整，继续压紧在活塞杆上。由于轴向气体压差的作用，也使密封圈压紧在盒上，封住盒与环之间的间隙。经过多组密封圈后，泄漏的气体由于节流而降压，从而使气体的泄漏量减少。

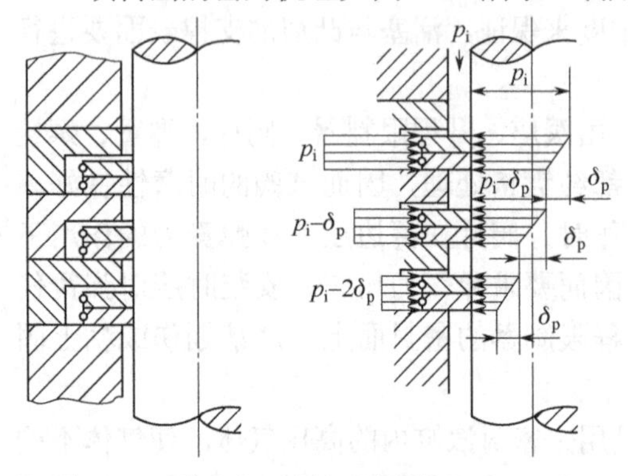

图 4-43 填料函密封机理

② 平面填料的结构　常用的平面填料有低压三瓣斜口密封圈和中压三六瓣密封圈。

低压三瓣斜口密封圈如图 4-44 所示，结构形式简单，制造容易，适用于压差 1MPa 以下的密封。由于密封环呈单面斜口状，对活塞杆的比压不均匀，且锐角侧比压较大，因此内圆

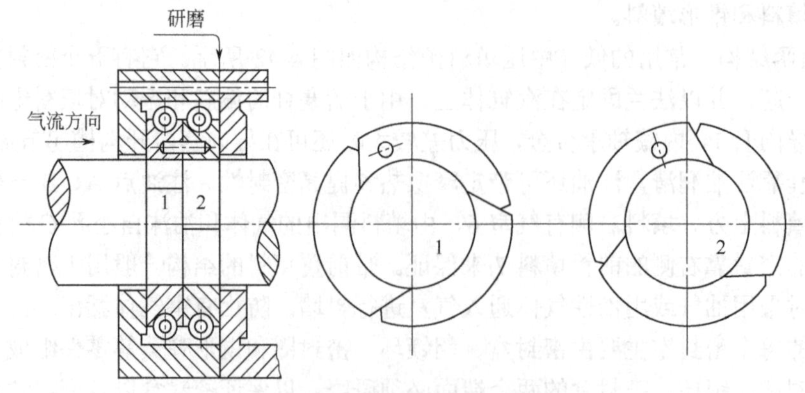

图 4-44 低压三瓣斜口密封圈

1，2—三瓣斜口密封圈

磨损主要发生在锐角处。磨损后相邻两瓣接口处产生缝隙，将无法阻止气体外漏。

三六瓣密封圈的结构如图4-45所示，每组密封环由两个镯形弹簧箍紧套在活塞杆上。处于高压侧的为三瓣闭锁环，有径向直切口；低压侧是六瓣密封圈，由三个鞍形瓣和三个月形瓣组成，两个环的径向切口错开，由定位销来保证。环的外部都用镯形弹簧把环箍紧在活塞杆上，切口与弹簧的作用是产生预紧力，环磨损后，能自动收缩而不会使圆柱间隙增大。其中六瓣密封圈起主要密封作用，其切口沿径向被月形瓣挡住，轴向则由三瓣环挡住。工作时，沿活塞杆来的高压气体可沿三瓣环的切口导入密封室，从而把六瓣环均匀地箍紧在活塞杆上而起到密封的作用。汽缸内压力越高，六瓣环与活塞杆抱得越紧，因而也具有自紧式密封的作用。

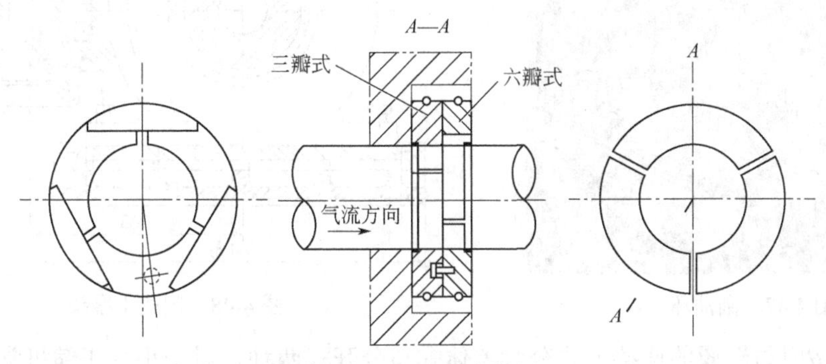

图4-45　三六瓣密封圈

密封圈材料可用灰铸铁、合金铸铁、青铜或镶轴承合金。无油润滑压缩机密封圈材料常用石墨或聚四氟乙烯。现在采用的新型材料有铁基粉末冶金。

③ 锥形填料　一般用于密封压差大于10MPa的高压密封。其结构如图4-46所示，密封元件由单开口的T形环和两个锥形环（梯形环）组成，三个环的开口错开成120°，用圆柱销固定，装在支承环和压紧环之间。轴向弹簧在升压前压紧密封环的锥面，使密封环对活塞杆产生一个预压力。升压后在气体作用下压紧环端面的轴向力，通过α角分解出一个径向力，把密封环压向活塞杆，α越大径向分力也越大。为了使各道密封环和径向分力均匀分配，α角可取不同数值，一般为10°～30°。锥形环为主密封环，T形环从径向和轴向将锥形环的收缩缝堵死。

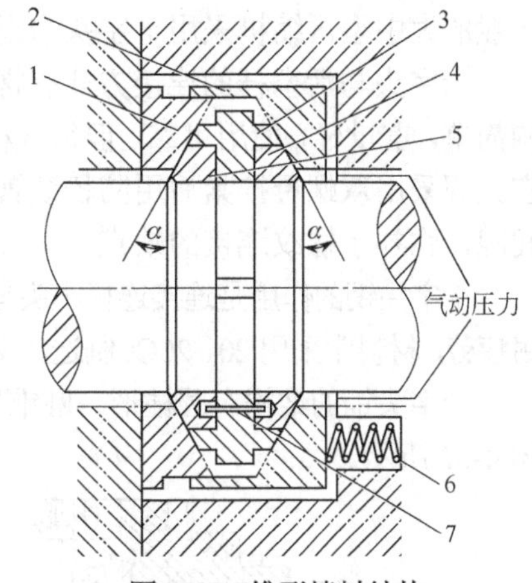

图4-46　锥形填料结构

1—支承环；2—压紧环；3—T形环；4—前锥环；5—后锥环；6—轴向弹簧；7—圆柱销

锥形填料的外圈（支承环）和固定圈（压紧环）常用碳钢或合金钢制造，T形环和锥形环常用青铜ZQSn8-12（压力大于27.4MPa）或巴氏合金ChSnSb11-6（压力小于27.4MPa）制造。

④ 刮油装置　将活塞杆上过多的润滑油刮下来，以防机身内的润滑油随活塞杆进入汽缸。隔油要求不高的压缩机，在填料函的末端装刮油环，防止机身润滑油进入汽缸。刮油环结构同W型压缩机，只是做成分瓣式，外圆用镯形弹簧箍紧，见图4-47。

刮油环材料一般有HT200、耐磨合金铸铁或锡青铜、巴氏合金等。

（5）十字头和十字头销　十字头是连接做摆动运动的连杆和做往复运动的活塞杆的机件，具有导向作用。十字头按与连杆的连接方式分为开式和闭式两种。开式连杆的小头处于十字头体外，叉形连杆的两叉放在十字头体两侧，故叉形部分较宽，连杆重量较大，开式十字头制造较麻烦，只有少数V型或立式压缩机中为降低高度而采用。闭式十字头（图4-48）中连杆放入十字头体内，刚性较好，与连杆和活塞的连接较简单，得到广泛应用。

图4-47 刮油环

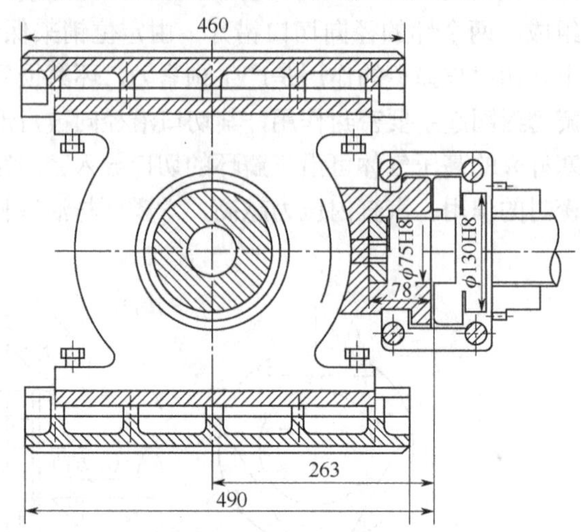

图4-48 闭式十字头

十字头按照与滑履的连接方式分为整体式与分开式两种，对于小型压缩机常采用整体式的，近年来在高速大型压缩机上为减轻运动部件的重量，也有采用在滑履上镶有巴氏合金的整体十字头。整体式十字头的缺点是磨损后十字头与活塞杆的同轴度公差增大，不能调整。一般的大中型压缩机采用十字头与滑履分开的结构，以利调整。

十字头与活塞杆的连接方式有螺纹连接、连接器连接、法兰连接和楔连接。螺纹连接结构简单，重量轻，使用可靠，但每次检修后都要调整汽缸与活塞的止点间隙，如图4-49所示，它大都采用双螺母拧紧后用防松装置锁紧。有些结构有调整垫片，每次检修后不必调整止点间隙，弥补了螺纹连接的缺点。

十字头销的作用是连接连杆小头与十字头，传递全部活塞力。对它的要求是具有韧性、耐磨、耐疲劳，材料常采用20、20Cr制造，表面渗碳淬火，表面硬度55～62HRC，表面粗糙度*Ra*0.4μm。

十字头销的结构有圆柱形、圆锥形及一端为圆柱形另一端为圆锥形三种形式，如图4-50～图4-52所示。

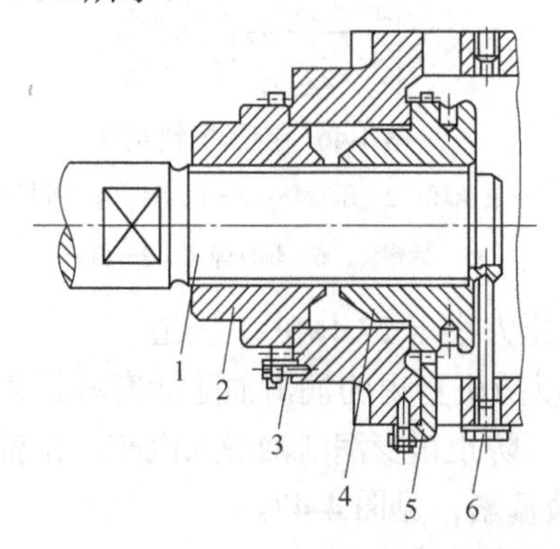

图4-49 十字头与活塞杆用螺纹连接的结构

1—活塞杆；2—螺母；3—防松齿形板；4—螺母；

5—防松齿形板；6—防松螺钉

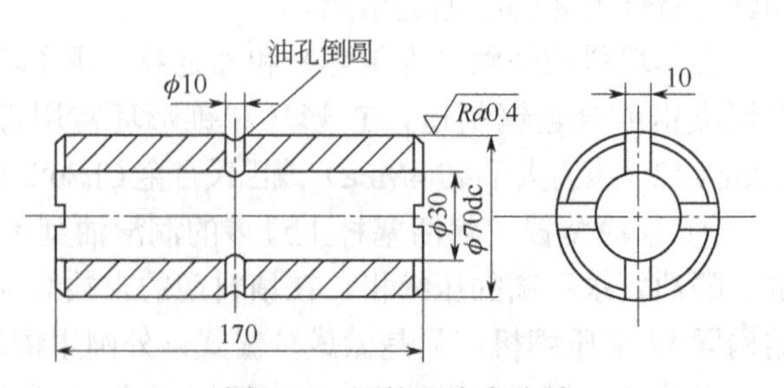

图4-50 圆柱形十字头销

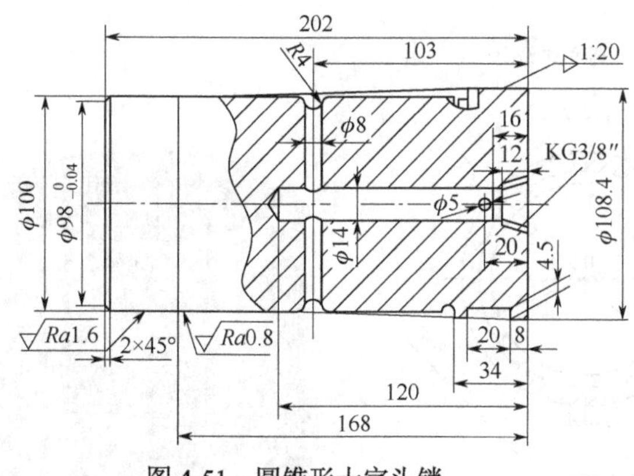

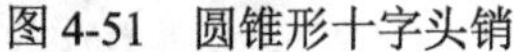
图 4-51　圆锥形十字头销

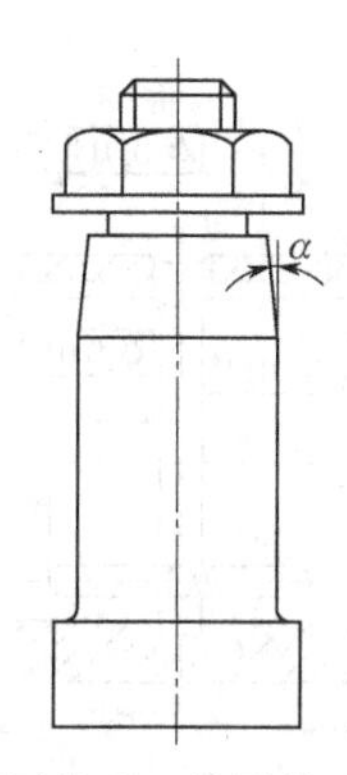

图 4-52　一端圆柱形一端圆锥形的十字头销

圆锥形销用于活塞力大于 5.5×10^4N 的压缩机上，锥度取 1/20～1/10。锥度大，拆装方便，但过大的锥度将使十字头销孔座增大，以致削弱十字头体的强度。锥面上的键主要是防止销上径向油孔的移位而起定位作用，其次也可防止十字头销在孔座内的转动。借助于螺钉可使锥面贴紧。

近年来，在活塞力小于 5.5×10^4N 的压缩机中，大都采用了圆柱形浮动十字头销（图 4-50），浮动销可以在连杆小头孔与十字头销孔座内自由转动，从而减少了磨损，并可用弹簧卡圈扣在孔座的凹槽内进行轴向定位。它具有重量轻、制造方便的特点。

上述各种十字头销都可以用压板盖固定在十字头座孔端面，使十字头销轴向定位。

（6）连杆组件　L 型压缩机的连杆采用剖分式结构。为改善连杆大头与曲柄销之间的摩擦性能，大头孔内装有耐磨轴瓦，见图 4-53 所示。轴瓦有厚壁瓦和薄壁瓦两种，厚壁瓦轴瓦壁厚 $t>0.05D$（D 为轴瓦内径），合金层厚度=$0.01D+$（1～2）mm。厚壁瓦安装时需要刮研，厚壁瓦瓦口一般装有垫片，轴瓦磨损后可调整。连杆大头瓦现在多采用薄壁瓦，其壁厚=$(0.02\sim0.05)D$（D 为轴瓦内径）；壳体为 10 钢，耐蚀合金厚度为 0.5～1.5mm，采用铅基或锡基轴承合金；连杆小头采用整体式轴瓦或轴套，材料采用青铜或耐磨合金。

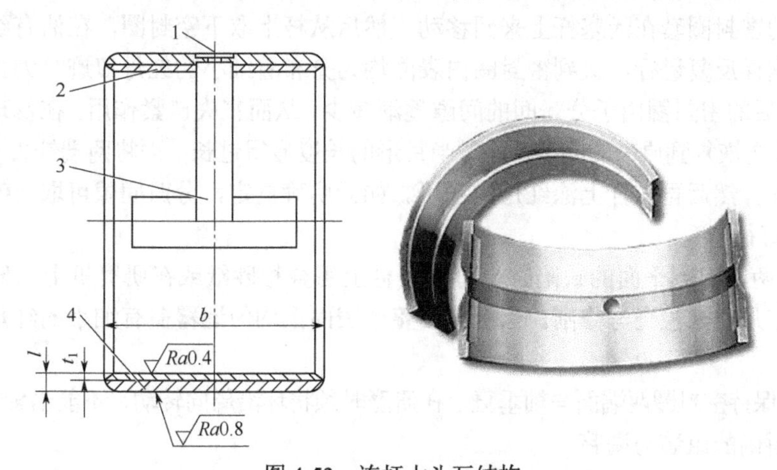

图 4-53　连杆大头瓦结构

1—油孔；2—合金层；3—油槽；4—钢壳（瓦背）

连杆小头与活塞销相配合的支承表面，除了小型压缩机的铝合金连杆外，通常都压有衬套（小头瓦）。衬套使用耐磨的青铜合金铸造，其结构见图 4-54。

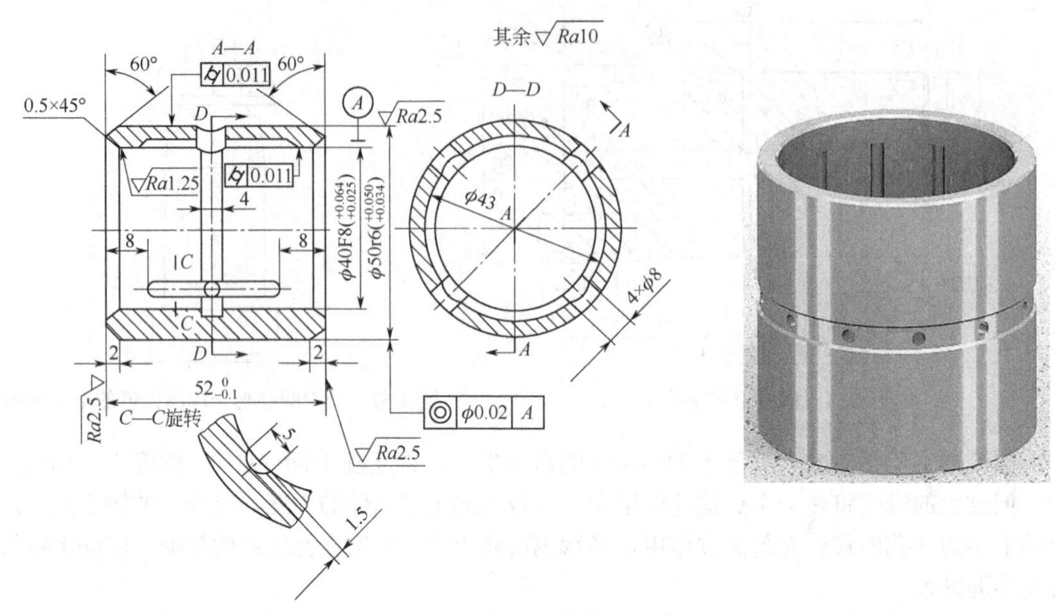

图 4-54 连杆小头瓦结构

（7）轴承 压缩机常用的轴承有滚动轴承和滑动轴承两大类。一般中小型压缩机宜采用滚动轴承，大型压缩机及多支承的压缩机普遍采用滑动轴承。

◆任务二 L 型压缩机主要零部件的检修

1．填料函的检修

（1）平面填料函的检查与修理

① 检查密封圈的内表面和两端面有无划伤、磨伤、麻面等缺陷。

② 密封圈内表面和两端面的缺陷可用涂色法检查，并通过刮研消除。

③ 修理密封圈内表面的缺陷时，可在活塞杆上或特制的研磨杆上涂一层薄薄的红丹油，将需要修理的密封圈套在活塞杆上来回移动，然后从杆上取下密封圈，在沾有红丹油的地方轻轻刮削。这样反复进行，直到密封圈内表面均匀分布着细小的红丹痕迹时为止。

④ 磨损后的密封圈由于分瓣间的间隙逐渐减少，从而丧失自紧作用。在修理时应将每瓣锉去一些，使之恢复到原来的间隙；同时半月形的长度显得过长，须将两端锉去一些，否则会妨碍弹簧拉紧；然后再在杆上涂红丹油刮研。如无明确规定，分瓣间隙可取（0.01～0.02）d（d 为活塞杆直径）。

⑤ 修理两密封圈平面的缺陷时，可在平台上用金相砂纸或在研磨机上用研磨剂进行研磨，最后用红丹油法检查与修刮。当密封圈整个表面上均匀地覆盖有细小的红丹痕迹时即为合格。

⑥ 为了保持密封圈两端面与轴垂直，在研磨时须将环沿周向转动，不能沿轴向来回推研。

（2）填料函的组装与调整

① 在安装之前均需经过拆件清洗、检查与刮研过程，在拆件清洗时，应在非工作面上打上工号以免配件搞乱，对于在检查中出现的问题应妥善处理。

② 在刮研填料组件时，应分别将填料盒的密封面在平台上研磨检查，使其接触面积达80%以上，必要时进行适当的刮研。各组填料与活塞杆的接触研磨检查可在活塞杆上进行，

包括对平面填料各瓣之间接触面的检查以及锥形填料的支撑环与密封环、压紧环的锥形接触面的检查等。

③ 在组装之前，应将各组填料组装在各自填料盒内，并检查两者之间或活塞杆的有关配合间隙是否合适（见图 4-55、图 4-56）。在每一个填料盒内一般均装有两组平面填料或一组锥形填料。

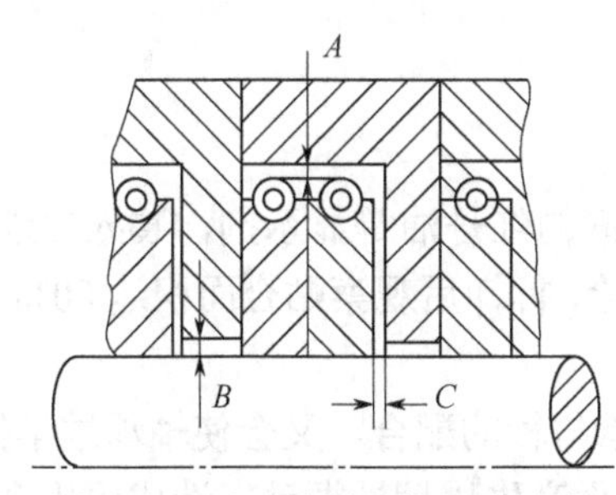

图 4-55　平面填料组的配合间隙

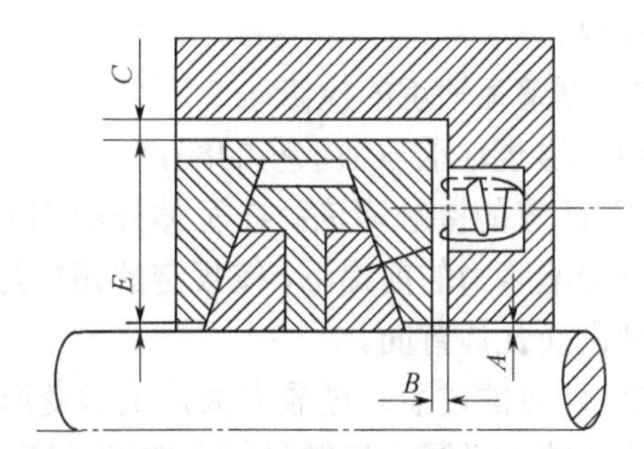

图 4-56　锥形填料组的配合间隙

填料与填料盒、活塞杆或填料盒与活塞杆的配合间隙要求见表 4-5 和表 4-6。

表 4-5　平面填料安装间隙要求

间隙代号	间隙值/mm	间隙代号	间隙值/mm
A	2.00～3.50	*C*	金属：0.05～0.10　F4：0.20～0.40
B	1.50～3.50	*D*	0.15～0.3

注：*D* 为填料盒外径与填料箱内径之间的间隙。

表 4-6　锥形填料安装间隙要求

间隙代号	间隙值/mm	间隙代号	间隙值/mm
A	1.5～3.5	*D*	0.1～0.40
B	0.40～0.50	*E*	0.8～1.00
C	1.50～2.50	*F*	1.5～2.50

注：*D* 为填料盒外径与填料函内径之间的间隙；*F* 为 T 形环和梯形环的开口间隙。

④ 在检查填料盒的组装间隙时，应特别注意填料的两端面平行度以及与轴孔的平行度。

⑤ 将各组填料装入填料盒时，应注意锥形填料盒的顺序不要搞错。因为锥形填料的锥形角有 10°、20°、30°之分，角度小者一般装在汽缸端，角度最大的装在中体端。如此装配的目的是为了使各填料组对活塞杆的压紧力基本均匀相近，有利于减少两者的磨损和更好的密封。

安装时，切口彼此错开 120°，并用圆柱销定位，放在具有锥面的压紧环与支承环里。

⑥ 在组装过程中，还应注意各填料盒相互间的连通油路或水路的正确位置以保障畅通。

（3）填料函的装配

① 装配时应注意清洁，防止带入杂物损坏密封圈，拉伤活塞杆；装配前涂上压缩机油，依次组装。

② 检查弹簧和固定销。弹簧力要合适，不要过大或过小。填料盒的圆柱弹簧易掉出，应涂上黄油。

③ 检查注油孔、排气孔、冷却水孔的通道是否对正，畅通；每装一个填料盒都要测量一下填料盒到外壳端面的距离，目的是检查弹簧和小盒有无脱落。

④ 填料盒组装后吊装活塞时，在活塞杆的外螺纹处拧上保护套，一方面便于吊装，另一方面防止密封圈和活塞杆螺纹被碰伤。

⑤ 为防止装配倾斜，可缓慢转动曲轴，使活塞杆来回运动，再均匀对称地旋紧填料箱压盖螺栓。

2．厚壁瓦轴承的检修

（1）检查轴承与轴承座的配合

① 两者的接触印迹：在瓦体外圆均匀涂上一层薄薄的红丹油等显示剂，装入轴承座，在保证装配紧力的前提下，按规定的扭矩拧紧轴承盖螺栓，拆卸后观察贴合面积达80%即可，否则要刮研瓦体背面。

② 两者的过盈：过盈太大，轴承变形，既影响轴承与轴的配合，又会使轴承过早损坏。过盈太小或无过盈，运转时轴承在轴承座中游动，使轴承产生周期性振动，造成巴氏合金层脱落，或使轴承与轴承座配合不良，温度升高，严重时烧瓦。非薄壁瓦剖分式轴承与轴承座的过盈较小，一般取0.02～0.04mm。

③ 两者的油孔是否对中，油封间隙是否合适。

（2）检查轴承与轴的配合

① 技术要求　轴的尺寸精度、圆度、圆柱度、粗糙度符合图纸要求；轴瓦衬无裂纹、脱壳、砂眼及气孔；轴瓦与轴颈的接触角为60°～90°，接触点为2～3点/cm^2。

② 轴承间隙的测量　轴瓦与轴颈之间的配合一般采用H8/f9，而配合间隙有顶间隙和侧间隙。顶间隙的功用是为了保持液体摩擦，一般情况下可取顶间隙=(0.001～0.002)d（d为轴颈的直径）。侧间隙的功用是为了积聚和冷却润滑油，以利于形成油膜，其值在水平面上为顶间隙的一半，愈向下愈小。

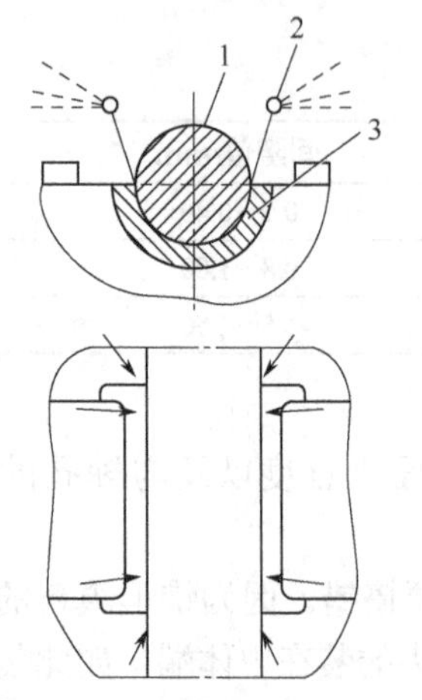

图4-57　用塞尺检测轴瓦间隙

1—轴颈；2—塞尺；3—轴下瓦

组装前可用内外径千分尺测量轴颈外径和轴瓦内径的方法来确定轴承间隙。组装时轴承的侧隙用塞尺测量，轴承顶隙也可用塞尺测量，或用压铅法测量。

塞尺测量法如图4-57所示，用塞尺测量顶间隙适用于直径较大和间隙较大的轴承。测量时应注意塞尺要窄，厚度要适当，用力要均匀，以免损伤巴氏合金。

压铅法测量如图4-58所示，应选取柔软的铅丝，铅丝直径为轴承顶间隙的1.5～2倍，长度10～40mm，安放铅丝后，装上轴承盖，拧紧螺栓。拆卸后用千分尺测量铅丝厚度，根据式（4-8）计算轴承顶隙

$$\Delta=\frac{b_1+b_2+b_3}{3}-\frac{a_1+a_2+a_3+c_1+c_2+c_3}{6} \tag{4-8}$$

③ 轴承间隙的调整　调整轴瓦间隙的方法有两种：一种全靠刮研；另一种是先刮研好下瓦与轴的接触角以及上下瓦与轴的接触点，然后改变轴承剖分面的垫片厚度，以达到调整间隙的目的。

④ 检查调整轴瓦的轴向间隙　如图4-59所示，将轴推到一端用塞尺或千分尺来测量，

确认轴向间隙 c 值。根据负载及设备结构的不同，c 值范围可达 0.1～0.8mm。当轴向间隙不符合要求时，可以通过刮削轴瓦端面或调整止推螺钉来调整。

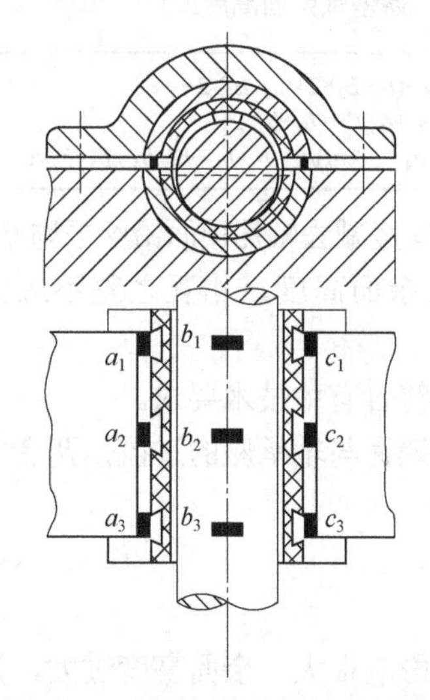

图 4-58　用压铅法检测轴瓦间隙

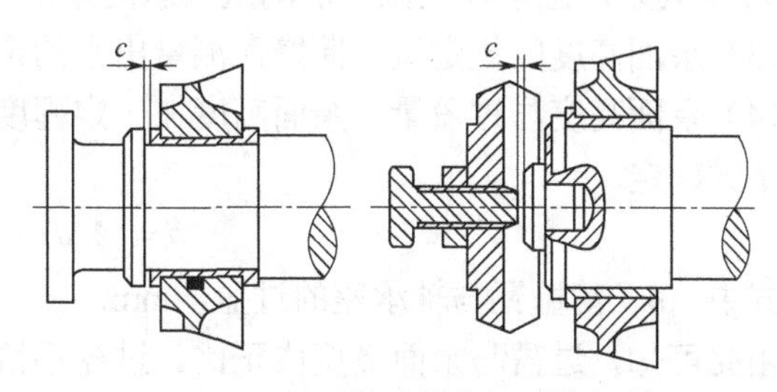

图 4-59　滑动轴承轴向间隙的测量

（3）厚壁瓦轴承合金的焊补

轴瓦上的轴承合金层过薄，或者是局部轴承合金碎裂和局部存在缺陷时，可以用焊补的方法进行修复。

3．薄壁瓦轴承的装配

（1）薄壁瓦的装配特点

① 轴承间隙不可调整。轴承间隙由制造厂精加工确定，轴承间隙既不能以研刮的方式增加（巴氏合金层太薄），也不能以改变垫片的厚度来调整（瓦的整体厚度太薄，加上垫片固定不牢，反而楔入轴承与轴之间）。轴瓦间隙一般为 0.8/1000～1.5/1000 倍的轴颈直径。

② 严格控制余面高度。

（2）余面高度的测量　余面高度有两种测量方式。

① 深度游标卡尺测量法　在图 4-60 中，把下瓦放在轴承座中，轴颈压在下瓦。下瓦左侧用平尺限位，使下瓦剖分面的左侧与轴承座剖分面成一水平面。下瓦剖分面上右侧一般高出轴承座剖分面一个 ΔH_1 值，用深度游标卡尺测量并记录为正值。如果下瓦剖分面右侧低于轴承座剖分面，则记录为负值。

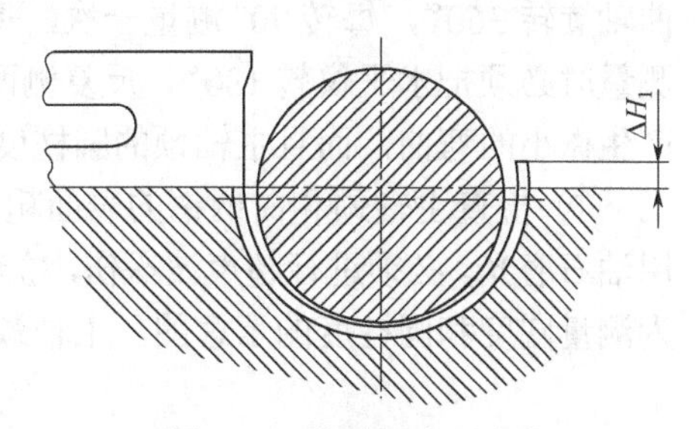

图 4-60　薄壁瓦余面高度

上瓦的余面高度 ΔH_2 在轴承盖中测量，与测量下瓦的方法相同。但这时没有转子轴颈的压力，应该借助假轴对上瓦加上试验压力 P，并且用 0.02mm 的塞尺检验瓦衬外圆与轴承盖的接合面，以通不过即可；或再用红丹涂色法来检查，确保轴衬与轴承压盖的接合面积达 80%以上。

上下瓦余面高度之代数和 $\Delta H=\Delta H_1+\Delta H_2$，即为薄壁瓦的余面高度。

② 压铅测量法　压铅法测量余面高度与测量轴承间隙相似，只是铅丝放置不一样：铅丝均轴向安放在轴承座剖分面和轴瓦顶面上。完成组装轴承瓦盖和螺栓紧定等工作，拆卸并测量铅丝厚度。根据表 4-7 计算薄壁瓦余面高度 ΔH。

表 4-7 压铅丝测量薄壁瓦余面高度

部位	轴承座剖分面铅丝平均厚度	轴承剖分面铅丝平均厚度	薄壁瓦余面高度ΔH
前端	$(a_1+a_2)/2$	$(b_1+b_2)/2$	$\Delta H=1/3[(a_1+a_2)/2-(b_1+b_2)/2+(a_3+a_4)/2-(b_3+b_4)/2+(a_5+a_6)/2-(b_5+b_6)/2]=(a_1+a_2+a_3+a_4+a_5+a_6)/6-(b_1+b_2+b_3+b_4+b_5+b_6)/6$
中间	$(a_3+a_4)/2$	$(b_3+b_4)/2$	
后端	$(a_5+a_6)/2$	$(b_5+b_6)/2$	

表 4-7 说明，薄壁瓦余面高度等于轴承座剖分面铅丝平均厚度减去轴瓦顶面铅丝平均厚度。

压铅法测量薄壁瓦余面高度时要注意：三个横截面的余面高度，相互之差不应大于 0.02mm，其余注意事项见压铅法测量轴承间隙部分。

（3）余面高度的规定值　薄壁瓦测量出来的余面高度应符合有关技术要求。

（4）余面高度与过盈量　余面高度在一定程度上反映薄壁瓦与轴承座的过盈，两者的关系由下式确定

$$\delta=(4\Delta H)/\pi \tag{4-9}$$

式中　δ—薄壁瓦与轴承座的过盈，mm。

由此可知，过盈与余面高度成正比。过盈不恰当对轴承影响很大：余面高度过大，为使轴承座与轴承盖贴紧，螺栓拧紧过度，会使薄壁瓦剖分面产生塑性变形；余面量过小，又会产生轴瓦紧力不够而产生振动。

4．曲轴的检修

（1）曲轴的检查

① 测量曲轴的张合度（曲柄间距差）　曲轴的张合度是曲轴在轴瓦内旋转 360° 的摆动数值之差（见图 4-61）。把磁性千分表架放在曲轴主轴承臂的平面上，触针顶在曲柄平面位置，盘车使曲柄销停在某一位置时，调节千分表，使指针为零。然后盘车，每转 90° 记下千分表读数，要求曲柄摆动差在 0.1/1000 倍活塞行程以内。

② 测量曲轴的主轴颈水平　用高精密度水平仪测量曲轴的水平偏差应不大于 0.1/1000。曲轴旋转 360°，每转 90° 测量一次，每次测轴颈两端的两个点。为防止水平仪本身有误差，测量时必须把水平仪转 180°，反复测两次，取它的平均值。由于飞轮重量的影响，会使曲轴产生微小的弯曲，而且主轴颈的圆柱度也会产生影响，在测量时要予以考虑。

③ 检查主轴颈和曲柄销的表面粗糙度、圆度和圆柱度　表面粗糙度不符合要求时，应用油石磨光。必须进行超声波探伤，检查有无缺陷，尤其是主轴颈与拐臂连接的根部。图 4-62 为测量圆度和圆柱度的示意图。主轴颈与曲柄销的圆度、圆柱度公差见表 4-8。

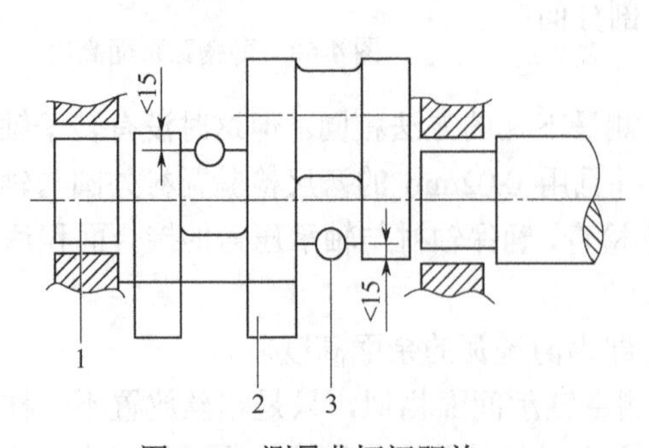

图 4-61　测量曲柄间距差

1—主轴颈；2—曲轴；3—千分表

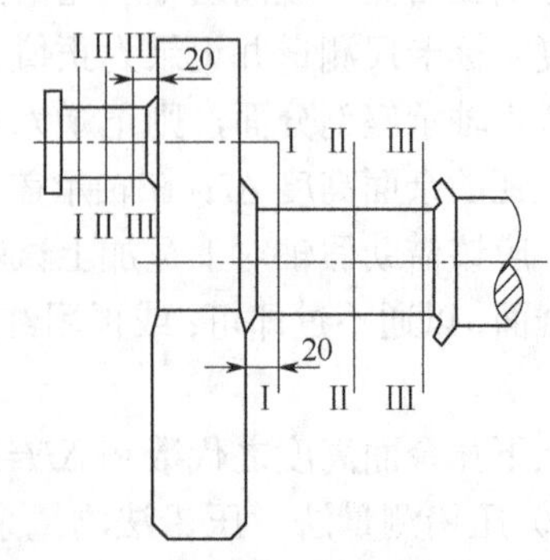

图 4-62　主轴颈、曲柄销测量点位置

表 4-8　主轴颈与曲柄销的圆度、圆柱度公差　mm

直　径	主 轴 颈	曲 柄 销
500～600	0.06(0.30)	0.07(0.30)
360～500	0.05(0.25)	0.06(0.25)
260～360	0.04(0.20)	0.05(0.20)
180～260	0.03(0.15)	0.04(0.15)

注：括号中为最大公差值，括号外为标准公差值。

（2）常见缺陷的种类　轴颈磨损、裂纹、擦伤、刮痕、弯曲变形以及键槽磨损等。

（3）曲轴的修理

① 轴颈磨损的修理　如图 4-63 和图 4-64，轴颈磨损的圆度、圆柱度公差值不超过表 4-8 规定时，可用手工修磨、专用车床、磨床修正。若轴颈上出现深达 0.1mm 的擦伤或刮痕，用研磨的方法不能消除时，则必须进行车削和光磨。车削、研磨后的轴颈减小量应不大于原来轴颈的 5%；轴颈尺寸减小超过允许值后，可用堆焊、电镀、热喷涂等方法修理。

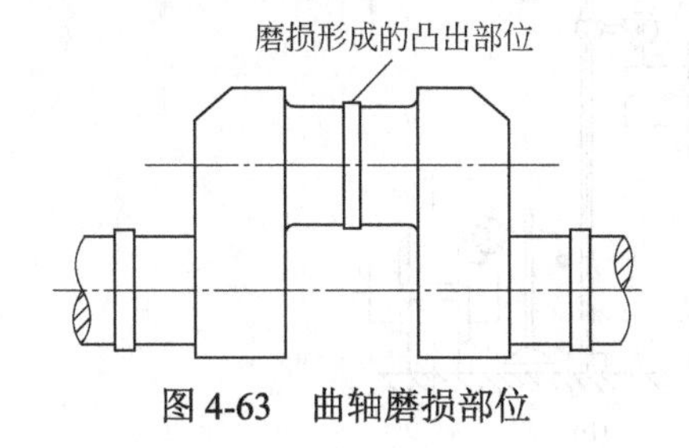

图 4-63　曲轴磨损部位

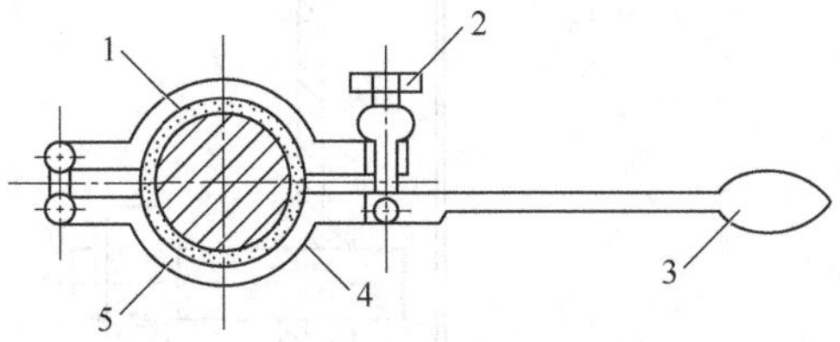

图 4-64　曲轴研磨工具

1—毛毡涂光磨膏；2—压紧螺栓；3—手柄；4—轴颈；5—磨光夹具

② 轴颈裂纹的修理　曲轴的裂纹多半出现在轴颈上，可用放大镜或涂白粉的方法进行检查，必要时还可以进行磁粉和超声波探伤检查。轻微的轴向裂纹，可在裂纹处进行研磨，若能消除则可继续使用。小的裂纹可用电焊修补。轴颈上的周向裂纹，一般不修理，更换新的曲轴。

③ 曲轴弯曲变形的修理　变形不大时，可车削和光磨，并且轴颈直径的减少量应不超过要求，同时必须相应地变更轴瓦尺寸。较大的弯曲和扭转变形，可采用校正法校直，如图 4-65 所示。

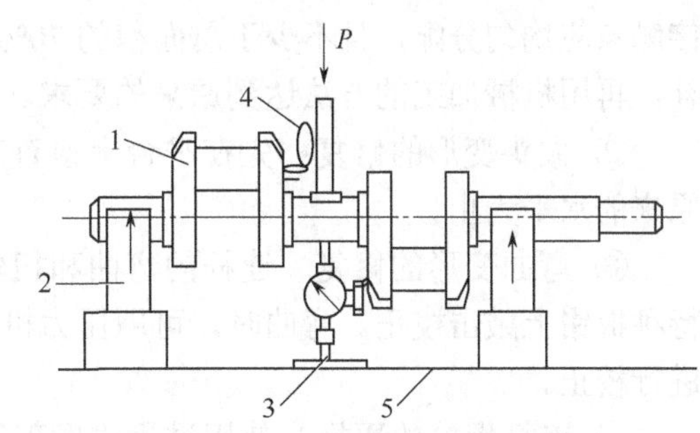

图 4-65　压力与敲击法校直曲轴

1—曲轴；2—V 形垫铁；3—千分表；4—敲击部位；5—平台

④ 键槽磨损的修理　曲轴键槽磨损宽度不超过 5%时，可用钳工锉削、刨、铣来扩大键槽进行修复，但不得超过原来宽度的 15%。若键槽磨损宽度大于 5%时，必须先补焊，然后用刨或者铣加工到原来的尺寸。也可在原键槽的对应面重新铣制一个新键槽使用。

5．连杆的检修

（1）连杆的常见故障

① 材质的化学成分不对，力学性能不符合要求。

② 加工不良，杆身与头部的圆角过渡面不符合要求。

③ 装配时，曲轴中心线与机身滑道中心线不垂直，连杆歪斜，使轴承歪偏磨损；轴瓦间隙不当，引起烧瓦、抱轴、严重敲击、连杆损坏等。

④ 润滑油量少、油压低、油温高、污物堵塞油路，引起轴瓦烧熔，甚至连杆损坏等。

⑤ 机身、汽缸、连杆等的螺栓断裂，以及液击引起连杆损坏等。

（2）连杆的检查

① 拆卸时要仔细检查大、小头的磨损状况，杆身须做无损探伤，检查有无内部缺陷。

② 仔细检查大、小头轴瓦间隙量，轴瓦内外表面情况及轴承合金与钢壳贴合情况等。

③ 拆卸前检查连杆螺栓有无松动，拆卸后仔细检查连杆螺栓螺纹，并做磁粉探伤检查。

④ 连杆大、小头中心线的平行度公差检查，在 100mm 长度上不超过 0.02mm。检查方法见图 4-66。

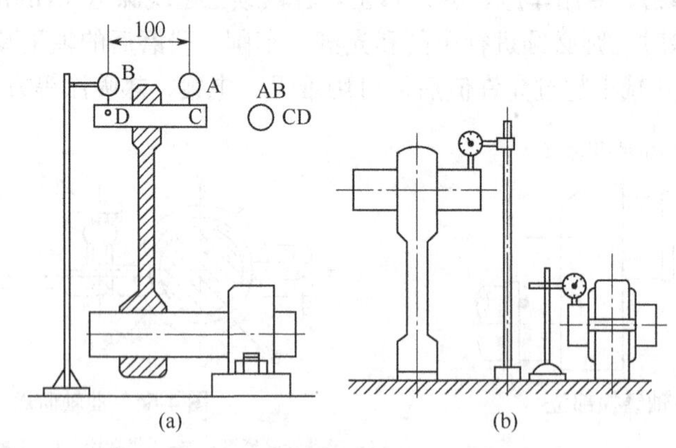

图 4-66 组合式连杆的分别检查

（3）连杆的修复

① 大头分解面磨损的修复 连杆大头的分解面磨损或破坏较轻时，可用研磨法磨平或者用砂纸打光。修整后的分解面不允许有偏斜，并应保持相互平行。可用涂色法进行检查，接触点应均匀分配，且不少于总面积的 70%。若分解面的磨损或破坏较严重时，可用电焊修补，再用机械加工的方法达到原来的要求。

② 大头变形的修复 先在平台上检查其变形，再进行车削加工，一直到分解面恢复到原来的水平为止。

③ 弯曲变形的修复 连杆的弯曲和扭转变形可用连杆校正器进行检查，并在虎钳上或特种板钳上敲击校正。弯曲时，可用压力机或手动螺杆顶压使之扳直，也可以用火焰校正法进行校正。

④ 连杆螺栓的更换 使用过程中发现下列情况之一时，应予以更换（连杆螺栓一般不进行修理）：连杆螺栓的螺纹损坏或配合松弛；连杆螺栓出现裂纹；连杆螺栓产生过大的残余变形。

连杆螺栓的螺纹损坏或松弛，一般是由于装配时拧紧连杆螺栓用力不当引起的。螺栓拧得过紧，螺纹损坏；拧得过松，配合松弛。最好用测力扳手拧紧连杆螺栓，这样可以防止上述情况发生。

连杆螺栓的裂纹，可用 5 倍以上的放大镜对螺纹及其圆角、过渡面等处进行检查，也可用浸油法进行检查，先将连杆螺栓浸入煤油中，然后取出拭擦干净，再涂上一层薄薄的渗了白粉的溶液，待白粉干后，裂纹处会出现一条明显的黑线。必要时还可用磁粉、着色或超声波检查。

连杆螺栓装配时，可用测微卡规、专用卡规或厚薄规测量其弹性伸长度，伸长量不应超过连杆螺栓长度的1/1000。使用中如果发现连杆螺栓的残余变形量大于2/1000时，应予以更换。

6．连杆大头和小头轴瓦的修理

大头瓦的检修方法视损坏程度而定。钢瓦壳与轴承合金应结合良好，不应有裂纹、气孔、分层等现象。磨损后的轴承合金厚度不足原厚度的2/3时，应予更换（对于厚壁瓦而言）。对连杆大头瓦与小头瓦，应先各自研刮后再与连杆组装，盘车研磨轴瓦；再拆下连杆，根据接触情况进行刮削，并反复研刮，直至接触面积达到70%以上且接触均匀为止。

7．十字头及十字头销的检修

（1）测量和检查

① 用电动或手动盘车，使十字头处于滑道的前端、中部、后端三个位置，用塞尺分别测出上、下滑履与滑道的间隙。在圆弧面上等分测三点，做好记录。

② 盘车测量活塞杆在滑道内的对中情况，测量十字头在前、后止点的位置。

③ 检查滑履是否损坏，滑履上轴承合金的破裂、剥落等的面积超过总面积的30%时，应更换滑履。

④ 检查连接器（或螺纹、法兰、楔）是否有裂纹，配合是否合适等。

⑤ 测量十字头销的圆度和圆柱度，大于规定值时应进行磨圆。检查十字头销有无裂纹，特别注意检查有无径向裂纹。

（2）十字头销的修理　十字头销两端锥面与十字头体锥形孔互相配研。研磨时要把十字头放平，使大锥形孔向上，十字头销垂直放在孔内。用工具使销在孔内旋转，反复刮研，并涂以红丹油检查接触情况，使接触点分布均匀，接触面积达80%。如果接触不好，可用刮削十字头的锥形孔来消除；如果锥形面的锥度不合，应按孔的锥度磨削十字头销锥面，然后再进行研刮；同时检查十字头销油孔与十字头油孔必须对正，对不正孔的现象，可采取锪十字头销油孔的方法进行处理。有细微裂纹时应修光，严重时要更换。

（3）十字头的修理

① 拆掉十字头上下滑履后，用煤油洗净擦干，涂上一层白粉，用铜棒轻击十字头，再用放大镜检查，若十字头（特别是十字头颈与连接盘连接处）有裂纹，则必有渗油出现。

② 十字头滑履的刮研：先在滑道上粗研，以滑道为胎具刮滑履。在滑道上涂一层薄薄的红丹油，然后把滑履放在滑道内推动，吊出滑履进行粗刮研。

粗刮研后，要求接触面不小于总面积的30%，并使滑履的圆弧重合于滑道的圆弧，且接触良好。组装本体，拧紧连接螺栓，装上连杆和活塞杆，再盘车细刮研。要求接触均匀，接触面达80%以上。可按图纸要求确定滑履间隙。

无规定时可按0.7/1000～0.8/1000倍的滑道直径选择。

③ 检查十字头在滑道内是否对中。测量点选在十字头连接盘上，要求偏差不超过0.04～0.10mm。如果达不到要求，需调整十字头滑履上下垫片，同时用塞尺检查滑履间隙。若不符合要求，应根据十字头对中情况，调整滑履垫片或刮研十字头滑履。十字头上下滑履间隙，应在连接活塞杆和装上连杆后进行一次复查。如果发生变化，误差超过允许范围时，应分析原因进行修正。当十字头偏斜时，不得采用加偏垫的方法来调整，以免开车后由于紧固螺栓松动，使偏垫移位，堵塞油孔，造成轴瓦烧坏。

整体式十字头比分开式十字头简单，可按分开式十字头检查与修理，唯一不同的是滑履间隙不能调节。

压缩机检修完成后应填写检修记录或检修竣工单，其内容可参考附表 3。

◆任务三 认识 L 型压缩机的附属装置

一台完整的压缩机组的辅机部分包括气路系统、冷却系统、润滑系统中的装置。

1．气路系统

压缩机气路系统包括如下设备。

（1）进气滤清器 压缩机吸入的气体必须经过过滤，否则气体中的灰尘、沙粒等固体杂质进入汽缸，会加快汽缸、活塞及活塞环、气阀等零部件的磨损，降低压缩机的生产能力，增加电能消耗及发生其他意外事故的可能性。

滤清器的原理是根据固体颗粒大小及质量不同，利用隔阻（过滤）、惯性及吸附等方法，使进入汽缸中的气体含尘量小于 0.03mg/m^3。

常用的滤清器有纸质滤清器、油浴式滤清器和金属丝网滤清器。为消除吸气管道气流脉动的噪声，可采用消声过滤器。

（2）缓冲罐 缓冲罐用于稳定系统压力和流量，缓冲罐具有一定的容积，气体通过它后气流速度比较均匀，减少了压缩机的功率消耗和振动现象。缓冲罐还有一定的油水分离作用。由于气流速度在缓冲罐内突然降低和惯性作用，部分油水被分离出来。

缓冲罐有圆筒形和球形，分别适用于低压和高压情况。如图 4-67 所示，缓冲罐的进出口应合理配置，避免气体走短路，图 4-67（c）缓冲效果最好，图 4-67（a）效果最差。图 4-68 的缓冲罐内装有芯子构成声学滤波器，可消除气流脉动的噪声。

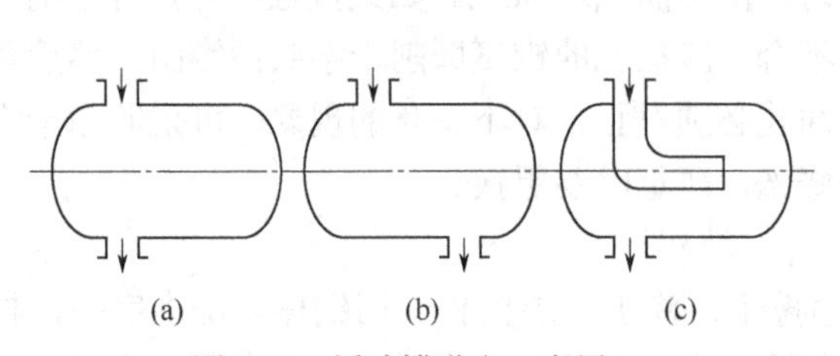

图 4-67 缓冲罐进出口布置

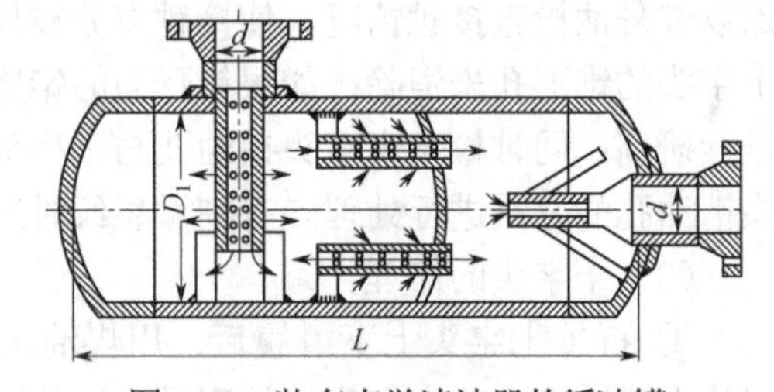

图 4-68 装有声学滤波器的缓冲罐

缓冲罐最好不使用中间管道而直接与汽缸相连；如果不能这样，连通管道的面积应比汽缸接管的面积大 50%左右，以保证气流平稳流动，转折处取较大的弯曲半径。如果一级有几个汽缸时，最好共用一个缓冲罐，以保证气流更均匀，缓冲罐的容积也可以较小。

（3）冷却器

① 级间冷却 气体在进入下一级前用冷却器将其冷却至接近气体吸入时的温度，级间冷却可降低压缩功，减小压缩机的功耗；使气体中水蒸气冷凝，将油水在油水分离器中分离；使气体在下一级压缩后压力不致过高；使压缩机保持良好润滑。

② 后冷却 被压缩气体排出压缩机后进行后冷却。其目的是：改善气体品质。后冷却使气体温度降低，使气体中所含水分与油雾便于分离；减少气体流动阻力损失或减小气体管道直径。排出气体经后冷却，其比容积进一步减少，因此在管径不变时可减小气体流动阻力损失，或保持流速不变时则管道直径可减小。

级间冷却器和后冷却器有列管式、套管式、蛇形管式、淋洒式、螺旋板式、元件式等。

元件式冷却器广泛用于 L 型压缩机（图 4-69）；列管式、螺旋板式换热器一般用于低压级，套管式、淋管式一般用于高压级。

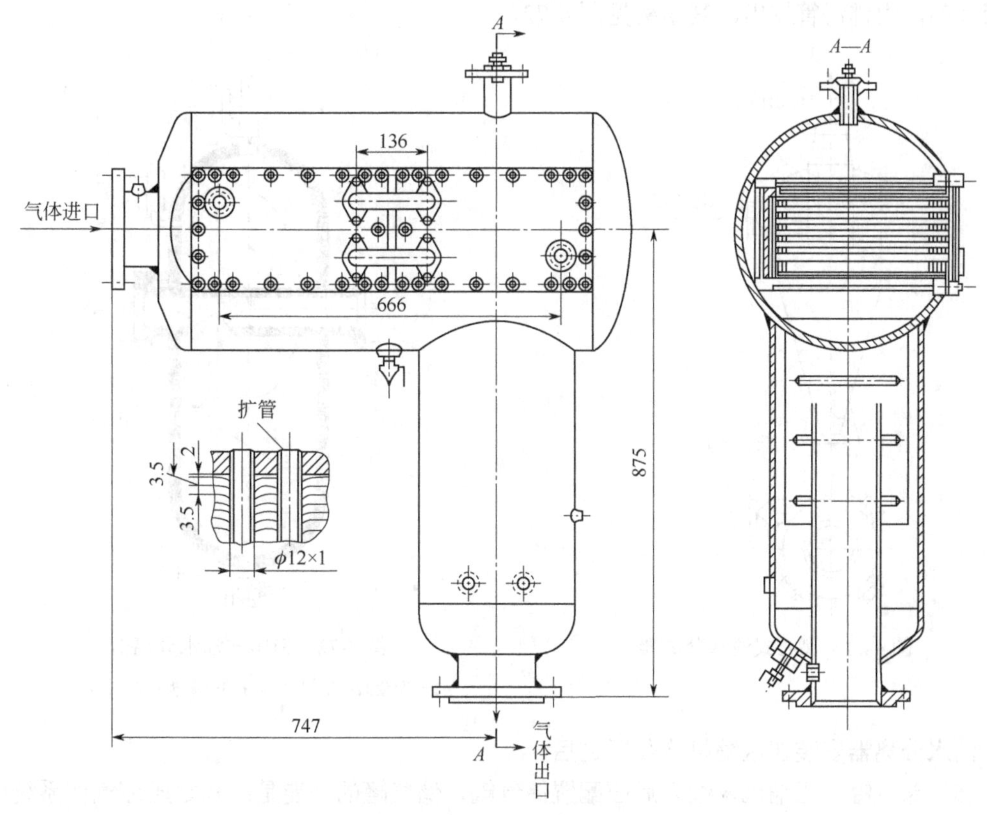

图 4-69　元件式冷却器

（4）油水分离器　压缩机中的油和水蒸气经冷却后凝结成油滴和水滴，进入下一级汽缸后，一方面使汽缸润滑不良，影响气阀工作；另一方面降低气体纯度，使生产的合成效率降低；空气压缩机和管路中油滴大面积积聚有引起爆炸的危险，因此各级汽缸应设置油水分离器。

油水分离器根据液体和气体的密度差别，利用气流速度和方向改变时的惯性作用，使液体和气体相互分离，同时还具有冷却气体和缓冲的作用。

油水分离器的结构形式如下。

① 惯性式　如图 4-70 所示，气体从顶部进入，沿中心管向下较快地流动，由于气体密度远小于悬浮于其中的油、水滴的密度，惯性也小，容易改变方向。出中心管后，流速突然减慢下来，折流向上，由底部上升自出口管排出；而油水惯性大不易改变方向冲向底部，油水被分离。分离出来的油从分离器底部经阀门汇集到集油器内，送废油回收器。

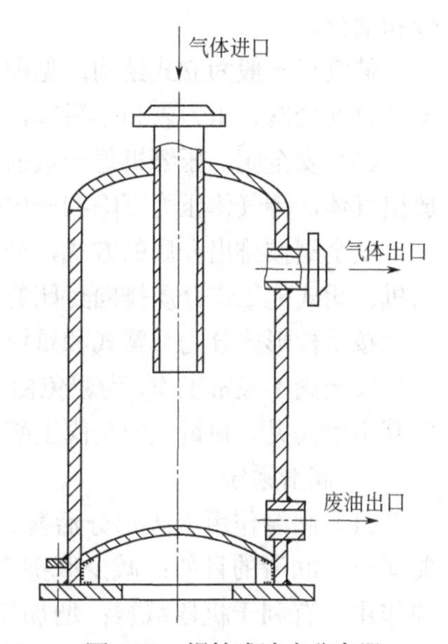

图 4-70　惯性式油水分离器

② 离心式　气体进口是切向的，根据旋风分离的原理，使油滴和水滴在离心力的作用下，被甩在器壁上，沿壁流向底部，定时排出，见图4-71。

③ 撞击式　气体进入分离器，撞击垂直隔板，使液滴附着在壁面上，并沿壁面下降，积聚底部，由排污管排出，其结构见图4-72。

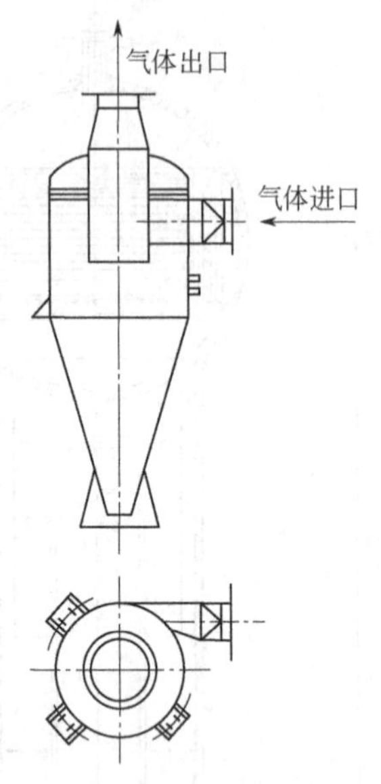

图4-71　离心式油水分离器

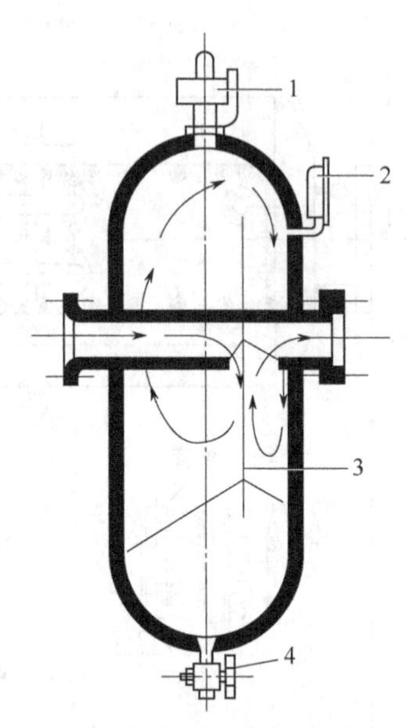

图4-72　撞击式油水分离器

1—安全阀；2—压力表；3—隔板；4—排污阀

油水分离器安装在压缩机冷却器之后。

（5）储气罐　压缩机末级之后应配置储气罐，储气罐的功能是：稳定压缩气体系统内的压力；储备一定的气体，维持供需之间的平衡；降低罐内气体的温度；去除压缩气体中的水分和油分。

储气罐一般为立式结构，见图4-73，但也有卧式结构，如移动式空压机。储气罐上必须安装有安全阀、压力表和排污管。

（6）安全阀　压缩机每一级的排气管路上都装有安全阀，压力超过规定值时，自动开启放出气体，待气体压力下降到一定值时，自动关闭。

安全阀按排出介质的方式，分开式和闭式。开式直接把工作介质排向大气，用于空气压缩机；闭式把工作介质排向封闭的管路，适用于稀有气体，有毒或易燃易爆的气体。

按结构形式分为弹簧式和重锤式。

安全阀不经常工作，为避免由于腐蚀或因加热而干结引起卡住的现象，阀门应定期打开，使其不致失灵。弹簧式安全阀上装有手柄，可以使阀门定期打开。安全阀应定期检验。

2．润滑系统

（1）润滑作用　大部分活塞式压缩机的运动组件的摩擦面是由非自润滑材料构成，需要润滑，润滑的目的：减少摩擦零件的磨损；减少摩擦功耗；摩擦面形成的油膜起弹性缓冲作用，有利于机器减振；增加活塞环和活塞杆填料函的密封性；带走摩擦热；清除润滑面污物，预防锈蚀。L型压缩机的润滑包括汽缸-填料函部分的润滑和曲轴连杆机构的润滑两部分。L型压缩机的润滑采用压力润滑，压力润滑是有十字头的压缩机应用最广泛的一种润滑方式。

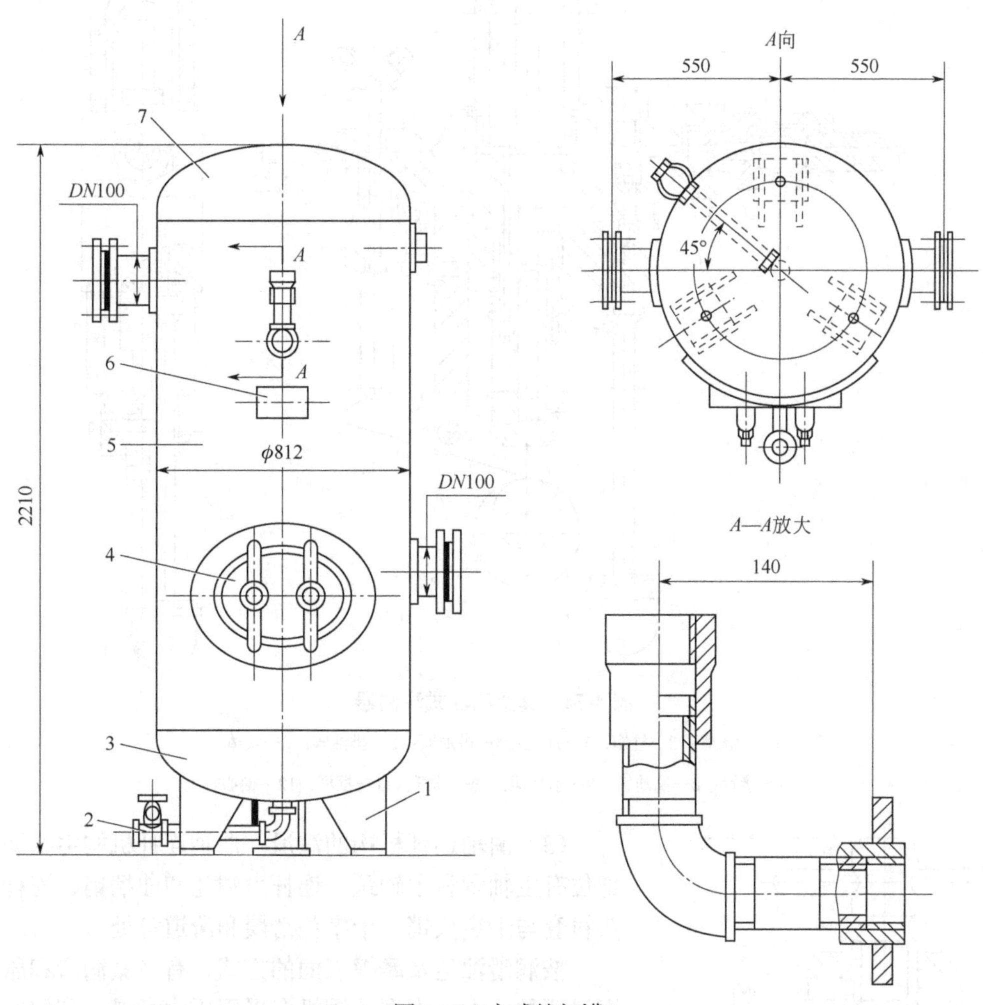

图 4-73　立式储气罐

1—支座；2—内螺纹截止阀；3—下封头；4—人孔盖板；5—罐体；6—标牌；7—上封头

（2）汽缸-填料函部分的润滑　润滑油由专用的注油器注入汽缸及活塞杆的填料密封处。

注油器实际上是一个小型柱塞泵，如图 4-74 所示，通常它的吸（压）油柱塞是通过机械如压缩机曲轴上的凸轮带动，因此当压缩机停止工作时，注油器也将随之停止供油。注油器可直接从油池中吸油，并把油压向润滑点，它的供油量是间歇性的，通过调节柱塞的工作行程，可方便地调节注油器每次的供油量。注油器可以单独使用，也可将几个注油器组合在一起集中供油。

采用注油器强制给油时，应注意汽缸上的给油接头的位置，它应置于活塞在止点位置靠近缸头的第一道活塞环和第二道活塞环之间，这样不仅在全行程上润滑比较充分，而且对密封有利。

在汽缸注油孔位置一般都装有注油止逆阀，防止汽缸内气体进入油管。注油止逆阀结构如图 4-75 所示。

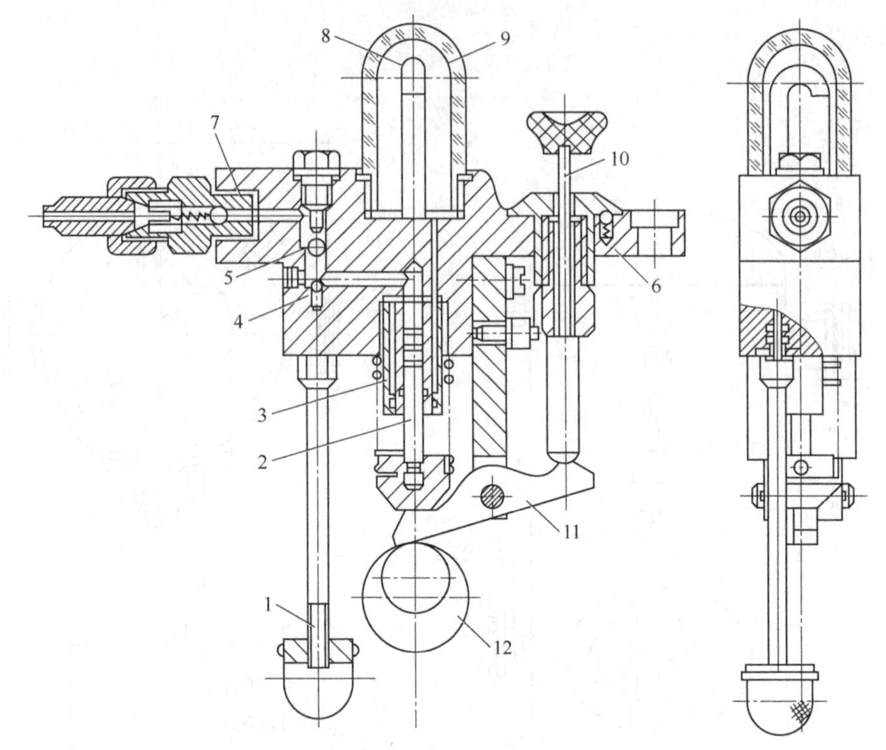

图 4-74 真空滴油式注油器

1—吸入管；2—柱塞；3—油缸；4—进油阀；5—排油阀；6—泵体；

7—接管；8—滴油管；9—示滴器；10—顶杆；11—摆杆；12—偏心轮

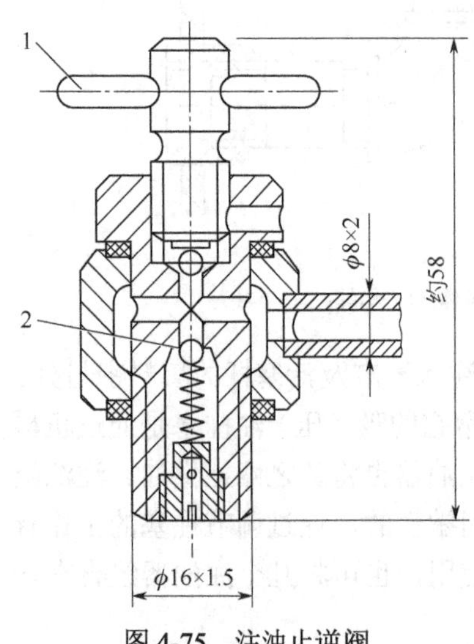

图 4-75 注油止逆阀

1—检查开关；2—钢球

（3）曲轴连杆机构的润滑 曲轴连杆机构主要润滑部位有主轴承和主轴颈、连杆大端瓦和曲柄销、连杆小头衬套与十字头销、十字头滑履和滑道等处。

按润滑油达及摩擦表面的方式，有飞溅润滑和压力润滑两种。大、中型压缩机多采用压力润滑。利用回转式油泵（齿轮泵）将润滑油输送至各摩擦面，根据油泵的驱动方式，又分为内传动和外传动两种，内传动的油泵由压缩机主轴直接带动，外传动的油泵单独由电机驱动。前者用于中小型压缩机，后者用于大型压缩机。

润滑油循环使用，润滑系统包括油过滤器、油冷却器、齿轮油泵、油管等。齿轮油泵由压缩机主轴驱动，加压后经主轴中心孔进入主轴颈、连杆大头、连杆小头、十字头滑道、回油箱，再经油管进入油冷却器、过滤器、齿轮油泵循环使用。润滑油压力一般为0.15～0.3MPa，最低不低于0.10MPa。

（4）润滑油的选择 空气压缩机油按压缩机的结构形式分往复式空气压缩机油和回转式空气压缩机油两种，每种各分有轻、中、重负荷三个级别。按基础油种类又可分为矿油型压缩机油和合成型压缩机油两大类。

往复式空气压缩机油分为轻负荷L-DAA、中负荷L-DAB、重负荷L-DAC三种，黏度等级均设 32、46、68、100、150 五个牌号，其中 DAA、DAB 属矿油型，DAC 属合成油型。回转式空气压缩机油按轻、中、重负荷也分为三种，即轻负荷的 L-DAG、中负荷的 L-DAH，重负荷的 L-DAJ，黏度等级设 15、22、32、46、68、100 六个牌号，其中 DAG、DAH 属矿油型，DAJ 为合成型。合成型压缩机油与矿油型相比具有高温稳定性好、高温下不易生成积炭、使用温度宽、倾点低、挥发性小、使用寿命长等优点，但因价格昂贵，只用于矿油型压缩机油不能承受的各种苛刻条件下的压缩机。

旧的压缩机油牌号为 HS13、HS19，其中 1319 为 100℃时的运动黏度。

一般根据压缩机的设计类型、环境条件、操作负荷选择空压机油的类型，一般情况下，长期高温环境下，选用 L-DAB 油，高速水冷或低压、小压缩比的压缩机可选用低黏度压缩机油。

空气压缩机用油选择见表 4-9。

表 4-9　按活塞式压缩机机型选油

机　型			黏 度 等 级	用 油 品 种
无油润滑			32,46,68	外部润滑系统（轴承和齿轮）可用 TSA 汽轮机油或各种液压油或空气压缩机油 L-DAB
有油润滑	空冷	轴输出功率＜20kW	32,46,68,100（环境温度＜-10℃，用 32）	轻负荷：用单级内燃机油 API，SD，SE，CC 或 DD，但不用多级（稠化）内燃机油 中载荷：用 L-DAB 油
		轴输出功率＞20kW		轻负荷：用 TSA 汽轮机油或各种液压油或 L-DAA 油；也可用单级内燃机油 API，CC 或 DD，但不用多级（稠化）内燃机油 中载荷：用 L-DAB 油，也可用单级内燃机油 API，CC 或 CD，但不用多级（稠化）内燃机油
	水冷		68,100，150	轻负荷：用 TSA 油或各种液压油或 L-DAA 油 中载荷：用 L-DAB 油

空气、氮气、氢气、二氧化碳、石油气等常用 DAA32、DAA68、DAA100、DAA150 等；温度及压力越大，牌号数字越大，数字表示黏度。

氧气用蒸馏水加 6%～8%的甘油，因矿物油会剧烈氧化而引起爆炸。

氯气在一定条件下会与润滑油中的烃类发生反应生成氯化氢，有腐蚀作用，用浓硫酸做润滑剂。

介质为乙烯时，为防止乙烯被润滑油污染，用 80%甘油加 20%蒸馏水做润滑剂。

运动机构用润滑油，无十字头压缩机与汽缸润滑油相同，有十字头压缩机用 N68 机械油，也可以使用与汽缸同样的润滑油品种。

活塞式空气压缩机润滑油的消耗量可参考表 4-10。

表 4-10　活塞式空气压缩机润滑油消耗量

排气量/$m^3 \cdot min^{-1}$	3	6	9	20	10	20	40	60	100
结构形式	无十字头型				有十字头型				
耗油量≤/$g \cdot h^{-1}$	40	70	90	130	70	105	150	195	255

◆任务四　L 型压缩机的运行

压缩机安装好以后，都要进行试车，以检查压缩机的运转情况，了解或测试压缩机的工作性能，并检查压缩机的设计、制造、装配及安装工作是否合理完善。原始开车分单机无负荷试车、空气负荷试车、介质负荷试车。

对使用过的压缩机，经过拆卸和检修后，轴和轴瓦、活塞杆和填料、汽缸套和活塞环等各摩擦件都进行了修换。虽然在制作时经过精密的加工，修理中进行了精心的刮研，但是它们的表面还是比较粗糙或不够平的。因此，必须进行空负荷磨合，即空负荷试车，使传动机构和密封部位互相配合的摩擦件进行运转磨合。各部分的装配间隙调节是否恰当等，也要通过试车来进行检验。另外，通过试车也可以发现和消除由于安装或修理不当而产生的缺陷。

1．压缩机组在试车之前应具备的基本条件

① 与压缩机组试车有相互影响的建筑工程必须基本完毕，现场已打扫洁净。

② 与压缩机组试车有关的上下水、工艺配管、配电、仪表、附属设备等均已安装完毕，并已进行必要的检查、试验与调校工作。

③ 具备齐全的安全自检记录、隐蔽工程记录、试验与调校记录、并已经过有关检验部门审查。

④ 试车所需用料基本备齐。

⑤ 试车方案已确定。

⑥ 已明确试车时统一指挥的组织机构。

2．试车前的检查

① 检查机组的二次灌浆层质量，是否出现开裂等现象。

② 检查机组的全部地脚螺栓、联轴器连接螺栓等的紧固及防松情况，还有汽缸的支撑是否良好等。

③ 检查润滑油的规格及用量是否符合要求。

④ 检查水系统的畅通与流量情况。

⑤ 抽查机体内某些重要部位的间隙及接触情况。

⑥ 检查与机组运行有关的测试仪表及联锁装置。

⑦ 检查动力配电是否已具备正常供电能力。

⑧ 拆除机组的全部进排气阀及分离器出口处滤网，并在吸气口设置临时铁丝网以防异物进入缸内。再进行盘车检查，以观察和侧听机组内外各运动构件是否动作正常，有无异声。

⑨ 检查机组各级安全阀是否已调试合格。

3．原始试车

新安装压缩机的开车，称为原始开车。而原始开车可分为试车和开车两个阶段。压缩机的试车目的在于检查各部件的质量和机组的性能，为正式开车创造有利条件。试车包括无负荷试车、管道吹扫与负荷试车三个步骤。

（1）无负荷试车的要求　将各级吸、排气阀拆除，盖上外盖或装上钢丝网。先将电动机启动开关点动几次，察听压缩机的各运动机构有无不正常的响声，转动是否有卡住现象。确认压缩机无不正常现象后再启动电动机，依次进行5min、30min和4～8h的运转。压缩机空载运转，应检查下列各项内容。

① 冷却水应畅通无阻（各路冷却水都可以从漏斗或视镜中观察），出口水温不应超过规定。

② 循环润滑油压力应在规定的范围内。

③ 压缩机运转的声音是否正常，不应有碰击声及不正常响声。

④ 各连接处有无松动现象，机体是否振动，地脚螺栓是否松动。

（2）无负荷试车停车后的检查项目

① 打开机身检查盖，检查曲轴轴承、连杆轴瓦的发热情况。

② 检查填料函与活塞杆、十字头与滑道的温度，正常情况下不应烫手，温度不超标。

③ 观察各运动件摩擦表面接触情况，检测各运动构件的配合间隙。

（3）负荷试车的一般程序

① 全部打开本机组系统的放空阀、控制阀和卸载阀、旁路阀等。对机组，末级出口系统，应根据具体情况选择压缩气截止点，并在该点或其附近应有可靠的放空管。

② 检查冷却水流量是否正常，循环油压是否符合要求。

③ 盘车检查各部件活动情况。

④ 按电动机操作程序启动，使机组在负荷条件下运行约10～20min，在确认机组运行一切正常之后，即可逐级关闭有关控制阀门，缓缓地加压，分阶段地进行稳压。

⑤ 当最终排出压力达到试车规定的最高压力后，应稳压连续运行24h。

⑥ 负荷运行合格后，即可从末级开始稳步卸压，使机组过渡为无负荷运行，然后停车。

4．在用压缩机大、中修后的试车

压缩机修理完毕后，可能由于检修不合格等原因，开车时发生意外事故。因此，在试车前应由检修、使用单位会同有关人员及单位进行详细检查，为顺利试车装创造条件。

（1）试车前的准备工作

① 检查检修项目有无遗漏，所有检修内容是否全部完成。

② 根据修理记录，检查检修质量是否都符合质量指标。

③ 打扫现场，清除所有影响试车的障碍物，做到工完、料尽、场地清。

④ 抽掉盲板。

⑤ 检查测试各个安全联锁信号装置和测置仪表是否正确、灵敏。

⑥ 检查冷却水系统是否畅通，有无滴漏现象，并调节好水量。

⑦ 按说明书加上合格的润滑剂，并达到油位指标。

⑧ 检查注油泵和循环油泵运行是否正常，检查每根油管是否畅通，有无滴漏现象，并调节循环油压到操作指标。

⑨ 有条件时，可利用系统气体压力进行倒气试漏。

⑩ 检查测量电气设备绝缘性是否良好，联系送电。

⑪ 盘车旋转飞轮数圈，检查飞轮旋转是否均匀，运动机构有无障碍和不正常的响声，了解轴瓦和十字头滑道润滑油流出情况。飞轮转到开车位置时停止盘车，抽掉盘车器小齿轮。

⑫ 打开旁通阀、卸压阀、放油水阀等。

（2）试车　试车前的准备工作全部就绪以后，即可开始试车。试车由专人负责指挥和操作，检修人员按指定负责检查的区域，配合试车检查。

① 空负荷试车　大、中修后空负荷试车时，要特别注意循环油泵的油压，并检查主轴瓦、连杆大头、十字头滑道上部、活塞杆、汽缸等的温度、响声和振动情况。如空负荷试车没有问题，试车4～8h以后，准备加负荷试车。

开车时应注意电机转子转动方向是否正确。

② 负荷试车　压缩机在加负荷试车前必须与有关工艺工序取得联系。

压缩机带负荷以前必须用原料气（生产气）置换。打开一级吸入阀门，在低压力状态下从一至末级排放一次，然后提高一些压力再排放一次，注意这两次排放的气体都放空，不能回收。至此，压缩机即可进行带负荷试车。带负荷后，各部分的受力都增加，可能出现原来空负荷试车时没有发现的问题。所以要仔细观察，检查带负荷后各部分的运行状况有无变化，填料函及其他密封处有无泄漏现象。如果带负荷试车没有问题，即可用气体再次校对各级安全阀。

在试车过程中可能会发现设备存在某些缺陷。如果属于小的缺陷或滴漏现象，不足以影响设备的安全运转时，可等安全阀校对完毕后，再停车消除缺陷，以避免试车过程中开停车频繁，增加电耗和影响电网电压的稳定。但如果发现有不正常的响声、振动、温度过高、循环油泵油压下降至允许值之外或电流有较大的波动时，应立即停车检查，消除缺陷。

压缩机试车 24h 没有问题后，即可交给生产单位使用。

压缩机试车时应填写负荷试验运行记录，其内容可参考附表 4。

5．往复式压缩机试车合格及完好标准

（1）往复式压缩机试车正常须达到的要求

① 各运动部件无不正常响声。

② 各连接处及各密封面应无漏气、漏油和漏水现象。

③ 冷却水和润滑油的供应量应适当，不得有中断现象。

④ 曲轴轴承、连杆轴承、十字头滑板和活塞杆等摩擦部位的温度一般不超过 65℃。

⑤ 各级汽缸排出的气体温度不应超过 160℃。

⑥ 自冷却部位排出的冷却水温度不应超过 40℃。

⑦ 循环润滑系统的油压应保持在 0.1～0.3MPa。

⑧ 安全阀开启应灵敏。

⑨ 压缩机在工作时的振幅一般不得超过下列规定：

转速低于 200r/min 时，应小于 0.25mm；

转速在 200～400r/min 时，应小于 0.20mm；

转速高于 400r/min 时，应小于 0.15mm。

（2）往复式压缩机完好标准

① 运转正常，效能良好：

a）设备出力能满足正常生产需要或达到铭牌能力的 90%以上；

b）压力润滑和注油系统完整好用，注油部位（轴承、十字头、汽缸等处）油路畅通，油压、油位、润滑油指标及选用均应符合规定；

c）运转平稳无杂音，机体及管系振幅符合设计规定；

d）运转参数（温度、压力）等符合规定，各部轴承、十字头等温度正常；

e）轴封无严重泄漏，如系有害气体，其泄漏应采取措施排出；

f）段（级）间管系振动符合规定。

② 部件无损，质量符合要求：各零部件的材质选用，以及活塞、十字头、轴瓦、阀片等组装配合，磨损极限以及严密性，均应符合规程规定。

③ 主体整洁，零附件齐全好用：

a）安全阀、压力表、温度计、自动调压系统控制及启动系统应定期校检，灵活准确；

b）安全护罩、对轮螺栓、锁片等齐全牢固；

c）主体完整、稳定，安全销等齐全牢固；

d）基础、机座坚固完整，地脚螺栓、各部螺栓应满扣、整齐、紧固；

e）进出口阀门及其润滑、冷却系统，应安装合理，不堵不漏；

f）机体整洁，油漆完整美观；

g）附机达到完好。

④ 技术资料齐全准确，应具有：

a）设备档案，并符合设备管理制度要求；

b）定期状态监测记录；

c）基础沉降测试记录；

d）设备结构图及易损配件图。

压缩机运行过程中应定时巡检，填写运行记录，压缩机运行记录表格内容可参考附表5。

6．L型压缩机的气量调节方法

① 改变转速调节。采用变频电机可进行无级转速调节。

② 切断进气口调节。

③ 旁通调节。

④ 补充余隙容积调节。

◆任务五 L型压缩机的常见故障及其处理

压缩机发生故障的原因常常是复杂的，因此必须经过细心的观察研究，甚至要经过多方面的试验，并依靠丰富的实践经验，才能判断出产生故障的原因。表4-11为压缩机常见故障的原因及处理方法。

表4-11 压缩机常见故障的原因及处理方法

序号	故障现象	故障原因	处理方法
1	排气量达不到设计要求	① 气阀泄漏，特别是低压级气阀漏 ② 活塞杆与填料函处泄漏 ③ 汽缸余隙过大，特别是一级汽缸余隙大 ④ 一级进口阀未开足 ⑤ 活塞环漏气严重	① 检查低压级气阀，并采取相应措施 ② 先拧紧填料函盖螺栓，仍泄漏时则修理或更换 ③ 调节汽缸余隙容积 ④ 开足一级进口阀门，注意压力表读数 ⑤ 检查活塞环
2	功率消耗超过设计规定	① 气阀阻力大 ② 来气压力过低 ③ 排气压力过高	① 检查气阀弹簧力是否恰当，通道面积是否足够大 ② 检查管道和冷却器，若阻力太大，应采取相应措施 ③ 降低系统压力
3	级间压力超过正常压力	① 后一级的吸排气阀泄漏 ② 第Ⅰ级吸入压力过高 ③ 前一级冷却器的冷却能力不足 ④ 后一级活塞环泄漏引起排出量不足 ⑤ 到后一级间的管路阻力增大	① 检查气阀，更换损坏件 ② 检查并消除 ③ 检查冷却器 ④ 更换活塞环 ⑤ 检查管路使之畅通
4	级间压力低于正常压力	① 第Ⅰ级吸排气阀不良，引起排气不足 ② 第Ⅰ级活塞环泄漏过大 ③ 前一级排出后，或后一级吸入前的机外泄漏 ④ 吸入管道阻力太大	① 检查气阀，更换损坏 ② 检查活塞环，予以更换 ③ 检查泄漏处，并消除泄漏 ④ 检查管路
5	气阀有敲击声	① 气阀阀片切断 ② 气阀弹簧松软 ③ 气阀松动	① 更换新阀片 ② 更换合适的弹簧 ③ 检查拧紧螺栓

续表

序号	故障现象	故障原因	处理方法
6	飞轮有敲击声	① 配合不正确 ② 连接键配合松弛	① 适当进行调整 ② 注意使键的两侧紧紧地贴合在键槽上
7	十字头滑履发热	① 配合间隙过小 ② 滑履接触不均匀 ③ 润滑油油压太低或断油 ④ 润滑油太脏	① 调整间隙 ② 重新研刮滑履 ③ 检查油泵、油路情况 ④ 更换润滑油
8	汽缸发热	① 润滑油质量低劣或供应中断 ② 冷却水供应不充分 ③ 曲轴连杆机构偏斜、使活塞摩擦不正常	① 选择适当的润滑油，注意润滑油的供应情况 ② 调整冷却水的水量 ③ 调整曲轴连杆机构的同轴度
9	轴承发热	① 轴瓦与轴颈贴合不均匀，或接触面积小，单位面积上的比压过大 ② 轴承偏斜或曲轴弯曲 ③ 润滑油少或断油 ④ 润滑油质量低劣、脏污 ⑤ 轴瓦间隙过小	① 用涂色法刮研，或改善单位面积上的比压 ② 检查原因，设法消除 ③ 检查油泵或输油管的工作情况 ④ 更换润滑油 ⑤ 调整其配合间隙
10	吸、排气阀发热	① 阀座、阀片密封不严，造成漏气 ② 阀座与座孔接触不严，造成漏气 ③ 吸、排气阀弹簧刚性不恰当 ④ 吸、排气阀弹簧折损 ⑤ 汽缸冷却不良	① 分别检查吸、排气阀，若吸气阀盖发热，则吸气阀有故障；否则故障可能在排气阀 ② 研刮接触面或更换新垫片 ③ 检查刚性，调整或更换适当的弹簧 ④ 更换折损的弹簧 ⑤ 检查冷却水流量及流道，清理流道或加大水流量
11	汽缸内发生异常声音	① 汽缸余隙太小 ② 油太多或气体含水分多，造成水击 ③ 异物掉入汽缸内 ④ 缸套松动或断裂 ⑤ 活塞杆螺母松动，或活塞杆弯曲 ⑥ 支撑不良 ⑦ 曲轴连杆机构与汽缸的中心线不一致	① 适当加大余隙面积 ② 适当减少润滑油，提高油水分离效率 ③ 清除异物 ④ 清除松动或更换 ⑤紧固螺母，或校正、更换活塞杆 ⑥ 调节支撑 ⑦ 检查并调节同轴度
12	曲轴箱振动并有异常的声音	① 连杆螺栓、轴承压盖螺栓、十字头螺母松动或断裂 ② 主轴承、连杆大小头轴瓦、十字头滑道等间隙过大 ③ 各轴瓦或轴承座接触不良，有间隙 ④ 曲轴与联轴器配合松动	① 紧固或更换损坏件 ② 检查并调整间隙 ③ 刮研轴瓦瓦背 ④ 检查并采取相应措施
13	活塞杆过热	① 活塞杆与填料函配合间隙不合适 ② 活塞杆与填料函装配时产生偏斜 ③ 活塞杆与填料函的润滑油脏或供应不足 ④ 填料函的回气管和冷却水不同 ⑤ 填料的材质不符合要求 ⑥ 活塞杆与填料之间有异物，将活塞杆拉毛	① 调整配合间隙 ② 重新进行装配 ③ 更换润滑油或调整供油量 ④ 疏通回气管和冷却水管 ⑤ 更换合格材料 ⑥ 清除异物，研磨或更换活塞杆
14	循环油油压降低	① 油压表有故障 ② 油管破裂 ③ 油安全阀有故障 ④ 油泵间隙大 ⑤ 油箱油量不足 ⑥ 油过滤器阻塞	① 更换或修理油压表 ② 更换或焊补油管 ③ 修理或更换安全阀 ④ 检查并进行修理 ⑤ 增加润滑油量 ⑥ 清洗或更换过滤器

续表

序号	故障现象	故障原因	处理方法
14	循环油油压降低	⑦ 油冷却器阻塞 ⑧ 润滑油黏度下降 ⑨ 管路系统连接处漏油 ⑩ 油泵或油系统内有空气 ⑪ 吸油阀有故障或吸油管堵塞	⑦ 清洗油冷却器 ⑧ 更换新的润滑油 ⑨ 紧固泄漏处 ⑩ 排出空气 ⑪ 修理故障阀门，清理堵塞的管路
15	柱塞油泵及系统故障	① 注油泵磨损 ② 注油管路堵塞 ③ 止回阀漏，倒气 ④ 注油泵或油管内有空气	① 修理或更换 ② 疏通油管 ③ 修理或更换 ④ 排出空气
16	管道发生不正常的振动	① 管卡太松或断裂 ② 支撑刚性不够 ③ 气流脉动引起管路共振 ④ 配管架子振动大	① 紧固或更换管卡，应考虑管子热胀间隙 ② 加固支撑 ③ 用预流孔改变其共振面 ④ 加固配管架子
17	中间冷却器效率低	① 冷却水积垢或堵塞 ② 冷却水压力低 ③ 冷却面积不够 ④ 冷却水温度过高	① 清除积垢和杂物 ② 加大冷却水压力 ③ 更换冷却器 ④ 调整水量、降低温度
18	气阀片易断裂	① 阀片材料选择不当 ② 阀片热处理不当、硬度过高 ③ 阀片升程量过大 ④ 弹簧的弹力过大或弹簧的直径及自由度不一致 ⑤ 阀座表面磨损引起阀片受力不均匀	① 更换材料 ② 按要求热处理 ③ 调整升程量 ④ 更换合适的弹簧 ⑤ 修理或更换阀座
19	汽缸振动大	① 汽缸与滑道及机身同轴度偏差大 ② 汽缸支承松动或地脚螺栓松动 ③ 汽缸与中体及滑道连接螺栓松动 ④ 汽缸与缓冲器连接不当 ⑤ 活塞松动或损坏 ⑥ 缸内有异物或带液 ⑦ 管线系统稳定性差	① 检查、调整同轴度 ② 调整汽缸支承、紧固地脚螺栓 ③ 紧固连接螺栓 ④ 调整缓冲器，减少应力 ⑤ 解体检修活塞 ⑥ 解体清理异物或排液 ⑦ 加强管线支撑
20	密封填料温度高	① 填料函的回气管或冷却水管不畅通 ② 填料的材质不符合要求 ③ 润滑油质量差 ④ 供油不足 ⑤ 填料函组件装配间隙不合适 ⑥ 填料弹簧力过大 ⑦ 填料内径与活塞杆表面粗糙度不符合要求	① 疏通回气管或冷却管 ② 更换合适材料 ③ 更换合适润滑油 ④ 维修或更换油泵；检查疏通油路；补充油箱润滑油 ⑤ 解体重新装配 ⑥ 调整或更换弹簧 ⑦ 降低配合面的粗糙度
21	连杆螺栓拉断	① 装配时预紧力过大 ② 紧固时产生偏斜；致使载荷不均匀 ③ 螺母松动或轴瓦晃动大，致使连杆螺栓受过大冲击 ④ 超负荷运行时，连杆螺栓承受过大的应力 ⑤ 轴承间隙过大，造成冲击振动，长期疲劳 ⑥ 连杆螺栓材质不符合要求或有裂痕	① 用力矩扳手控制预紧力或检查螺栓伸长量 ② 检查接触面，使配合紧密 ③ 连杆螺栓装配后要加防松装置 ④ 清除过载现象，排除连接杆螺栓故障 ⑤ 调整轴承间隙，更换连杆螺栓 ⑥ 更换连杆并进行着色检查

续表

序号	故障现象	故障原因	处理方法
22	活塞环偏磨	① 活塞与汽缸不在一个中心位置 ② 汽缸的圆度偏差过大 ③ 活塞环的侧面间隙过小 ④ 活塞环本身材质不好，向外胀力不均匀造成严重磨损 ⑤ 汽缸内壁局部粗糙	① 调整汽缸 ② 修理汽缸圆度偏差 ③ 修理活塞环槽，使活塞环活动自如 ④ 更换合适材料的活塞环 ⑤ 修磨汽缸内壁达到要求

训练项目

1．拆检 W-1.5/7 压缩机。

① 拆卸 W-1.5/7 压缩机的汽缸、气阀、活塞组件。

② 检查汽缸磨损情况。

③ 拆检气阀，并用煤油试漏。

④ 检查、测量活塞环的磨损情况。

⑤ 测量活塞的止点间隙。

⑥ 按要求组装压缩机。

⑦ 填写检修记录。

2．拆检 L-10/8 压缩机。

① 拆检气阀，并用煤油试漏。

② 拆下 L-10/8 压缩机的活塞组件，对活塞、活塞环、活塞杆、汽缸进行检查。

③ 拆下填料组件，检查密封圈的磨损情况。

④ 检查调整连杆大头瓦、小头瓦的间隙。

⑤ 测量十字头滑道之间的间隙。

⑥ 按要求组装压缩机，测量调整止点间隙。

⑦ 填写检修记录。

3．模拟进行 L-10/8 压缩机的运行及故障处理。

① 按开机顺序在实训室模拟运行 L-10/8 压缩机。

② 给出压缩机在运行中出现的某一故障，要求学生模拟企业处理故障的程序进行处理。

③ 给出压缩机在运行中出现的某一事故，要求学生模拟企业处理事故的程序进行处理。

项目五　离心式压缩机的检修

离心式压缩机是一种叶片旋转式压缩机（即透平式压缩机）。在离心式压缩机中，高速旋转的叶轮给予气体的离心力作用，以及在扩压通道中给予气体的扩压作用，使气体压力得到提高。

离心式压缩机最早用于中低压力、大流量，现在应用逐渐广泛。在现代大型化工装置中，除了个别需要超高压力、小流量的场合外，离心式压缩机已基本上取代了活塞式压缩机。工业用高压离心压缩机的压力可达15～35MPa；海上油田注气用的离心式压缩机压力有的高达70MPa；高炉鼓风用的离心式鼓风机的流量大至7000m^3/min，功率大至52900kW，转速一般在10000r/min以上。

（1）离心式压缩机的优点

① 排气量大，排气平稳、均匀。排气量一般12×10^4～$17\times10^4 m^3/h$，最高达$40\times10^4 m^3/h$。

② 转速高、功率大。一般在10000r/min以上，可用汽轮机、燃气轮机直接驱动。

③ 结构紧凑、体积小、重量轻、占地面积少。

④ 转子和定子之间，除轴承和轴端密封外，无接触部分，汽缸不需要加润滑油，用于介质不允许与油接触的场合。

⑤ 运转性能好，易损件少，维修方便。可保持1～3年运行，不需要备用机器；操作及维修费用少。

（2）离心式压缩机的缺点

① 单级压力比不高，高压时需要多级串联，大于70MPa排气压力时只能使用活塞式压缩机。

② 不适应小排量工况。流量小于100m^3/min时，气流通道变窄，制造加工困难且流动损失大，效率低，不宜采用，应用活塞式压缩机。

③ 效率低，噪声大，气流速度较高，能量损失大。

④ 高效工作区窄，偏离设计工况时，效率下降快。

⑤ 操作、管理、维修技术要求高。

子项目一　认识离心式压缩机的结构

知识目标

1. 了解离心式压缩机的类型、主要组成零部件的结构（转动元件、固定元件、可倾瓦轴承和推力瓦轴承等）。

2. 了解密封系统（迷宫密封、浮环密封、干气密封等）、润滑系统、冷却器的结构和工作原理。

能力目标

1. 能够说出离心式压缩机各组成零部件的名称和作用。

2. 知道离心式压缩机附属系统的组成部分、结构以及原理。

3．知道离心式压缩机的使用场合。

◆任务一　认识离心式压缩机的总体构造

1．压缩机的基本构造

离心式压缩机一般由驱动机（电机或汽轮机）、增速器、压缩机本体等组成。

压缩机本体包括转子、定子、轴承等部件。转子包括主轴、叶轮、轴套、平衡盘、推力盘、联轴器等；定子由机壳、吸入室、蜗壳、扩压器、弯道、回流器等组成；轴承常采用滑动轴承；轴封装置常用迷宫密封、浮环密封、抽气密封、干气密封等。图 5-1 所示为离心式压缩机结构。

2．离心式压缩机工作原理

汽轮机（或电动机）带动压缩机主轴叶轮高速旋转，在离心力作用下，气体被甩到叶轮后面的扩压器中去，在叶轮入口处产生低压，前面的气体从吸气室不断吸入叶轮，由于叶轮不断旋转，对气体做功，使气体的压力、温度、速度提高，随后进入扩压器，使气体的速度降低，压力进一步提高。如果一个工作叶轮得到的压力还不够，可通过使多级叶轮串联起来工作的办法来达到对出口压力的要求。级间的串联通过弯道，回流器来实现。

离心式压缩机常用术语如下。

① 级：由一个叶轮及其相配的固定元件构成，是压缩机的基本单元。

② 段：以中间冷却器分段，或以进出口划分，一段有一个进出口。

③ 缸：一个机壳称为一个缸，多机壳的压缩机称为多缸压缩机。

分缸原因：叶轮数目较多时，轴的临界转速很低，工作转速与第二阶临界转速接近；压缩机需采用一种以上转速。

④ 列：缸的排列方式，一列可由一个或几个缸组成。

3．离心式压缩机的分类

离心压缩机的种类繁多，根据其性能、结构特点，可按几方面进行分类，见表 5-1。

表 5-1　离心式压缩机的分类

分　类	名　称	说　明
按排气压力分	低压压缩机	排气压力在 0.3～1MPa
	中压压缩机	排气压力在 1～10 MPa
	高压压缩机	排气压力在 10～100 MPa
	超高压压缩机	排气压力＞100 MPa
按功率分	微型压缩机	轴功率小于 10kW
	小型压缩机	轴功率处于 10～100kW
	中型压缩机	轴功率处于 100～1000kW
	大型压缩机	轴功率处于 1000kW 以上
按吸入气体的流量分	小流量压缩机	流量小于 100m^3/min
	中流量压缩机	流量处于 100～1000m^3/min
	大流量压缩机	流量大于 1000m^3/min
按机壳剖分方式	水平剖分型	机壳被水平剖分成上下两半
	垂直剖分型	机壳为垂直剖分的圆筒
按机壳的数目	单缸型	只有 1 个机壳
	多缸型	具有 2 个以上的机壳
按气体在压缩过程中冷却次数	单段型	气体在压缩过程中不进行冷却
	多段型	气体在压缩过程中至少冷却一次
	等温型	气体在压缩过程中每级都进行冷却
按工艺用途	空气压缩机	用于压缩空气
	氧气压缩机	用于压缩氧气
	丙烯压缩机	用于压缩丙烯

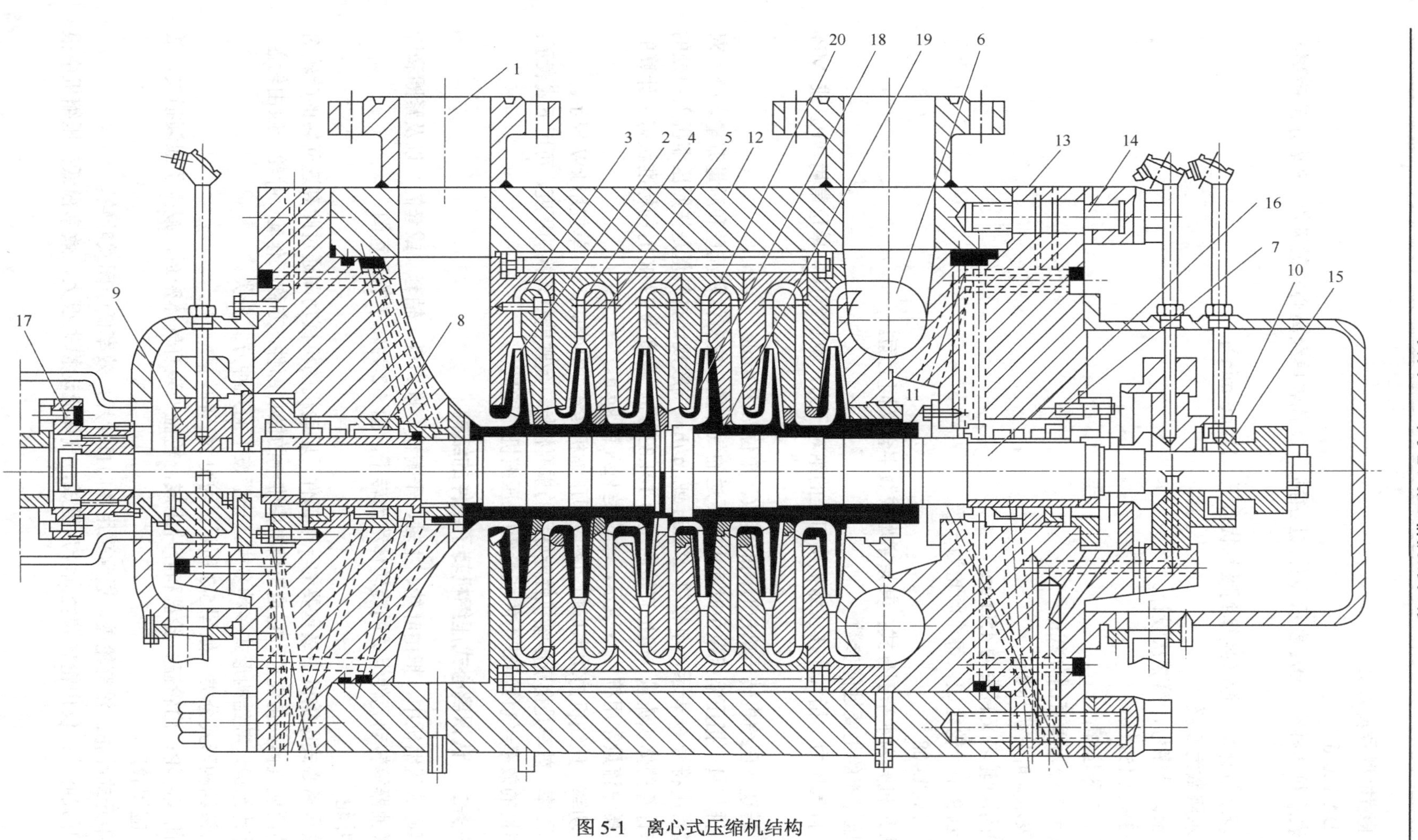

图 5-1 离心式压缩机结构

1—吸入室；2—叶轮；3—扩压器；4—弯道；5—回流器；6—蜗壳；7，8—轴端密封；9—径向轴承；10—止推轴承；11—卡环；12—机壳；13—端盖；14—螺栓；15—推力盘；16—主轴；17—联轴器；18—轮盖密封；19—隔板密封；20—隔板

4．压缩机型号及含义

（1）DA 120-6 2

DA 表示机器种类，DA 表示离心式压缩机（D 代表单级离心式鼓风机，S 表示双吸离心鼓风机）；

120 表示设计排气量（换算到吸气状态下，120m^3/min）；

6 表示级数为 6 级；

2 表示设计序号，第 2 次设计。

（2）3BCL459

3 表示 3 段压缩；

B 表示机壳为垂直剖分式；

CL 表示无叶片扩压器；

45 表示叶轮名义直径为 450mm；

9 表示 9 个叶轮组成，每个叶轮为一级。

（3）2MCL408

M 表示机壳为水平剖分式；其余字母或数字含义同上面。

5．压缩机的主要性能参数

（1）排气压力　指气体在压缩机出口处的绝对压力，也称终压，单位常用 kPa 或 MPa 表示。

（2）转速　压缩机转子单位时间的转数，单位常用 r/min。

（3）排气量　指压缩机单位时间内能压送的气体量。它有体积流量和质量流量之分，对体积流量常用符号 Q 表示，单位用 m^3/min 或 m^3/h，一般规定排气量是按照压缩机入口处的气体状态计算的体积流量。但也有按照压力 101.33kPa、温度为 273K 时的标准状态下计算的排气量。质量流量常用符号 G 表示，单位是 kg/s 或 kg/h。

（4）功率　压缩机的功率指轴功率，即压缩机传给主轴的功率，单位用 kW 表示。

（5）效率　效率是衡量压缩机性能好坏的重要指标，反映能量转换的程度，可用下式表示：

压缩机的效率=气体净获得的能量/输入压缩机的能量。

◆任务二　认识离心式压缩机转子组件的结构

在离心式压缩机中，把由叶轮、主轴、平衡盘、推力盘、轴套（或套筒）以及紧圈和固定环、联轴器等转动元件组成的旋转体称为转子，图 5-2 为转子的示意图。

1．叶轮

叶轮是离心式压缩机中最重要的一个部件，驱动机的机械功即通过此高速回转的叶轮对气体做功而使气体获得能量，它是压缩机中唯一的做功部件，亦称工作轮。叶轮一般由轮盖、轮盘和叶片组成，其结构形式多种多样，一般按下面几种方式分类。

（1）按结构形式分类　如图 5-3 所示，可分为三种。

① 闭式叶轮：由轮盖、轮盘和叶片组成，轮盖处装有气体密封，减少了泄漏损失，效率较高，应用较广。

② 半开式叶轮：没有轮盖，通常采用径向直叶片，效率低于闭式叶轮。

③ 开式叶轮：仅由轮毂和径向叶片组成，气体流动损失很大，效率很低，压缩机中很少采用。

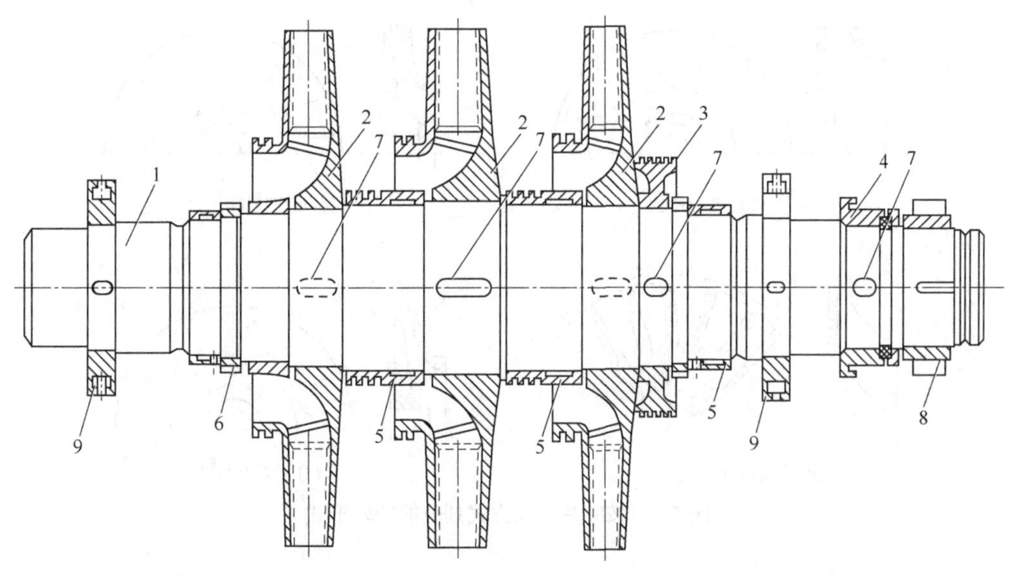

图 5-2　转子示意图

1—主轴；2—叶轮；3—平衡盘；4—推力盘；5—轴套；6—螺母；7—键；8—联轴器；9—平衡环

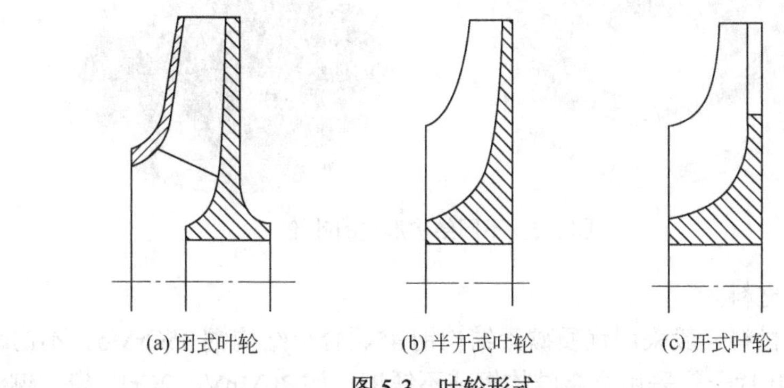

图 5-3　叶轮形式

（2）按照叶片的弯曲方式分类　可分为前弯叶片式、径向叶片式和后弯叶片式，其中径向叶片式又分为出口径向叶片式和径向直叶片式，如图 5-4 所示。径向直叶片式的叶轮入口处设有一个导轮，气流沿轴向进入叶轮的叶道，经导流后再进入径向式叶道，实际上导轮和叶轮组合成轴向-径向式叶轮。

（3）按加工方法不同分类　叶轮又可划分为：铆接型、焊接型和整体型。

铆接型叶轮分为一般铆接和整体铣制铆接，一般铆接叶轮的叶片常用钢板冲压成型，分别与轮盘、轮毂铆接在一起，叶片的形状可以是 U 形、Z 形截面。一般铆接叶轮比整体铣制铆接叶轮的材料利用率高，但强度低，多用在低中压压缩机中叶片比较宽的情况下；铣制叶轮的叶片在轮盘上铣出，和轮盖利用穿孔铆接，或利用叶片榫头铆接。效率较高，强度较高，但材料浪费大，一般用于窄叶轮加工。不同结构形式的叶轮如图 5-5 所示。

焊接型叶轮在出口宽度比较大时，叶片单独压制，然后分别与轮盖、轮盘焊接，可以在两面内部或外部用手工电弧焊或氩弧焊进行焊接。

整体型叶轮主要指采用精密铸造或其他特殊工艺制造的叶轮。为加工窄叶轮，最近出现了钎焊及电火花加工等新工艺。

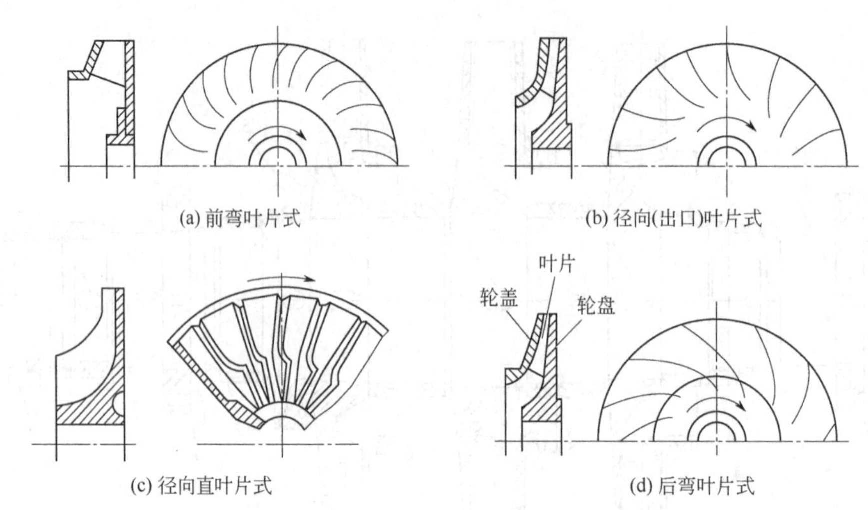

图 5-4 按叶片弯曲方式划分的叶轮形式

图 5-5 不同结构形式的叶轮

（4）叶轮常用材料

轮盘及轮盖的材料一般采用优质碳素结构钢 45、合金结构钢 35CrMo、不锈耐酸钢 Cr17Ni2 等。叶片一般采用合金结构钢或不锈钢，如 20MnV、2Cr13 等。铆钉一般采用合金钢或不锈钢，如 20Cr、25CrMoVA、2Cr13 等。

2．紧圈和固定环

叶轮及主轴上的其他零件与主轴的配合，一般都采用过盈配合，但由于转子转速较高，离心惯性力的作用将会使叶轮的轮盘内孔与轴的配合处发生松动，以致使叶轮产生位移。为了防止位移的发生，过盈配合后再采用埋头螺钉加以固定，但有的结构本身不允许采用螺钉固定，而采用两半固定环及紧圈加以固定，其结构如图 5-6 所示。

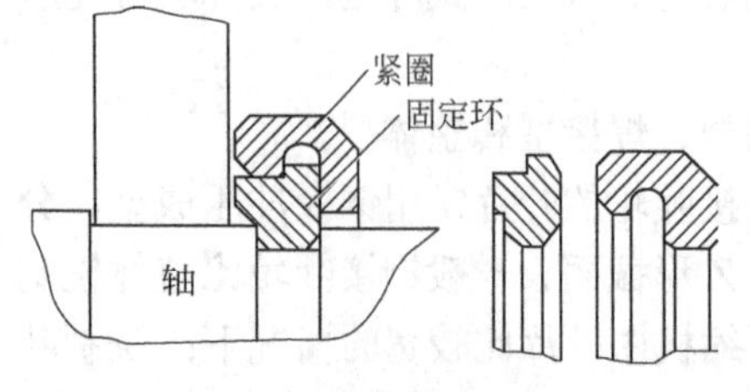

图 5-6 紧圈与固定环

固定环由两个半圈组成，加工时按尺寸加工成一圆环，然后锯成两半，其间隙不大于 3mm。装配时先把两个半圈的固定环装在轴槽内，随后将紧圈加热到大于固定环外径，并热套在固定环上，冷却后即可牢固地固定在轴上。

3．主轴

主轴是离心式压缩机的主要零部件之一。其作用是传递功率，支承转子与固定元件的位置，以保证机器的正常工作。主轴按结构一般分为阶梯轴、节鞭轴和光轴等三种类型。

阶梯轴的直径大小从中间向两边递减，便于安装轴上零件，叶轮也可由轴肩和键定位，而且刚度合理。

节鞭轴如图 5-7 所示，轴上挖有环状凹形部分流道，级间无轴套，叶轮由轴肩和销钉定位。这种形式的主轴既能满足气流流道的需要，又有足够的刚度。

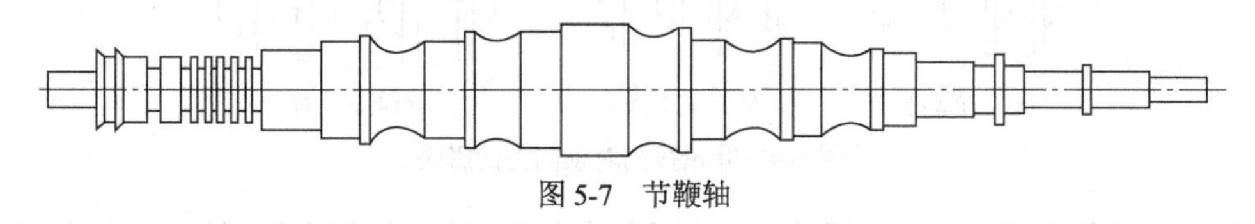

图 5-7　节鞭轴

光轴的外形简单，安装叶轮部分的轴颈是相等的，无轴肩。转子组装时需要有轴向定位用的工艺卡环，叶轮由轴套和键定位。

主轴上的零部件与轴配合，一般都是采用热套的办法。即将叶轮、平衡盘等零部件的孔径加热，使它比轴径大 0.30～0.50mm，然后迅速套在主轴上指定的位置，待冷却后就能因孔径的收缩而紧固在轴上。对于叶轮、平衡盘的孔径与轴配合，一般按 IT7 过盈配合选择。

主轴上的零部件除了热套之外，有时为了防止由于温度变化，振动或其他原因使零件与轴配合产生松动，也有采用螺钉或键连接。用键连接时，各级叶轮的键应相互错开 180°，这样对于轴的强度以及转子的平衡较有利。

主轴一般是采用 35CrMo、40Cr、2Cr13 等钢材锻成。

4．平衡盘（轴向力平衡装置）

（1）轴向力的产生和危害　离心式压缩机在工作时，由于叶轮的轮盘和轮盖两侧所受的气体力不同，相互抵消后，还会剩下一部分力作用于转子，这个力即为轴向力，如图 5-8 所示，其作用方向从高压端指向低压端。轴向力最终由轴承来承担，如果轴向力过大，会影响轴承寿命，严重的会使轴瓦烧坏，引起转子窜动，使得转子上的零件和固定元件碰撞，以至机器破坏。因此必须采取措施降低轴向力，以确保机器的安全运转。

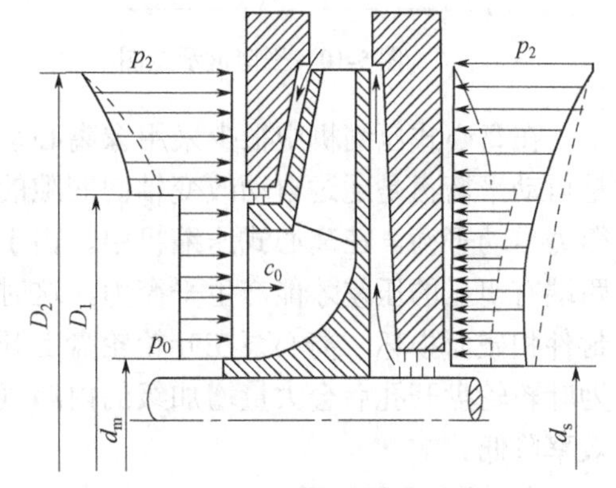

图 5-8　叶轮轴向力的示意图

（2）轴向力平衡措施

① 叶轮对称排列　叶轮不同的排列方式会引起轴向力大小的改变，如图 5-9 所示。单级叶轮轴向力的方向总是指向低压侧。各级叶轮顺排时，其总的轴向力为各级叶轮的轴向力之和。如果叶轮按级或段对称排列，如图 5-9（b）、（c）所示，叶轮的轴向力将互相抵消一部分，使总的轴向力大大降低。

② 平衡盘装置（平衡活塞）　平衡盘装置是离心式压缩机平衡轴向力常用的方法，如图 5-10 所示，压缩机的平衡盘一般安装在汽缸末级（高压端）的后端，它的一侧受到末级叶轮出口气体压力的作用，另一侧与压缩机的进气管相接。平衡盘的外缘与固定元件之间装有迷宫式密封齿。这样既可以维持平衡两侧的压差，又可以减少气体的泄漏。由于平衡盘左边的压力高于右侧的压力，因此，平衡盘上便产生一个与叶轮所受到的轴向力方向相反的平衡

力与轴向力相平衡。

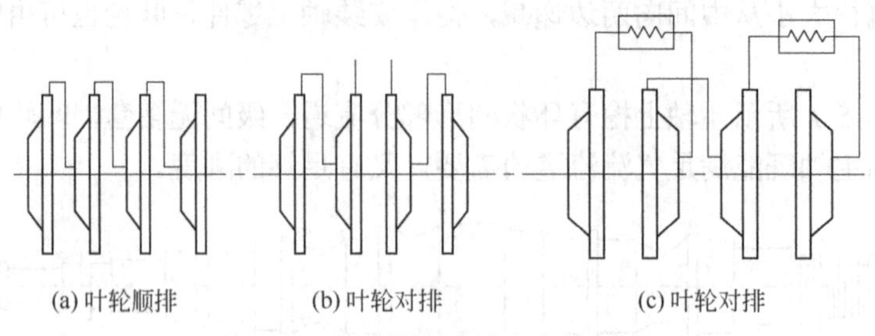

图 5-9 叶轮排列对轴向力的影响

③ 叶轮背面加平衡叶片（背叶片） 平衡叶片相当于一个半开式叶轮，在叶轮旋转时，它可以大大减小轮盘带平衡叶片部分的压力，其压力分布见图 5-11，图中的 *eij* 线为不带平衡叶片时的压力分布，*eih* 为带平衡叶片时的压力分布，可见平衡叶片可以使叶轮背面靠近内径处的压力显著下降。该方法只有在压力高、气体密度大的场合才有用。

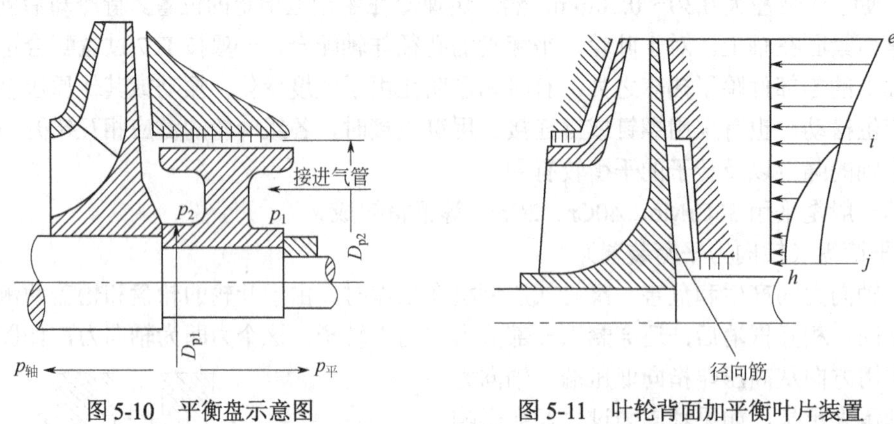

图 5-10 平衡盘示意图

图 5-11 叶轮背面加平衡叶片装置

在离心式压缩机中很少采用像离心泵中常使用的自动平衡盘平衡轴向力的方法，原因是自动平衡盘是通过自动改变轴向间隙的大小来调整平衡盘两侧的压差，实现轴向力与平衡力自动平衡。在离心式压缩机中，由于气体的黏性小，当轴向力发生变化时，要使缝隙两端有明显的压差才能产生平衡力，这时不是漏过的气量很大就是缝隙很小，很容易使密封件相碰而损坏。离心泵在叶轮轮盘上开平衡孔的方法，在离心式压缩机中也不采用，因为叶轮轮盘开孔后会大量增加级的内漏气量，使进入叶轮的主气流受到强烈的干扰，使级效率降低。

5．推力盘和轴套

平衡盘可以平衡掉大部分轴向力，但还有一小部分轴向力未被平衡掉，这一剩余部分轴向力由止推轴承来平衡。推力盘就是将轴向力传递给止推轴承的装置，其结构如图 5-12 所示。

轴套的作用是使轴上的叶轮与叶轮之间保持一定的间距，防止叶轮在主轴上产生窜动。轴套安装在离心式压缩机的主轴上，结构如图 5-13 所示，一端开有凹槽，主要作密封用，另一端也加工有圆弧面形凹面，此圆弧形的面在主轴上位置正好与主轴上的叶轮入口处相连，这样可以减少因气流进入叶轮所产生的涡流损失和摩擦损失。

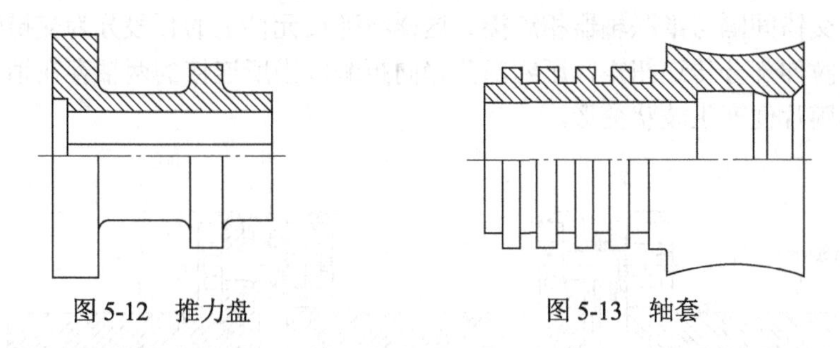

图 5-12　推力盘　　　　图 5-13　轴套

6．联轴器

离心式压缩机具有高速回转、大功率以及运转时有一定振动的特点，联轴器既要能够传递大扭矩，又要允许径向及轴向有少许位移。常用的联轴器类型有齿式联轴器和弹性膜片联轴器，另外还有液力耦合联轴器。

（1）齿式联轴器　如图 5-14 所示，齿式联轴器是由两个带有内齿及凸缘套筒的外套筒 3 和两个带有外齿的内套筒 1 所组成。两个内套筒 1 分别用键与两轴连接，两个外套筒 3 用螺栓 5 连成一体，依靠内外齿相啮合以传递扭矩。由于外齿的齿顶制成椭球面，且保证与内齿啮合后具有适当的顶隙和侧隙，故在传动时，内套筒 1 可有轴向和径向位移及角位移，见图 5-14（b）。为减少磨损，可由油孔 4 注入润滑油，并在内套筒 1 和外套筒 3 之间装有密封圈 6，以防止润滑油泄漏。

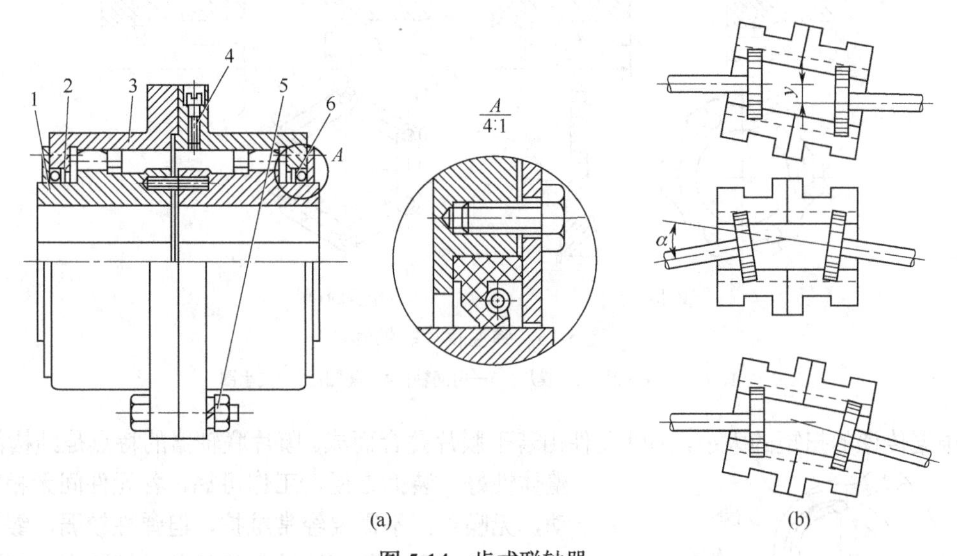

图 5-14　齿式联轴器

1—内套筒；2，6—密封圈；3—外套筒；4—油孔；5—螺栓

齿式联轴器所用齿轮的齿廓曲线为渐开线，啮合角为 20°，齿数一般为 30～80，材料一般为 45 钢或 ZG310～ZG570。齿式联轴器因为有许多齿在同时工作，所以可以传递很大的扭矩，并且允许综合位移，故在重型、高速机械中得到广泛应用，但由于精度高，制造成本也高。

（2）膜片联轴器　膜片联轴器的结构如图 5-15 所示。其弹性元件为一定数量的很薄的多边环形（或圆环形）金属膜片叠合而成的膜片组，膜片上有沿圆周均布的若干个螺栓孔，用铰制孔用螺栓交错间隔与半联轴器相连接。这样将弹性元件上的弧段分为交错受压缩和受拉伸的两部分，拉伸部分传递扭矩，压缩部分趋向折皱。当所连接的两轴存在轴向、径向和角位移时，金属膜片便产生波状变形。

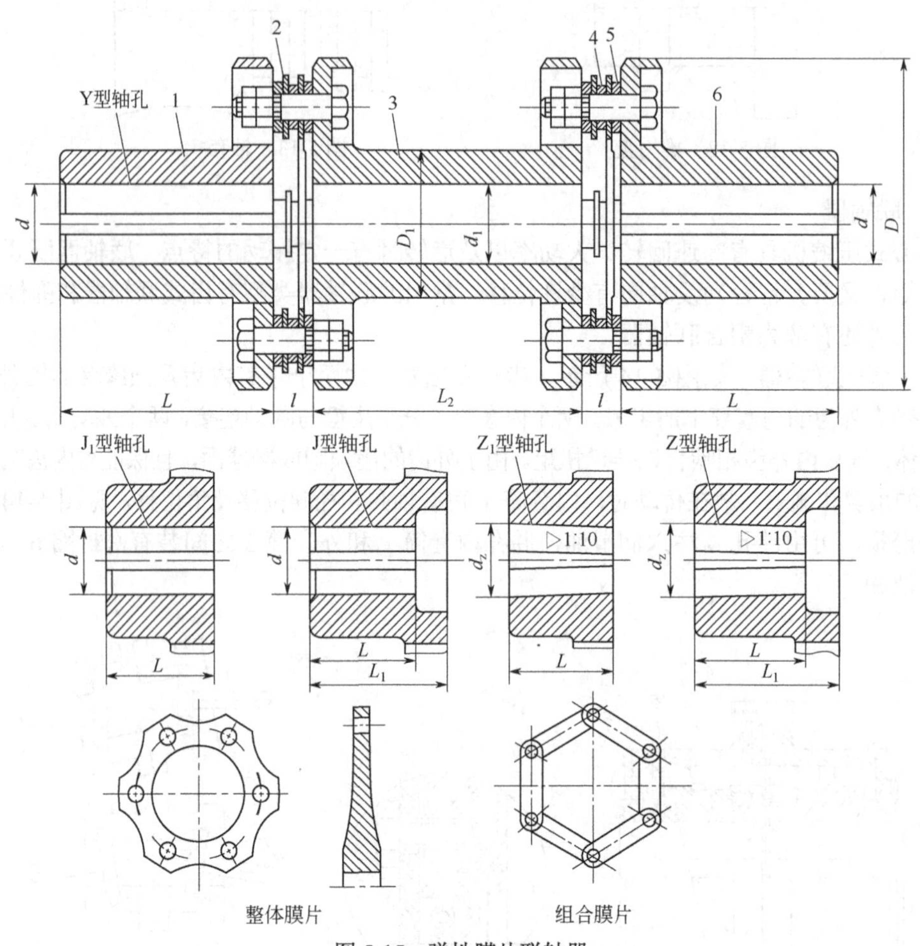

图 5-15 弹性膜片联轴器

1，6—半联轴器；2—膜片；3—中间轴；4—隔圈；5—支承圈

根据传递的扭矩的大小，弹性元件由若干膜片叠合而成。膜片联轴器的特点是结构简单，整体性好，装拆方便，工作可靠，各元件间无相对滑动，无噪声，不需要经常维护，但弹性较弱，缓冲能力不大，适用于载荷比较平稳的各种转速和功率下的两轴连接。

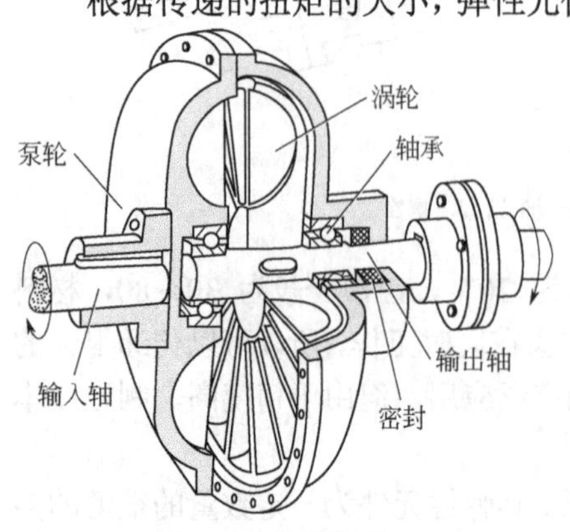

图 5-16 液力耦合器

（3）液力耦合器

① 工作原理 如图 5-16 所示，液力耦合器由主动轴、泵轮、涡轮、从动轴和防止漏油的密封等主要部件组成。泵轮和涡轮一般对称布置，直径相同，在轮内各装有许多径向辐射叶片。工作时，在液力耦合器中充以工作油。当主动轴带动泵轮旋转时，工作油

在叶片的带动下，因离心力的作用由泵轮内侧（进口）流向外缘（出口），形成高压高速液流，冲击涡轮叶片，使涡轮跟着泵轮同向旋转。工作油在涡轮中由外缘（进口）流向内侧（出口）的流动过程中减压减速，然后再流入泵轮进口，如此循环。在这种循环流动过程中，泵轮把输入的机械能转换为工作油的动能和升高压力的势能，而涡轮则把工作油的动能和势能转换为输出的机械功，从而实现功率的传递。它的输出扭矩恒小于输入扭矩。

② 特点

a．无级调速：通过手动或电动遥控进行速度调节以满足工况的流量需求，从而可节约大量电能。

b．空载启动：将流道中的油排空，可以接近空载的形式迅速启动电机，然后逐步增加耦合器的充油量，使风机逐步启动进入工况运行，保证了大功率风机的安全启动，还可降低电机启动时的电能消耗。

c．过载保护：当从动轴载荷突然增加时，从动轴将会减速，直至制动，此时原动机仍可继续运转而不致停车，因而具有过载保护的功能。

d．寿命周期长：除轴承外无磨损元件，耦合器能长期无检修安全运行，提高了投资使用效益。

◆任务三 认识离心式压缩机固定元件的结构

1．机壳

机壳也称汽缸，对中低压离心式压缩机，一般采用水平中分面机壳，利于装配，上下机壳由定位销定位及用螺栓连接。材料可用铸铁或铸钢，因铸钢技术要求和制造成本比较高，目前机壳采用焊接形式的比较多。

对于高压离心式压缩机，多采用垂直剖分型机壳（筒形汽缸），其筒体和端盖都为锻造而成，材质通常采用 ASTM A 105 CrⅡ钢，吸排气接管也用同样的材料锻造，并且与机壳整锻或焊接在一起。垂直剖分型压缩机设置单独的内缸，轴承体布置在两侧端盖或端头上，端盖或端头拆卸后转子失去轴承定位，因而级间气封间隙的测量、转子的流道对中等工作都不便直接完成，检修难度较大。

2．隔板

隔板是静止部件，它将机壳分成若干个空间以容纳不同级别的叶轮，且构成气体的通道，其结构如图 5-17 所示。根据隔板在压缩机中所处的位置，隔板可分为进气隔板、中间隔板、段间隔板和排气隔板四种类型。进气隔板和汽缸形成进气室，将气体导流到第一级叶轮入口。中间隔板有两个作用：一是形成扩压器（无叶或叶片扩压器），使气流自叶轮流出后具有的动能减少，转变为压力的提高；二是形成弯道流向中心，即流向下一级叶轮的入口。段间隔板的作用是形成分隔两段的排气口。排气隔板除了与末级叶轮前隔板形成扩压器外，还要形成排气室。

图 5-17 隔板

隔板上装有轮盖密封和叶轮定距套密封，所有密封环一般都做成上下两半（对大型压缩机可能做成 4 半）以便拆装。为了使转子的安装和拆卸方便，无论是水平剖分型还是筒形压缩机隔板都做成上下两半，差别仅在于在汽缸上的固定方式不同。对水平剖分型来说，每个上下隔板外缘都车有沟槽，和相应的上下汽缸装配，为了在上汽缸起吊时，隔板不至掉出来，常用沉头螺钉将隔板和汽缸在中分面固定，但不固定死，使之能绕中心线稍有摆动，而下隔板自由装到下机壳上。考虑到热膨胀，隔板水平中分面比机壳水平中分面稍低一点。对筒形汽缸来说，上下隔板固定好后，用贯穿螺栓固定成整个隔板束，轴向推进筒形汽缸内。

3．扩压器

气体从叶轮流出时，它仍具有较高的流动速度。为了充分利用这部分速度能，以提高气体的压力，在叶轮后面设置了流通面积逐渐扩大的扩压器。扩压器是叶轮两侧隔板形成的环形通道，扩压器一般有无叶、叶片、直壁形扩压器等多种形式。

如图 5-18 所示，无叶扩压器的通道截面为一系列同心圆柱面，扩压器通道一般有等宽型形、扩张形和收敛形，常采用等宽形。

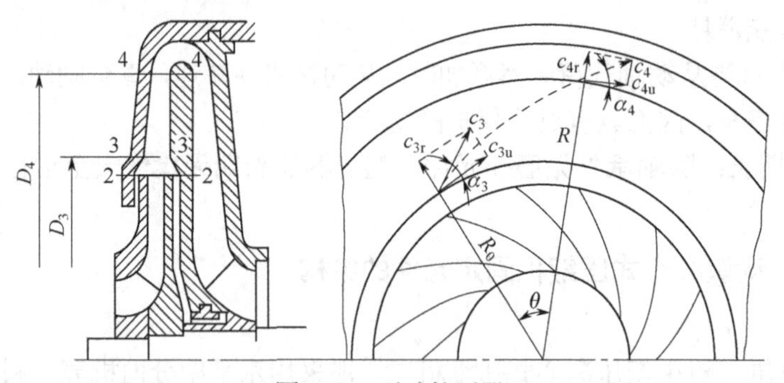

图 5-18　无叶扩压器

在无叶扩压器的环形通道上，沿圆周安装均布的叶片，就构成叶片扩压器，如图 5-19 所示。叶片的形式可以是直线形、圆弧形、三角形、机翼形等，可以分别制作与隔板用螺栓紧固，或者与隔板一起铸成。

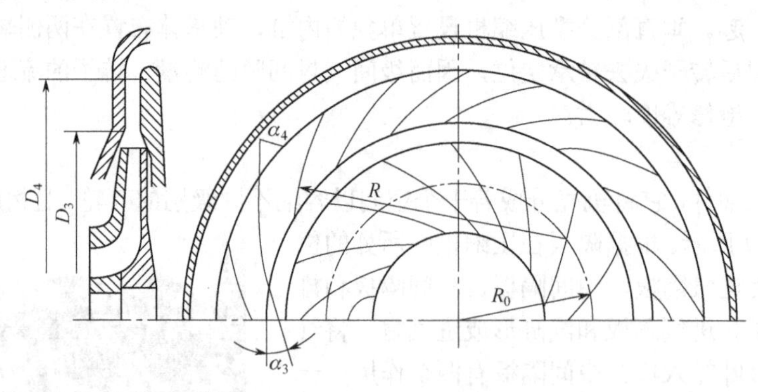

图 5-19　叶片扩压器

叶片扩压器除具有扩压程度大以外，其外形尺寸较无叶扩压器小，气流流动所经过的路程也短，效率较高。但叶片扩压器由于有叶片的存在，当扩压器进口的气流速度和方向发生变化时，叶片进口处的冲击损失便会急剧增加。虽然有一些大型压缩机上采用了可调节叶片角度的叶片扩压器以适应不同流量的变化，但其结构和加工工序较无叶扩压器复杂。

4．弯道和回流器

如图 5-20，在多级离心式压缩机中级与级之间，气体必须拐弯，就采用弯道，弯道是由机壳和隔板构成的弯环形空间。

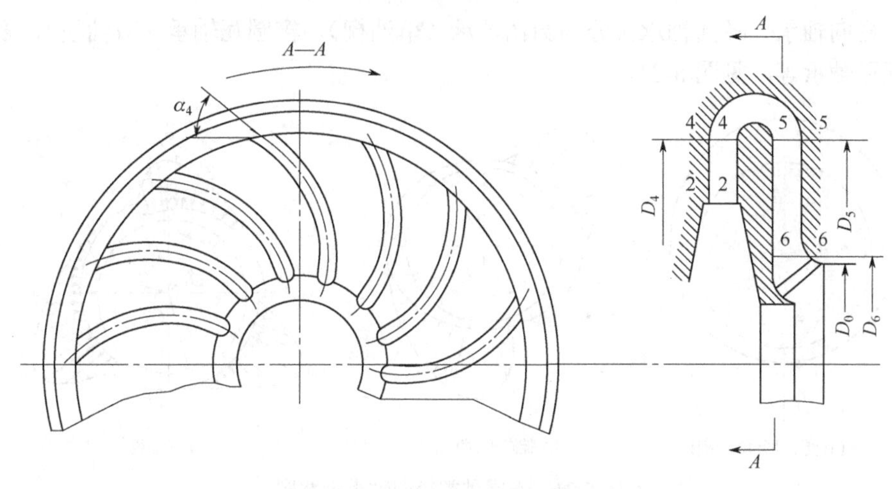

图 5-20　弯道和回流器示意图

在弯道后面连接的通道就是回流器，回流器的作用是使气流按所需的方向均匀地进入下一级，它由隔板和导流叶片组成。导流叶片通常是圆弧的，可以和汽缸铸成一体也可以分开制造，然后用螺栓连接在一起。

5．轴承

离心式压缩机多采用滑动轴承，分为径向轴承和推力轴承（也称止推轴承）两类。径向轴承的作用是承受转子的重量和由于振动等原因引起的径向附加载荷，以保持转子转动中心和汽缸中心一致，并使其在一定转速下正常运行；止推轴承的作用是承受转子的轴向力，阻止转子的轴向窜动，以保持转子在汽缸中的轴向位置，它通常安装在转子的低压端。

在液体摩擦状态下的动压滑动轴承，具有比滚动轴承更好的抗振性能和较长的工作寿命，适于高速工况，在高速旋转机械得到广泛应用。

（1）滑动轴承的分类及特点　滑动轴承的分类及特点见表 5-2。

表 5-2　滑动轴承的分类及特点

分类方法	种　类	特　点	应　用
按结构分类	整体轴承	结构简单，只能从轴颈端部拆装，间隙不可调	用于低速、轻载且允许拆装的机器
	剖分轴承	剖分结构，间隙可调，易于维修，对冲击负荷的承载能力大	应用广泛
	自位轴承	轴瓦可以适当摆动以适应轴弯曲所产生的偏差	用于传动轴有偏斜的场合
	椭圆轴承	轴瓦为椭圆结构，垂直方向抗振性好；润滑油的流量大，冷却效果好	可用于高转速、高精度、大功率机械
按承载方向分类	径向轴承	径向载荷	转动设备必须配置
	推力轴承	轴向载荷	通常与径向轴承配套使用
	径向/推力轴承	同时承受径向和轴向载荷，结构紧凑	应用广泛
按工作原理分类	流体动压轴承	依靠轴颈（或止推盘）本身的旋转把润滑油带入轴颈（或止推盘）与轴瓦之间，形成楔形油膜，受到负荷的挤压建立起油膜压力以承受载荷	
	流体静压轴承	轴承与轴颈之间注入压力油，处于液体摩擦，承载力高，摩擦阻力小，寿命长，需要供油系统	

（2）径向轴承　径向轴承又分为圆瓦轴承（单油楔）、椭圆瓦轴承（双油楔）、多油楔轴承、可倾瓦轴承等，见图5-21。

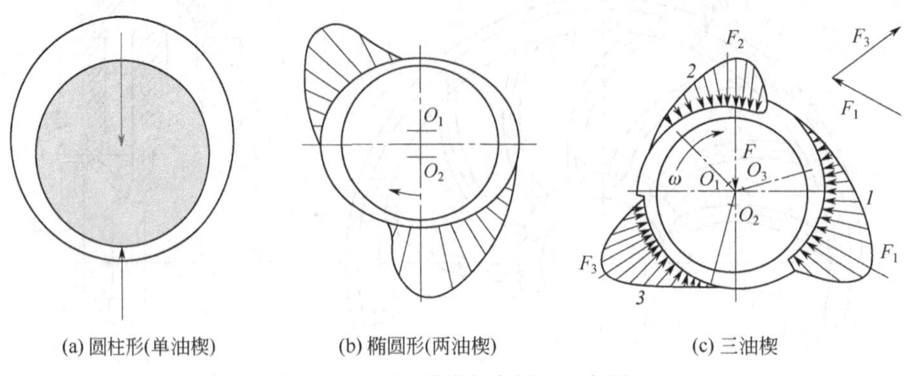

(a) 圆柱形(单油楔)　(b) 椭圆形(两油楔)　(c) 三油楔

图5-21　不同种类径向轴承示意图

单油楔轴承抗振性较差，高压高速离心式压缩机径向轴承一般采用多油楔轴承。

离心式压缩机的径向轴承用得较多有五油楔可倾瓦轴承，如图5-22所示，该轴承有五个轴承瓦块，等距地安装在轴承体的槽内，用特制的定位螺钉定位，瓦块可绕其支点摆动，以保证运转时处于最佳位置，瓦块内表面浇铸一层轴承合金，由锻钢制造的轴承体在水平中分面分为上、下两半，用定位螺钉固定，为防止轴承体转动，在上轴承体的上方有防转销钉。轴承装在机壳两端外侧的轴承箱内，由油站供油强制润滑。检查轴承时不必拆卸压缩机壳体。在轴承箱进油孔处装有节流圈，或在前管路中有流量调节器，根据运转时轴瓦温度高低来调整节流圈的孔径，或调节流量调节器阀开度控制进入轴瓦的油量，压力润滑油进入轴瓦进行润滑并带走产生的热量。

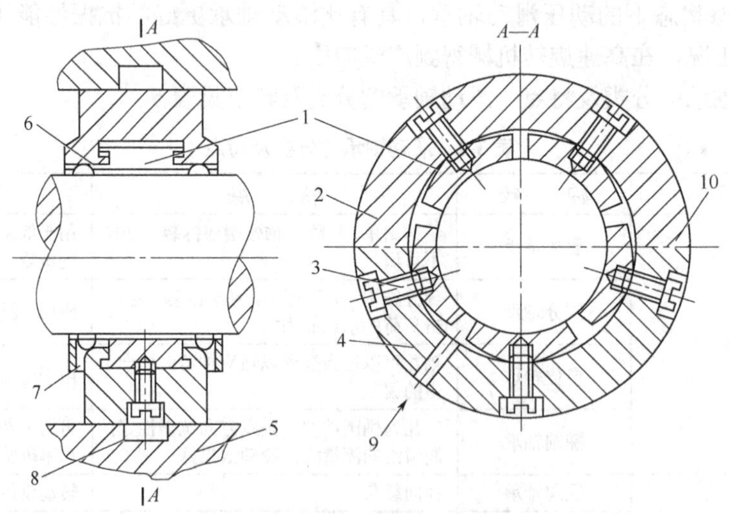

图5-22　五油楔可倾瓦径向滑动轴承

1—活动瓦块；2—上轴瓦壳体；3—定位螺钉；4—下轴瓦壳体；5—轴承座；
6—油缝；7—排油孔；8—进油道；9—进油孔；10—对开缝

（3）止推轴承　止推轴承的作用是承受转子的轴向推力并保持转子与定子元件间的轴向间隙。推力轴承与推力盘一起作用，安装在轴上的推力盘随着轴转动，把轴传来的推力压在若干块静止的推力块上，在推力块工作面上也浇铸一层巴氏合金。止推盘与止推瓦之间有一定的间隙（0.25～

0.35mm）以便油膜的形成，最大值应小于转子与固定元件之间的最小间隙，如图 5-23 所示。

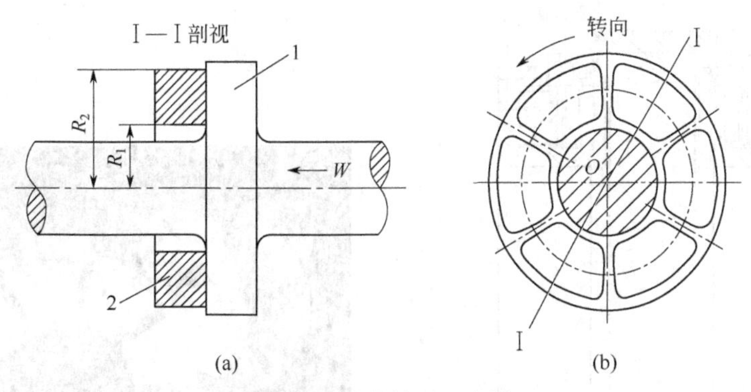

图 5-23　止推轴承示意图

1—推力盘；2—推力块

离心式压缩机常用的止推轴承有金斯伯雷轴承和米切尔轴承。这些轴承的共同点是活动多块式，在止推块下面有一个支点，这个支点一般偏离止推块的中心，止推块可以绕支点摆动，根据载荷和速度的变化形成有利的油膜。米切尔轴承是止推块直接与基环接触，是单层的；金斯伯雷轴承是止推块下有上水准块、下水准块，然后才是基环，相当于三层叠起来的，见图 5-24。

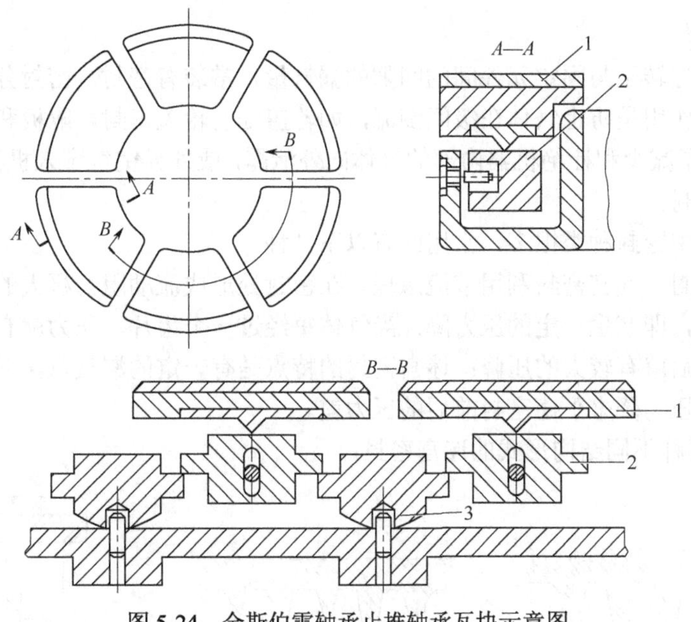

图 5-24　金斯伯雷轴承止推轴承瓦块示意图

1—瓦块；2—上摇块；3—下摇块

图 5-25 为金斯伯雷双面止推轴承示意图。轴承体水平剖分为上、下两半，有两组止推元件，每组一般有 8 块止推块（特殊系列要多一些），置于旋转的推力盘两侧。推力瓦块工作表面浇铸一层轴承合金，等距离地装到固定环的槽内，推力瓦块能绕其支点倾斜，使推力瓦块均匀地承受挠曲旋转轴上变化的轴向推力。这种轴承一般情况下装有油控制环，其作用是当轴在高速旋转时，可减少润滑油紊乱的搅动，使轴承损失功率减少。止推轴承的轴向位置由调整垫调整，调整垫的厚度在装配时加工。

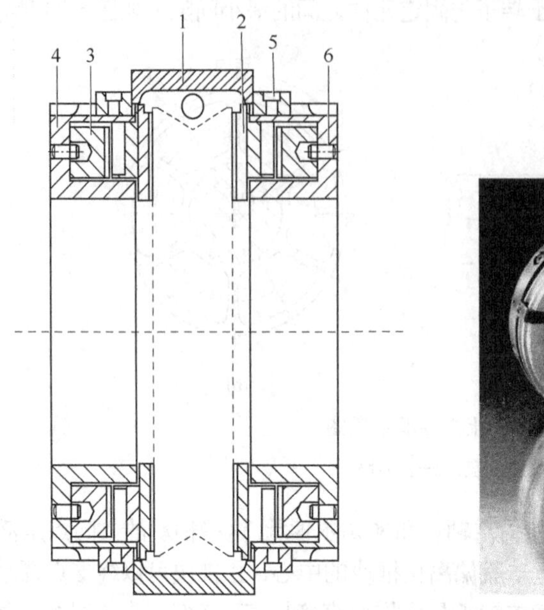

图 5-25 金斯伯雷双面止推轴承

1—轴承体；2—推力瓦块；3—水准块；4—固定块；5—螺钉；6—销钉

6．密封装置

为了减少通过转子与固定元件间的间隙的漏气量，常装有密封。密封分内密封，外密封两种。内密封的作用是防止气体在级间倒流，如轮盖处的轮盖密封，隔板和转子间的隔板密封。外密封是为了减少和杜绝机器内部的气体向外泄露，或外界空气窜入机器内部而设置的，如机器端部的密封。

离心压缩机中密封种类很多，常用的有以下几种。

（1）迷宫密封　迷宫密封利用节流原理，在密封处形成流动阻力极大的一段流道，当有少量气流流过时，即产生一定的压力降；当气体每经过一个齿片，压力就有一次下降，经过一定数量的齿片后就有较大的压降；迷宫密封的特点是有一定的漏气量，并依靠漏气经过密封装置所造成的压力降来平衡密封前后的压力差。

图 5-26 为各种不同结构形式的迷宫密封。

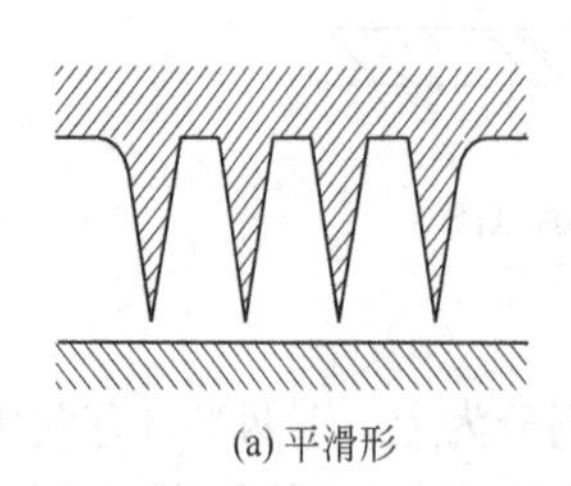

(a) 平滑形

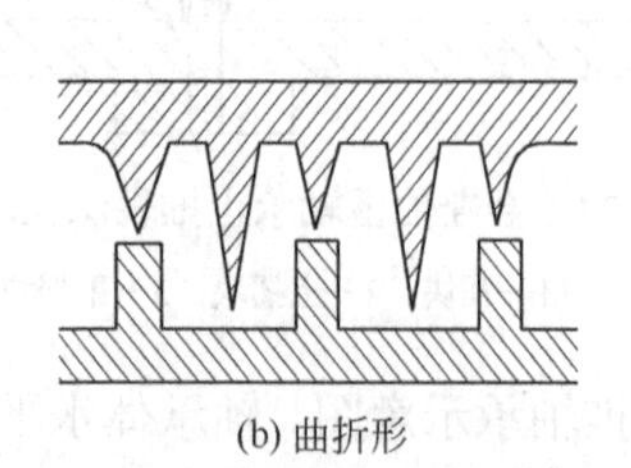

(b) 曲折形

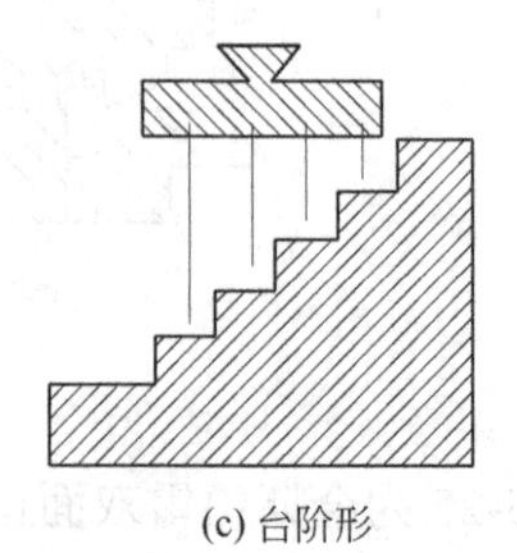

(c) 台阶形

图 5-26 各种迷宫密封的结构形式

平滑形迷宫密封的轴作成光轴，密封体上车有梳齿或者镶嵌有齿片，结构简单。为了增加每个齿片的节流降压效果，发展了曲折形的迷宫密封，密封效果比平滑形好。台阶形的密封效果也优于平滑形，常用于叶轮轮盖的密封，一般有 3～5 个密封齿。

迷宫密封为非接触密封，无固相摩擦，不需润滑，适用于高温高压高速；密封可靠，功耗少，维护简便，寿命长；泄漏量大，可增加迷宫级数减少泄露量，不可能做到完全不漏；低压时3～6个密封齿，压差大时8～20个密封齿；在密封有毒有害气体时，仅作级间密封（见图5-27）。

密封片材料常采用青铜、铝及铝合金、不锈钢、蒙乃尔合金等；用于易燃易爆场合时，选用铝合金或聚四氟乙烯材料。

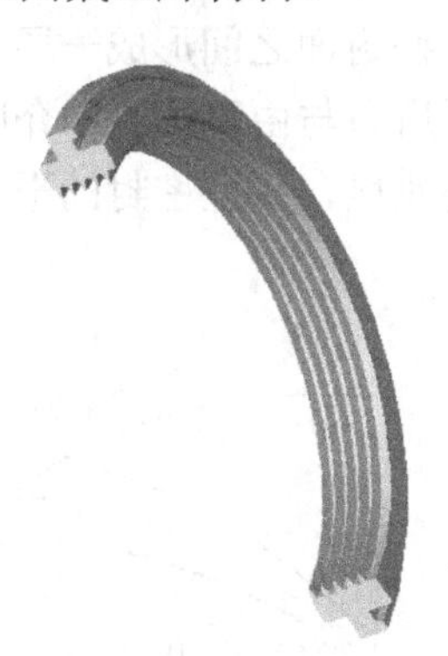

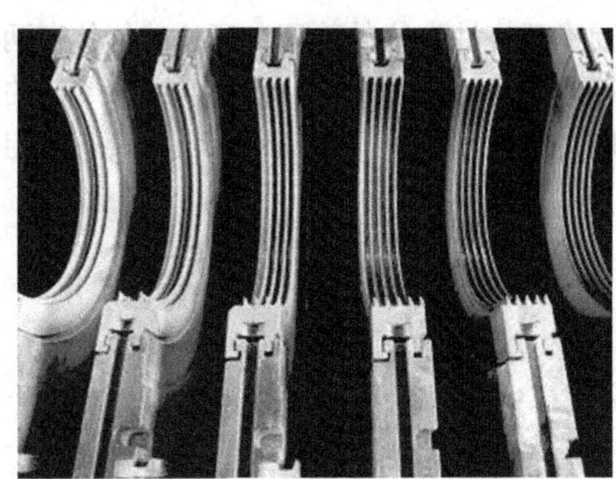

图5-27　离心式压缩机的级间密封

（2）浮环密封（油膜密封）　如图5-28所示，浮环密封靠高压密封在浮环与轴套间形成的油膜，产生节流降压，阻止高压侧气体流向低压侧，浮环密封既能在环与轴的间隙中形成油膜，环本身又能自由径向浮动，靠高压侧的环叫高压环，低压侧的环叫低压环；环可以自由沿径向浮动，但不能转动；密封油压力通常比工艺气压力高0.5kgf/cm^{2}左右。浮环密封可以做到介质完全不泄露。

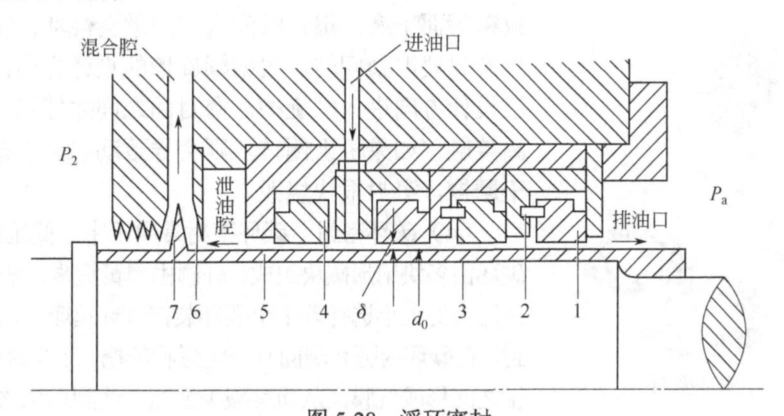

图5-28　浮环密封

1—大气侧浮动环；2—间隔环；3—防转销钉；4—高压侧浮动环；

5—轴套；6—挡板（挡油环）；7—甩油环

浮环用钢制成，端面镀锡青铜，环的内侧浇注有巴氏合金，以防轴与油环的短时间接触时产生磨损。

（3）干气密封　随着流体动压机械密封技术的不断完善和发展，其重要的一种密封形式——螺旋槽面气体动压密封即干气密封在石化行业得到了广泛的应用。相对于封油浮环密封，干气密封具有较多的优点：运行稳定可靠易操作，辅助系统少，大大降低了操作人员维护的工作量，密封消耗的只是少量的氮气，既节能又环保。

图 5-29（a）所示为螺旋槽面干气密封的结构。图 5-29（b）所示为动环表面精加工出螺纹槽而后研磨、抛光的密封面。动环的端面加工有深度约为 2.5～10μm 的螺旋形浅槽。螺旋槽起着泵送作用，形成流体膜，产生流体膜承载能力（螺旋槽产生流体膜静、动压承载能力）。端面上位于螺旋槽内侧未开槽部分称为密封坝，它的作用是限制气体向低压侧泄漏。动环旋转时，气体进入螺旋槽并被压向中心，由于密封坝的节流作用，进入密封面的气体被压缩，因压力增大而推开挠性定位的静环，流动的气体在两个密封面之间形成一层稳定的有一定厚度的气膜，膜厚约为 3～5μm。当由气膜压力形成的开启力与由弹簧力和介质作用力形成的闭合力相等时，气膜厚度十分稳定，该气膜具有一定的刚度，保证密封的平稳可靠。

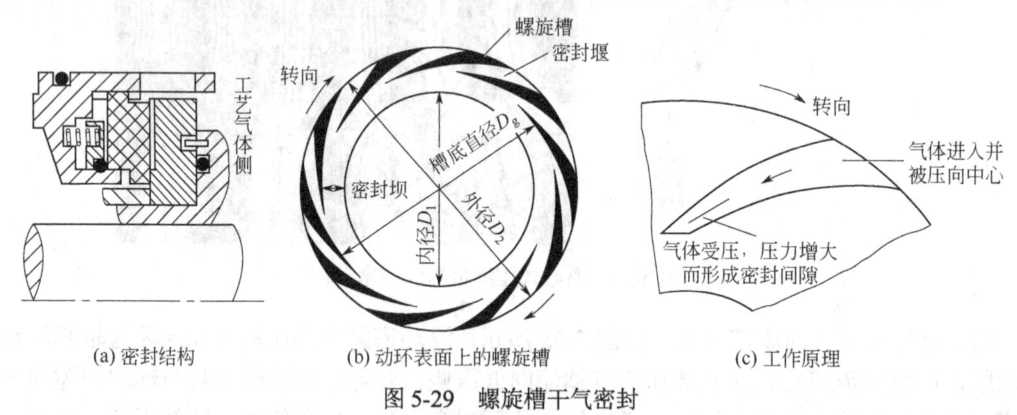

(a) 密封结构　(b) 动环表面上的螺旋槽　(c) 工作原理

图 5-29　螺旋槽干气密封

干气密封使用中应注意的问题：①对密封介质的洁净度要求，杂质粒度≤3μm，温度≤40℃，含液量≤500ppm（500×10^{-6}）；②运转过程中保证密封气的供给，密封气的中断会导致密封面干磨，很短时间内密封就会烧坏；③单向的干气密封要严禁倒转。根据螺旋槽的设计方向，气体只有沿设计方向进入螺旋槽，密封面之间才能形成气膜，脱离接触；如果机组倒转，则会导致动静环直接接触发生干摩擦，密封很快烧毁。

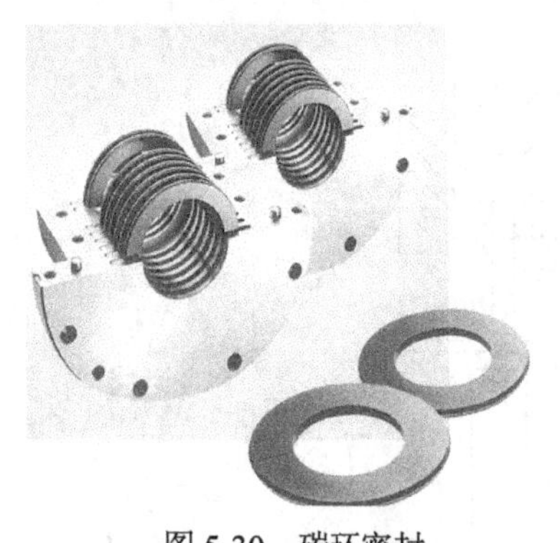
图 5-30　碳环密封

（4）碳环密封　碳环密封常用于中、低压压缩机组，碳环由多块扇形碳块组成，外圆由弹簧箍紧，见图 5-30，根据压力的大小选择若干个碳环装在碳环箱座内，组成碳环密封。在碳环内圆和端面有一定形状的槽，工作时碳环和转动轴之间形成气膜，从而可减少泄漏，达到理想的密封效果。

◆任务四　认识离心式压缩机的润滑油系统

离心式压缩机的附属系统包括气路系统、润滑油系统、自动控制系统等。气路系统包括气体冷却器、气液分离器、防逆流阀、防喘振阀等。自动控制系统包括对一些运行参数的控制、保护装置的监测及联锁控制等。下面主要介绍离心式压缩机的润滑油系统。

压缩机机组都有润滑油系统，给机组各轴承、联轴器、增速箱以及驱动机-汽轮机的调节系统等供油。润滑油系统的工作可靠性对压缩机机组的顺利运行是非常重要的。通常机组的用油由同一个系统提供，下面以某压缩机机组为例做一些简要说明。

一般压缩机的润滑油系统由润滑油箱、主油泵、辅助油泵、润滑油冷却器、润滑油过滤器、高位油箱、阀门以及管路等部分组成（见图 5-31）。

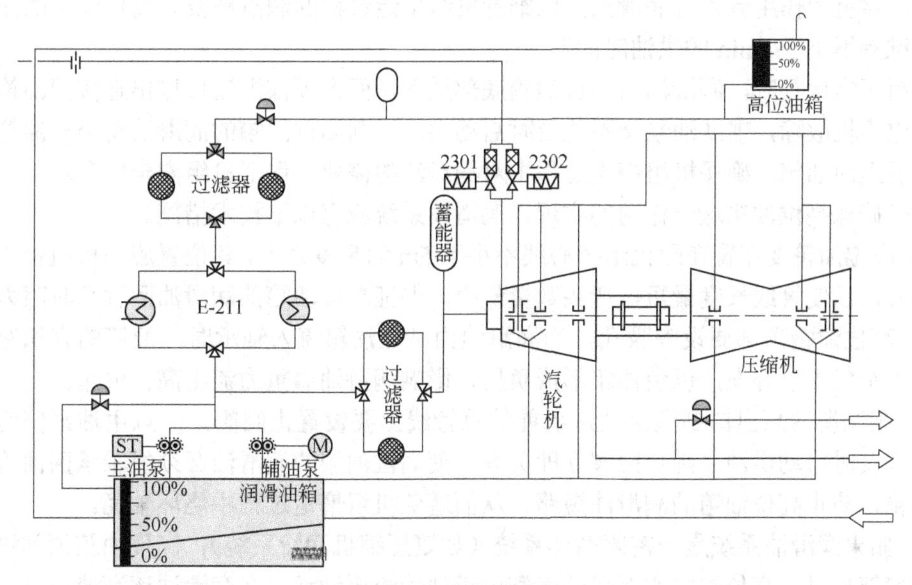

图 5-31　润滑油系统

1．润滑油箱

润滑油箱是润滑油供给、回收、沉降和储存的设备。其内部设有加热器，用以开车前使润滑油加热升温，保证机组启动时润滑油温度能升至 35～45℃的范围，以满足机组启动运行的需要。回油口与泵的吸入口设在油箱的两侧，中间设有过滤挡板，使流回油箱的润滑油有杂质沉降和气体释放的时间，从而保证润滑油的品质。油箱侧壁设有液位指示器，以监视油箱内润滑油的变化情况，防止机组运行中的润滑油位出现突变，影响机组的安全运行。

油箱容量一般为机组运转 3～8min 的供油量，油箱上设有液面计和低液位报警开关。当液位过低时，就发出报警。

2．润滑油泵

一般均配置两台，一台主油泵，一台辅助油泵。机组运行时所需润滑油，由主油泵供给；当主油泵发生故障或油系统出现故障使系统油压降低时，辅助油泵自动启动投入运行，为机组各润滑点提供适量的润滑油。主、辅油泵一般分别由汽轮机和电动机驱动，常用齿轮泵或螺杆泵。

3．润滑油冷却器

润滑油冷却器用于油泵后润滑油的冷却，以控制进入轴承内的油温。为始终保持供油温度在 35～45℃的范围内，润滑油冷却器一般均配置两台，一台使用，另一台备用（特殊情况下可两台同时使用）。当投入使用的冷却器的冷却效果不能满足生产要求时，切换至备用冷却器维持生产运行，并将停用冷却器解体检查，清除污垢后组装备用。

润滑油冷却器常用固定管板换热器或板式换热器。

4．润滑油过滤器

润滑油过滤器装于泵的出口，用于对进入压缩机的润滑油过滤，是保证润滑油质量的有效措施。为了确保机组的安全运行，过滤器均配置两台，运行一台，备用一台。

5．高位油箱

高位油箱是一种保护性措施，当主、辅油泵供给润滑油中断时，高位油箱的润滑油将流进油管，靠重力作用流入各润滑点，以维持机组惰走过程的润滑需要。高位油箱的储油量，一般应维持不小于 5min 的供油时间。

机组正常运行时，润滑油由高位油箱底部进入，而由顶部溢流口排出直接回油箱，一旦发生停电停机故障，辅助油泵又不能及时启动供油，则高位油箱的润滑油将沿着油管路流经各轴承后返回油箱，确保机组惰走过程中对润滑油的需要，保证机组安全停车。

为了确保高位油箱这一作用的实现，润滑油系统应有以下技术措施。

① 高位油箱要布置在距机组轴心线不小于 5m 的高度之上，其位置应在机组轴心线一端的正上方，以使管线长度最短，弯头数量最少，保证高位油箱的润滑油回轴承时阻力最小。

② 高位油箱顶部要设呼吸孔，当润滑油由高位油箱流入轴承时，油箱的容积空间由呼吸孔吸入空气予以补充，以免油箱形成负压，影响润滑油靠重力流出高位油箱。

③ 在润滑油泵出口到润滑油进机前的总管线上要设置止回阀，一旦主油泵停运，辅助油泵也未及时启动供油，则止回阀立即关死，使高位油箱的润滑油必须经轴承回油管线，再返回油箱，防止高位油箱的润滑油短路，从而避免机组惰走过程中烧坏轴瓦。

④ 如果润滑油系统是一密闭循环系统（如氨压缩机润滑系统），高位油箱顶部没有呼吸孔，故障停机时，高位油箱的润滑油仍需由进油管流至轴承。在润滑油逐渐流出时，高位油箱的空间逐步增加。逐步增加的空间，由与润滑油连通的回油管及时补气予以充实，从而保证高位油箱保护功能的实现。

6．润滑油系统流程简介

以离心式压缩机组为例，如图 5-31 所示，主轴承将油从油箱中抽出后分三路：一路去汽轮机调节系统；一路经过压力调节阀返回油箱；一路经冷却器、过滤器，经过压力调节器去润滑油总管润滑各轴承。各轴承回油汇集于回油管返回油箱。每一轴承供油管上装有一个减压阀，将油压减至所需的压力值。当轴承出口油温比进油温度高出 20℃时，止推轴承的进油压力应适当提高。冷却器、过滤器都是两台，一台工作，另一台备用。连接润滑油管的润滑油高位油箱具有一定的容量，比压缩机中心线高出约 7.45m，当泵油管线出现压力故障时，止回阀自动打开，使油槽的油流入润滑油总管，保证轴承的润滑。由电机驱动的备用泵在装置发出泵启动信号后立即启动，将油从油箱中抽出，直接给机组轴承供油。

7．离心式压缩机用润滑油的选择

应根据离心式压缩机的轴承类别、运行速度、载荷大小以及工艺环境等情况适当选择。

在选用润滑油品时，一是要考虑设备的工作和环境条件，满足设备运行的需要；二是要尽量减少润滑油品的品种，以便于润滑油品的管理。

离心式压缩机的运转情况与汽轮机相似，转速高，负荷较大，所以润滑油多选用汽轮机油。对于大型化肥装置离心式合成氨压缩机、冷冻机组及汽轮机组的润滑，可选用抗氨汽轮机油。

汽轮机油亦称透平油，通常包括蒸汽轮机油、燃气轮机油、水力汽轮机油及抗氧汽轮机油等，主要用于汽轮机组和相联动机组的滑动轴承、减速齿轮、调速器和液压控制系统的润滑。汽轮机油的作用主要是润滑、冷却和调速。

我国汽轮机油分类标准 GB 7631.10 等效采用 ISO 6743 标准将汽轮机油按其特殊用途分五大类十二个品种。其中蒸汽轮机油细分为 TSA、TSC、TSD、TSE 四种牌号，燃气轮机油细分为 TGA、TGB、TGC、TGD、TGE 五种牌号。

目前我国 L-TSA 汽轮机油产品标准为 GB 11120—89，该标准将汽轮机油按 40℃运动黏度中心值分为32、46、68、100四个黏度等级（牌号），并分优等品、一等品和合格品三个质量等级，其中优等品为国际先进水平，一级品为国际一般水平。

子项目二　离心式压缩机的运行

知识目标

1. 了解离心式压缩机的性能参数、性能曲线及其特点。
2. 了解开停机注意事项，掌握喘振形成的原因及其防治措施。
3. 掌握离心式压缩机流量的调节方法。
4. 熟悉离心式压缩机常见故障及其处理措施。

能力目标

1. 能够按操作规程或使用说明书模拟操作离心式压缩机。
2. 知道离心式压缩机的流量调节方法。
3. 能够对离心式压缩机的常见故障进行处理。

◆任务一　了解离心式压缩机的性能

1．离心式压缩机的性能曲线

如图5-32所示，离心式压缩机的性能曲线表示压缩机的压力比 ε、效率 η 及功率 N 与进口气体流量 Q_j 之间的关系。

离心式压缩机的主要性能参数是通过实验测定的。

离心式压缩机的性能曲线除了反映性能参数之间的关系外，还反映压缩机的稳定工作范围。

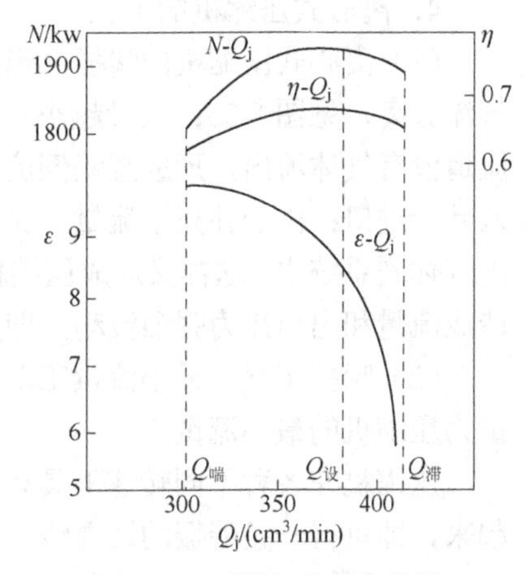

图5-32　压缩机的性能曲线

2．管路特性曲线

管路指压缩机后面的管路。

管路特性曲线（管路阻力曲线）指通过管路的气体流量与保证该流量通过管路所需的压力之间的关系曲线。它决定于管路本身的结构和用户的要求，有图5-33所示三种形式。

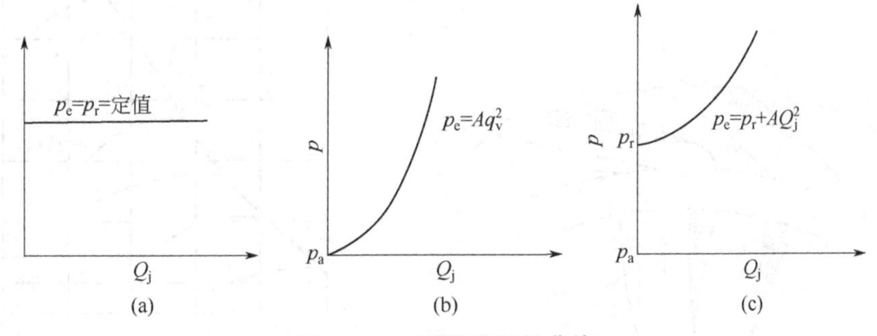

图5-33　三种管路特性曲线

① 管路阻力与流量无关，压缩机后面经过很短的接管即进入容积很大的储气罐或一定高度的液体层，即忽略沿程阻力，局部阻力为定值。

② 阻力损失随流量的增加而增加；大部分管路属于此种情况。

③ 上述两种形式的混合。

3．离心式压缩机的工作点

当离心式压缩机向管网中输送气体时，压缩机处于稳定操作状态需要具备两个条件：一是压缩机的排气量等于管网的进气量；二是压缩机提供的排压等于管网需要的端压。这个稳定工作点就是压缩机性能曲线和管网性能曲线交点，如图 5-34 所示，线 1 为压缩机性能曲线，线 2 为管网性能曲线，两者的交点为 A 点。假设压缩机不是在 A 点而是在某点 A_1 工况下工作，由于在这种情况下，压缩机的流量 G_1 大于 A 点工况下的 G_0，在流量为 G_1 的情况下管网要求端压为 p_{B1}，比压缩机能提供的压力 p_{A1} 还大Δp，这时压缩机只能自动减量（减小气体的动能，以弥补压能的不足）；随着气量的减小，其排气压力逐渐上升，直到回到 A 工况点。假设不是回到工况点 A 而是达到工况点 A_2，这时压缩机提供的排气压力大于管网需要的压力，压缩机流量将会自动增加，同时排气压力则随之降低，直到和管网压力相等才稳定，这就证明只有两曲线的交点 A 才是压缩机的稳定工况点。

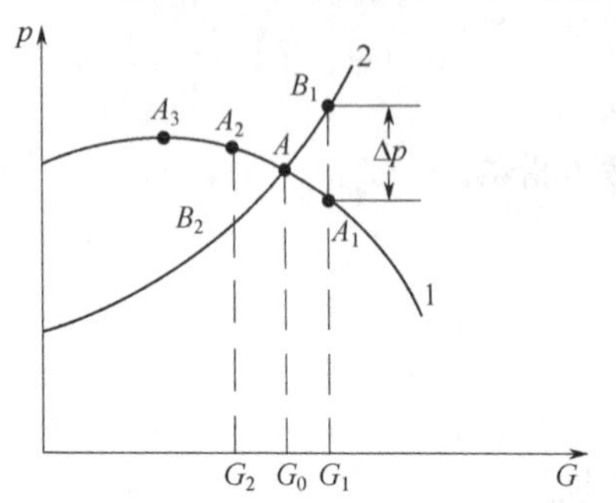

图 5-34　离心式压缩机的工作点

4．离心式压缩机的工况

（1）离心式压缩机的喘振　当离心式压缩机的流量小于设计流量时，在叶片工作面产生气流分离，见图 5-35；气量越小，分离现象越严重，分离区域越大；气量小到最小值，叶片流道没有气体流出，形成漩涡倒流，出口压力下降；下降到小于管路压力时，管路气体倒流入叶轮进口；由于补充了流量，又使出口压力升高，直到出口压力高于管路压力后，就又排出气体到系统中。这样又造成压缩机中流量减小，重复刚才过程，气体在机内反复流动振荡，造成流量和出口压力强烈波动，即所谓的喘振现象。

（2）喘振工况（最小流量工况）　压缩机在喘振时的工作状态称为喘振工况，对应的流量为压缩机的最小流量。

压缩机在各种不同转速下具有不同的 ε-Q_j 曲线，见图 5-36，将每条曲线的左部端点连接起来，即可得一条喘振的边界线，边界线右侧表示该机器的稳定工作范围。

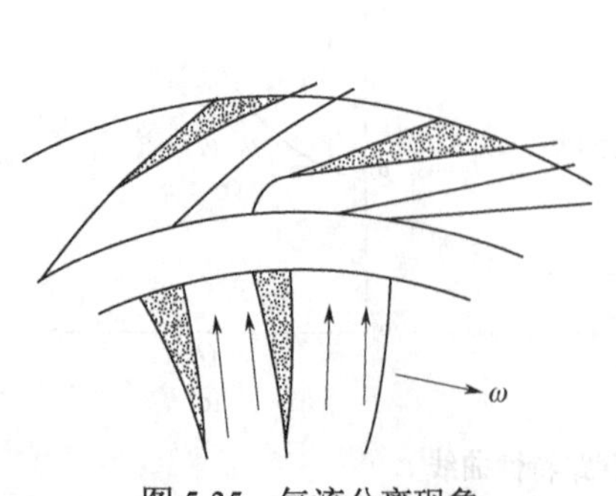

图 5-35　气流分离现象

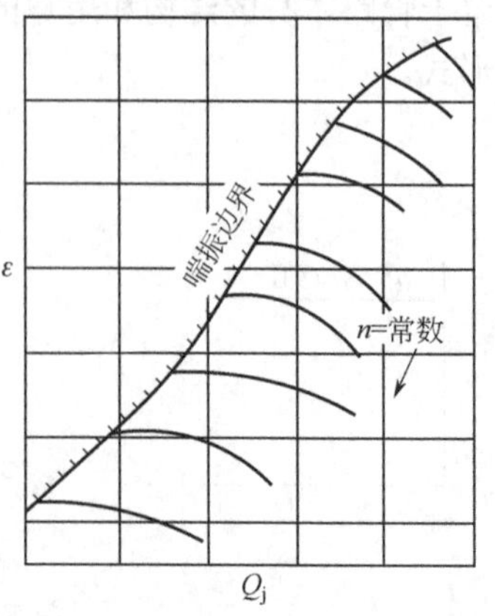

图 5-36　不同转速下的 ε-Q_j 曲线

（3）滞止工况　压缩机实际流量大于设计流量，且达到最大流量时，机内流动损失很大，叶轮对气体所做的功都消耗在克服流动损失上而气体的压力并不升高，这种工况叫滞止工况。此时对应的流量为压缩机的最大流量。

（4）压缩机的稳定工作范围　喘振工况和滞止工况之间的工作范围为压缩机的稳定工作范围。

◆任务二　分析喘振的影响因素，提出防止措施

1．喘振现象的判断

① 听测压缩机出口管路气流的声音：接近喘振工况时噪声时高时低，周期变化，进入喘振工况，噪声立即增大。

② 观测压缩机出口流量和出口压力的变化：流量和压力急剧增加或减少。

③ 观测压缩机的机体和轴承的振动情况：机组剧烈振动，机体、轴承振幅急剧增大。

2．引起喘振的原因

（1）根本原因　压缩机的流量过小，小于压缩机的最小流量，管路的压力高于压缩机所提供的排压，造成气体倒流，产生大幅度的气流脉动。

（2）实际影响因素　当压缩机的性能曲线与管路性能曲线两者或两者之一发生变化时，交点就要变动，也就是说压缩机的工况将有变化，出现变工况操作，都有可能引起喘振。

离心压缩机的变工况多数情况并不是在人们有意识的直接控制下（例如调节阀门等）发生的。

3．喘振的影响因素

（1）吸入温度过高引起　某压缩机原来进气温度为20℃，工作点在A点，因生产中冷却器出了故障，使来气温度剧增到60℃，这时压缩机突然出现了喘振。

原因：如图5-37（a）所示，因为进气温度升高，使压缩机的性能曲线下移，曲线1下降为1′，而管路性能曲线未变，压缩机的工作点变到A'点，此点如果落在喘振限上，就会出现喘振。

（2）吸入压力降低引起　某压缩机原在A点正常运行，后来由于某种原因，进气管被异物堵塞而出现了喘振。

原因：进气管被堵，如图5-37（b）所示，压缩机进气压力从p_j下降为p_j'使机器性能曲线下降到1′线，管路性能曲线无变化，于是工作点变到A'，落入喘振限引起喘振。

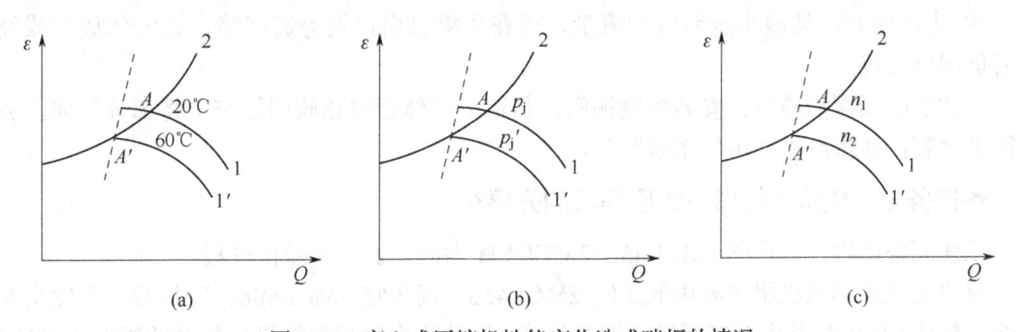

图5-37　离心式压缩机性能变化造成喘振的情况

（3）转速下降引起　某压缩机原在转速为n_1下正常运行，工况点为A点。后来因为生产中高压蒸汽供应不足，作为驱动机的蒸汽轮机的转速下降到n_2，这时压缩机的工作点A'落到

喘振区，因此产生喘振，如图 5-37（c）所示。

（4）相对分子质量下降引起　生产过程中操作气体的成分改变时，气体的相对分子质量会发生变化。如图 5-38 所示，当气体相对分子质量由 25 变成 20 时，工作压力不变，工作点由 A 移至 A'点，进入喘振区。

压缩机运转过程中，要对气体相对分子质量的变化范围加以限定。

（5）管路压力变化引起　如图 5-39 所示，某压缩机原在 A'点工作，后因为生产系统出现不稳定，管路中压力大幅度上升，管路性能曲线由 2 上移到线 2′（此时压缩机的性能曲线未变），于是压缩机出现了喘振。

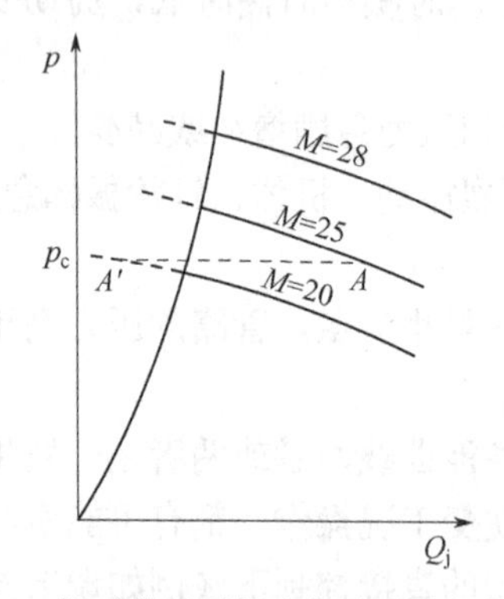

图 5-38　相对分子质量变化造成喘振的情况

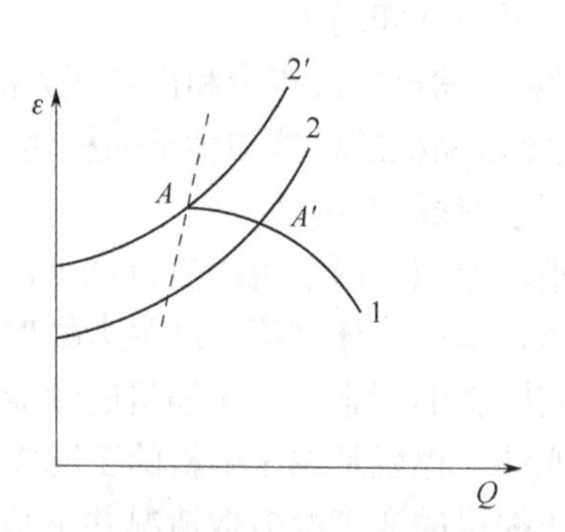

图 5-39　管网性能变化造成喘振的情况

另一种类似情况就是当把排气管阀门关得太小时，管路性能曲线变陡，使压缩机的工作点落入喘振区，喘振就突然发生。

在离心压缩机开车过程（升速和升压）和停车过程（降速和降压）中，两种性能曲线都在逐渐变化，改变转速就是改变压缩机性能曲线，使系统中升压或降压就是改变管路性能曲线。当压缩机和管路的性能都发生变化时，只要两曲线的交点落在喘振区内，就会突然出现喘振。在操作中必须随时注意使两者协调变化，才能保证压缩机总在稳定工况区内工作。

4．喘振的防止措施

① 根据压缩机性能曲线，找出喘振点。一般工业应用，可取允许的最低工况点即可。

② 在压缩机的进口安装温度、流量监视仪表，出口安装压力监视仪表，一旦出现喘振及时报警。

③ 生产中若必须减小压缩机的流量，可在压缩机出口设旁通回路，让气体放空或经降压后仍回进气管。

具体的防喘振措施有：安装防喘振阀，将部分气体通过该阀门放空；将部分气体由旁路送往进气管；使压缩机与供气系统脱开。

◆任务三　模拟进行离心式压缩机的开停车

以沈阳鼓风机厂生产的 2MCL456+2MCL408 为例，说明其操作过程。

该离心式压缩机机组主要由低压缸 2MCL456，高压缸 2MCL408、冷却器、汽轮机及润滑油站组成。压缩机共由双缸四段十四级组成。原动机为杭州汽轮机厂生产的凝汽式汽轮机。汽轮机、压缩机之间均用进口膜片联轴器连接。整个机组由润滑油站提供润滑油，压缩机、汽轮机布置在同一钢底座上。机组布置示意图如图 5-40 所示。

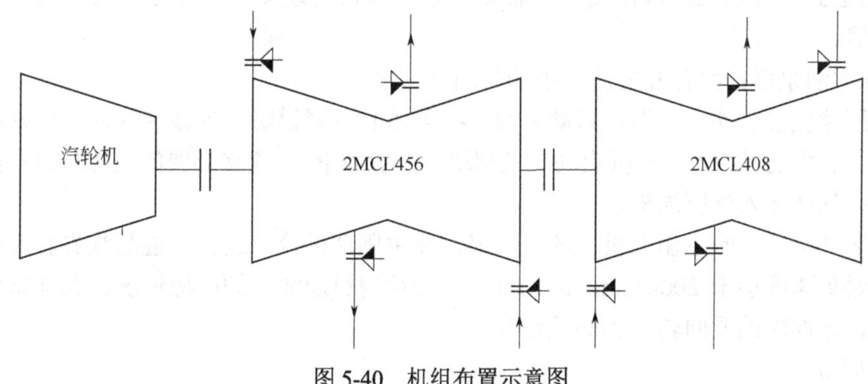

图 5-40　机组布置示意图

1．压缩机装置启动前的准备

① 通知厂内所有有关部门启动一事。

② 检查工作介质和辅助电源是否可用。

③ 检查冷却介质是否正常供应。

④ 检查电路系统是否正常。

⑤ 检查控制空气（仪表空气）系统，要求没有油、水分、杂物、残留水分不可超过 20ppm（20×10^{-6}）。不得使用普通的压缩空气，如果必要，使用氮气。

⑥ 检查压缩机是否具备运行的条件。

⑦ 压缩机和连接管网应是干净的（没有水、油和固定物质）。打开壳体放泄口，在放泄完成时再关上。

⑧ 检查所有运动部件是否自如（包括转子、联轴器的轴向位移值）。

⑨ 按照制造厂的操作说明书，为启动准备好驱动机和驱动机附属装置。

⑩ 检查油系统：检查润滑油注入情况；检查油系统有无漏泄；油箱内有无任何冷凝水的放泄；检查油加热设备是否准备好工作；打开油泵前后的断流元件；预先清理油过滤器，不允许使用脏污的油过滤器元件；检查油冷却器和油过滤器切换管件是否在正确的位置上；打开油侧通风口和油过滤器上注入管线；打开用于油冷却器的冷却水出口的断流元件；检查油压平衡阀是否准备好操作；打开油压平衡阀前后的断流元件；关闭至油压平衡阀在旁通中的断流元件；在油系统冲洗之前，取下油过滤器前面可能已安装的任何粗滤器。

⑪ 检查缓冲气体系统：确保管线系统被吹扫；确保外部干净气体干燥和存在；确保外部缓冲气体存在；检查干净缓冲气体的过滤器有无脏污，检查放泄情况；检查过滤器气流输送阀的具体位置；稍打开缓冲气体过滤器后面的手动控制盘，检查管子有无泄漏。

⑫ 检查仪器仪表和阀门是否正确地发挥功能。

2．启动

（1）检查

① 检查油压，必要时通过调节阀调节进油总管中的主油压（正常油压为 0.245MPa）及各供油支管上的油压（径向轴承润滑油进油管压力为 0.09～0.13MPa，推力轴承润滑油进油管压力为 0.025～0.13MPa）。

② 检查各个出口点的观察玻璃以确保油正在流动。

③ 通过关闭主油泵，检查辅助油泵（电动机驱动）是否正常。

④ 当达到较低的油压限制值时，辅助油泵必须自动地接入。在这之后，油压必须再次达到设定值。

⑤ 在主油泵已再次打开之后，手动关闭辅助泵。

（2）压缩机的启动　压缩机启动之前，必须遵照下列说明：为该装置启动做好准备；进气阀打开；油系统启动；驱动机启动（见制造厂的说明书）；建立必要的气体压差：如干气密封压差等；气体注入该压缩机。

（3）驱动机　按照主驱动机厂的说明书，使主驱动机投入运行；遵照临界转速范围。无论如何，避免速度小于 200r/min，因为这将在轴承内引起混合的摩擦情况。在非常低或非常高转速下，无控制的反向转动也必须避免。

（4）调节

① 当主泵在运行时，手动切断辅助油泵。

② 调节密封气体流量。

③ 检查轴承温度。

④ 在流入油冷却器的油温超过 45℃前，不管冷却水阀是否打开，不得关闭油箱加热。

⑤ 通过压力平衡阀或通过轴承上游的节流阀，调节油压。

⑥ 检查各油排放点的观察玻璃，看油流是否均匀。

3．运行期间的检查

① 检查测量仪表。

② 压缩机装置的正确运行要通过下面列出的监视装置来检查。在开始 3 个月运行期间，以不少于 1h 的间隔在工作日记上记下读出的实际数据，在开始 3 个月之后，要以 4h 间隔作工作日记记录。

进口压力；

进口温度；

出口压力；

出口温度；

油冷却器前的（=油泵后的）油温；

油冷却器后的油温；

油过滤器后（=在调节阀上）的油压，当必要时，通过调节阀调节；

通过油过滤器的压差；

轴承前的油压；

轴承温度（如果必要，调节油流量）；

轴向轴位移值；

（转子的）振动值；

油箱中油位；

密封油压差；

平衡管的压力。

③ 除监视机组自带仪表之外，也要注意监视该压缩机运转时是否有噪声以及有无油、气和水泄漏。

注意：油漏泄要立刻纠正，因为如果油接触到热的部件（特别是当使用透平驱动时）有发生火灾的危险。油着火只能用泡沫灭火器或者用专门设计的装置灭火。

④ 监视压缩机的轴振动和轴位移（相对于轴承座），应连续测量。关于报警和关机的限制值的设定，参见说明书中振动监视技术数据。

⑤ 气体流通能力不要低于喘振极限，因为这一工况对于压缩机是非常有害的。气体流通能力要通过控制器保持在喘振极限之上。因此，这些控制器在运行期间必须保持自动状态。

⑥ 如果喘振极限控制器失效，按照气体工艺立即手动打开防喘振阀门（喘振极限控制器）。

⑦ 为确保有压缩机油流过轴承，要经常检查油出口管线内的所有油观察视镜。

⑧ 清洁油箱。以每月一次的间隔，去除可能集聚在油箱内的任何水和油泥。应定期清洁油管线内的进口粗滤器。

⑨ 检查油过滤器/冷却器

a. 每个月检查，但如果油冷却器下游的油温升高或通过油过滤器的压差升高，要立即切换油冷却器或油过滤器到备用装置上。切换油冷却器之前，应接通备用冷却器的冷却水。并打开在水箱上的通风阀直至水由通风阀流出，之后这个阀要关闭。

b. 观看过滤器上的压差表：如果压差表接近零，过滤器就有损坏或泄漏。

c. 切换备用冷却器和备用过滤器时要慢慢进行，并且在压缩机装置运行中就可以进行。使用过的冷却器或过滤器要将油和油泥放出，然后通过冲洗，刷除或使用化学溶液除掉固体脏物。如检查过滤器元件有损伤，则必须更换新的过滤器元件。

d. 注意：每次切换一个油冷却器或油过滤器，都要作出记录。

⑩ 检查。通过启动浮子杆（如果提供捕油器），每班一次手动通风浮子捕油器。至少在每次检查之后，要检查一下安全阀和所有其他的防护装置是否正确地发挥功能。

⑪ 放泄管线要一周检查一次，确保它们没有堵住。

⑫ 检查油。在压缩机运行期间内，要以 3 个月的间隔检查油质量是否正常（在开始 3 个月运行期间，规定每月检查一次）。如果它不再符合所规定的指标值，应换新油。所有油的更换要记载在工作日记中，记载换油数量和换油的等级。

⑬ 检查冷却水。冷却水也应 1 个月检查一次。测量的分析值要同该压缩机装置订货时在技术规范中给出的分析值对照。冷却水的各次检查及测量的分析值要记录。

4．正常停机

停机时应遵照停机的下列操作顺序。

① 设定压缩机控制到“最小输出”。

② 切断驱动机，测量压缩机从驱动机开始停机到转子完全停下所用的时间。遵照驱动机制造厂的说明书。

③ 如果注水系统投入，压缩机停机之前应停止注水。

④ 压缩机已停下之后，关闭压缩机气体管线上进口和出口阀，降低压缩机壳体内的压力。必要时排除压缩机内的气体。

⑤ 启动电气液力盘车装置至机组完全冷却。

⑥ 通过调节冷却水流量，保持油系统内油温在 45℃左右。

⑦ 在油泵已关闭之后，切断油冷却器的冷却水。

⑧ 打开导淋管阀门排液。

⑨ 如果有霜冻危害，在装置已停机和冷却水供给已断流之后，务必将油冷却器和气体冷却器放泄阀打开，将残余的水分排出。如果长时间停机时，需要在压缩机内充入惰性气体（N_2）。

5．不正常停机（跳闸停机）

由于蒸气、电源、油泵等故障，该压缩机紧急停机时，必须遵守下列程序。

① 压缩机停止时，如果可能，测量并记录滑行时间。

② 止回阀要自动关闭。

③ 手动关闭进口和出口阀（如果未自动关闭的话）。

④ 在必要时减小压缩机壳体内的压力。

◆任务四 离心式压缩机的工况调节

压缩机工况调节就是改变压缩机的工况点，实质是改变压缩机的性能曲线或者改变管路性能曲线两种。

常用调节方法如下。

（1）出口节流调节 即在压缩机出口安装调节阀，通过调节调节阀的开度，来改变管路性能曲线，改变压缩机的工作点，进行流量调节。

出口节流的调节方法是人为地增加出口阻力来调节流量，是不经济的方法，尤其当压缩机性能曲线较陡而且调节的流量（或者压力）又较大时，这种调节方法的缺点更为突出。

目前除了风机及小型鼓风机使用外，压缩机很少采用这种调节方法。

（2）进口节流调节 压缩机进口管上安装调节阀，通过入口调节阀来调节进气压力。进气压力的降低直接影响到压缩机排气压力，使压缩机性能曲线下移，实际上是改变了压缩机的性能曲线

优点：在流量变化为60%～80%的范围内，进口节流比出口节流节省功率约4%～5%。关小进口阀，会使压缩机性能曲线向小流量区移动，可使压缩机在更小的流量工况下工作，不易造成喘振。

缺点：存在一定的节流损失；工况改变后对压缩机本身效率有影响。

（3）改变转速调节 当压缩机转速改变时，其性能曲线也有相应的改变。离心压缩机的能量头近似正比于n^2，所以用转速调节方法可以得到相当大的调节范围。改变转速调节并不引起其他附加损失，只是调节后的新工况点不一定是最高效率点，导致效率有些降低。从节能角度考虑，这是一种经济的调节方法。改变转速调节法不需要改变压缩机本身的结构，只是要考虑到增加转速后转子的强度、临界转速以及轴承的寿命等问题。但是这种方法要求驱动机必须是可调速的。

（4）采用可转动的进口导叶 改变叶轮进口前安装的导向叶片角度，使进入叶道中的气流产生预旋的调节方法。关闭角增大时，曲线向下移动；关闭角减小时，曲线向上移动；进口导叶一般采用流动阻力较小的翼型叶片，节流损失小；由于改变了气流方向，有一定冲击损失，但功率消耗比进口、出口节流调节小得多，调节经济性好。

（5）采用可转动的扩压器叶片 压缩机流量改变时，相应改变叶片扩压器进口叶片的角度，对压缩机能头影响不大，使压缩机性能曲线能左右移动，一般很少单独使用，多配合其他调节方法使用。该调节方法的结构较复杂。

子项目三 离心式压缩机的检修

1. 熟悉离心式压缩机的日常维护检查内容。

2. 了解主要零部件的结构、检查项目、装配与调整方法、检修技术要求。
3. 了解专用检修工具的使用方法。

能力目标

1. 能按操作规程对离心式压缩机进行日常操作维护。
2. 知道主要零部件的装配、检修方法。
3. 会使用检修工具如液压拆装工具、力矩扳手、液压扳手等。

以沈阳鼓风机厂生产的MCL型离心压缩机为例，说明日常维护与检修内容。

◆任务一　离心式压缩机的日常检查

可参照表5-3的检查项目和要求进行压缩机的日常检查。

表5-3　离心式压缩机的日常检查

检查项目	检查期间					检查目的
	运转期间	停车期间	间隔			
			半年	一年	一年以上	
一、离心式压缩机						
1. 径向和止推轴承				×		磨损及过热检查 转子轴向位移检查
2. 油密封环				×		磨损及过热检查
				×		更换垫圈
3. 入口导叶控制伺服电动机				×		调整
4. 转子					×	3年后检查积垢、腐蚀
5. 隔板					×	3年后检查积垢、腐蚀痕迹
					×	气体迷宫密封状况检查
					×	更换垫圈
6. 机壳、端法兰					×	3年后检查积垢、腐蚀
					×	气体迷宫密封状况检查
					×	端法兰上导管的除垢
7. 找正				×		检查
二、压缩机联轴器						
膜片联轴器				×		螺母是否有松动裂纹等缺陷
				×		外表面是否有裂纹等缺陷
						详见膜片联轴器制造厂的安装使用维护说明书
三、润滑油系统						
1. 油性质	×					物理、化学性质检查
2. 主油箱				×		壁的涂漆状况检查 油箱底部检查，每当排油时就应清洗
3. 泵		×				联轴器状况检查
				×		入口过滤器清洗
				×		泵的能量检查
					×	3年后，检查泵的内件

续表

检查项目	检查期间					检查目的
	运转期间	停车期间	间隔			
			半年	一年	一年以上	
4．过滤器	×					当过滤器压力降高于规定值时，要更换过滤器芯子
					×	一年更换过滤器芯子，不管哪个先出问题
		×	×			油路切换阀门操作是否顺利
5．油冷器		×	×			油路切换阀门操作是否顺利
				×		水侧的积垢和腐蚀检查
6．安全阀				×		调定
7．调节阀		×				有无泄漏，需要时堵漏
						适当的操作检查
					×	3 年后，内件磨损检查
四、气路系统						
1．安全阀				×		调定
2．调节阀		×				需要时堵漏
		×				适当的操作检查
				×		3 年后，内件磨损检查
五、仪表						
1．压力、温度等指示器	×			×		根据需要调定
2．传送器，调节器				×		根据需要调定
3．压力开关	×			×		报警器检查
温度开关	×			×		辅助设备启动检查
液位开关		×		×		停车装置，操作检查
4．停车控制按钮		×		×		操作检查

注：当机器运转正常时，带标记“×”之各项检查可根据操作工的经验在更为合适的期间内进行。

◆任务二　轴承的检修

1．MCL 型离心压缩机机壳上螺栓紧固方法

在螺栓和螺母的配合螺纹面上涂以凡士林润滑脂，紧固螺母时从机壳中部开始向两端交替进行，如图 5-41 所示。

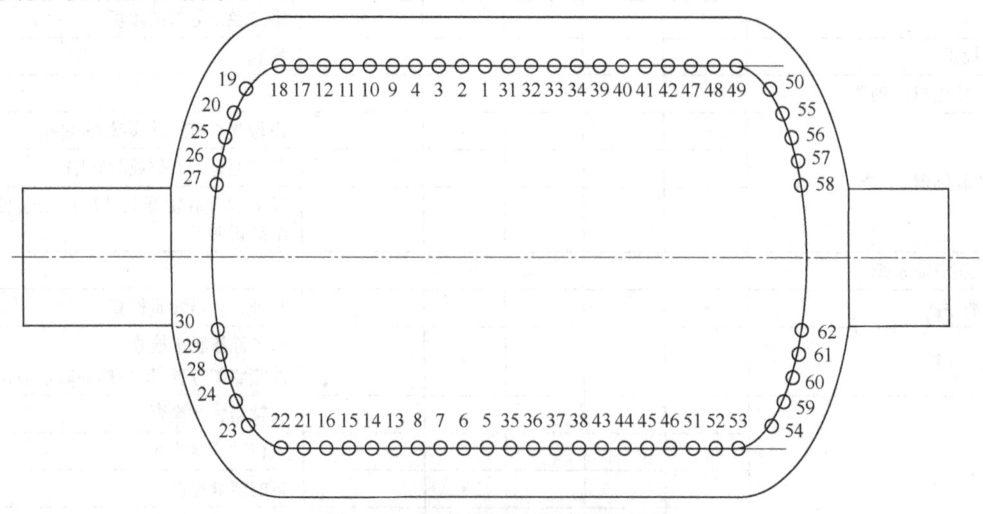

图 5-41　机壳螺栓拧紧顺序示意图

拧紧水平剖分机壳应从中间开始（MCL 型）或从远离中心线的扇形处开始（DMCL 型），应按 4 个螺栓为一组进行，先紧一侧而后紧中心线的另一侧（如图 5-41 所示）。上述紧固应分两步进行：

① 用扭矩扳手的 60%的额定扭力初步拧紧。

② 用 100%的额定扭力最后拧紧。

检查时至少应检查 10%的螺栓束紧情况，当扭矩比公称扭矩少 5%或大于 10%时，甚至仅有一个螺栓，也要检查全部螺栓，并按额定值把紧，见表 5-4。

表 5-4　螺栓紧固力矩（允许－5%、＋10%）

螺栓公称直径/mm	力矩/N·m
M30	80
M36×3	150
M56×4	350
M64×4	600
M72×4	900

拆卸时，同样按上述组装顺序进行。

2. 支撑（径向）轴承的检修

（1）拆卸

① 按照压缩机设备和仪表的有关说明，卸下安装在轴承箱罩或轴承盖上的仪表和导线（最好请仪表工来做）。

② 卸下连接两半联轴器护罩的销子和螺钉，卸下上半联轴器。

注：装配时，联轴器护罩的结合面涂以密封胶，确保密封。这种密封胶，一旦凝固干燥能使结合面形成很强的粘着力。因此，拆卸时很困难，建议用木锤敲打罩的上半，不能用螺丝刀或其他工具分开结合面，以免损坏结合面。

③ 把轴承箱盖取下。

④ 拧下固定轴承盖的螺钉，把盖垂直取出。

⑤ 拧出连接两半轴承的螺钉，如果在上部有螺纹孔就把吊环螺钉拧上去，用滑车把上半轴承吊出来。

⑥ 如果轴承的两半很难分开，就用木锤在水平方向轮流敲击两半结合面。如果在结合面上无槽口，不要用螺丝刀撬两半结合面。

⑦ 由于两半结合面有油脂，为了避免轴承上半吊起时滑落损坏轴承合金，或损坏轴颈，因此要用干净布把油脂擦净。

⑧ 在转子两端用专用工具起吊转子。

拧动起吊工具的螺母，使转子重量落在专用工具上，同时用木锤敲击下半轴承，直到能转动为止。不要把转子提得太高，以免碰坏迷宫密封。

⑨ 拆下下半轴承。

（2）清洗检查　用油清洗轴承，并仔细地把油擦干净，要保证轴承合金面没有划痕或鳞片，若有划痕，要用刮刀刮平。轴承应放在干净的木台上，每一半轴承应把轴承合金对着桌面，以免被碰坏。检查支撑轴承间隙（圆瓦、椭圆瓦采用压铅丝法，可倾瓦采用抬轴法）

① 仔细清洗轴承和轴颈。

② 装上下半轴承并在轴颈顶部放一根铅丝，轴向放置铅丝，长度应比轴承长，并用凡

士林油粘住铅丝。

应根据测量间隙及标准规格来选择铅丝，例如可用两倍或三倍于轴承间隙值的铅丝。在轴上放置铅丝之前，要用千分尺测量铅丝的厚度并记录下来。

③ 小心地装上半部轴承，勿使铅丝滑脱。

④ 装上轴承盖，在最终组装时将轴承盖拧紧。

⑤ 再拆去轴承盖和上半轴承。

⑥ 取下铅丝并用千分尺在铅丝被压扁的两三处进行测量。将读出的值进行平均并记录下来，如果测量结果的平均值大于“直径间隙”表中所列的最大间隙值，则要更换轴承。

（3）轴承组装

① 组装轴承与前述拆卸相反的顺序进行。

② 仔细对好各部件的油漆号，将部件装在原位上，如下半轴承没装在正确的位置上，则不能装上轴承盖（上半轴承的销与盖上的孔错位）。

③ 小心地清理滑动面，组装前、后要涂油脂。

④ 在双头螺栓的螺纹上涂上一层凡士林油，除掉定位销孔中的脏物。

⑤ 如换支撑轴承时，按下面要求来检查轴承座。

轴承座的检查：将新轴承完好地放在座内，然后在轴承外表面的某一地方涂上铅油，转动轴承，看是否至少有80%表面沾上铅油。

⑥ 在轴承盖和座之间的结合面上放一测量好厚度的垫片。

⑦ 在轴承和轴承盖之间上部放一根铅丝，均匀地拧紧轴承盖的螺栓。拆卸轴承盖，并取下垫片。

检查铅丝的厚度。垫片的厚度允许大于铅丝厚度0～0.02mm，若超过0.02mm，则要调整轴承盖的内部，若垫片厚度小于铅丝的厚度，则应调整轴承盖的外面。

3．止推轴承的检修

（1）拆卸

① 按照压缩机设备和仪表的有关说明，卸下轴承箱盖罩或轴承盖上的仪表和电缆（最好请仪表工来做）。

② 拆去联轴器护罩的上半，按支撑轴承一节中的第③项所述程序进行。

③ 用液压工具拆下膜片联轴器，并用销钉（红色）将膜片等与联轴器轮毂固定好。

④ 拆去止推轴承以及支撑轴承的压盖，慢慢提起轴承压盖，提升时尽可能保持垂直。

⑤ 逐块地取下下止推瓦块，然后取下下半推力环，转动下半推力环，使之达到取下的位置，再将止推轴承的调整垫片取下。

注意不要搞乱垫片的位置，因为两半垫片的厚度不同而决定了转子的轴向位置，垫片上打的号应与止推轴承两半推力环上打的号一致。

⑥ 用油清洗止推块，仔细擦去油脂，检查合金表面，除掉由于油脏而引起的划痕。

（2）转子轴向位移的检查　拆卸止推轴承时，检查两个方向上的轴向位移，是否保持压缩机组装图中所列的值。

① 将千分表固定在机壳上并使千分表触头接触转子端部。

② 向两个方向轴向地移动转子，至转子内部件接触机壳部件为止。

③ 在千分表上读出的值应等于压缩机组装图中给出两个相加的间隙值。

压缩机组装图中的两个间隙值表明从转子中心位置起，两个方向上转子容许的位移。

（3）组装　按与拆卸相反的顺序进行。

① 止推轴承的调整垫片分为两半，安装时要使两半结合面处于水平位置，而推力环上、下半的结合面要保持垂直位置。

② 止推轴承某些瓦块常需要钻孔，以便安装测温元件或安装电力传感元件的调平板，用以探测轴瓦温度或转子的轴向推力。因此要将上述部件装在正确位置上。

③ 为了使轴承压盖与两个轴承和油控制环的几个槽口相吻合，应将轴承压盖轻放在轴承套环上。如果不能立即咬合，用手来转动轴在两个方向上用力，沿转子轴来放置轴承压盖直到完全紧固在轴承套环上为止。

④ 需拆卸止推轴承时，要注意止推轴承锁定螺母的固定销与各自的槽口咬合情况（其槽口是压缩机首次安装时在轴上做出的）。

（4）止推轴承端部窜动量检查　止推轴承端部窜动量是转子从一端到另一端的轴向实际位移，在止推轴承和支撑轴承完全装好时，应进行此项检查。具体做法如下。

① 在压缩机机壳上放置千分表，如果可能放在入口端（止推轴承端）。

② 让千分表触头与转子端部接触，把转子从一端移动过来，并在此位置上将千分表调定为零。

③ 将转子移到另一端，千分表上读出的值就是止推轴承的端部窜动量。

注意：端部窜动量不应超过间隙表上的最大值，若发现此值较高，最好重复此项操作，移动转子时要小心，避免弄错千分表的读数。

端部窜动量由止推轴承外侧的调整垫片的厚度来确定，该垫片在压缩机首次安装时进行调正，只有更换止推瓦块或其他部件时，需要重调。

◆任务三　转子、迷宫密封和隔板的检修

1．拆卸

① 根据前面所述，拆卸止推轴承和支撑轴承的两个顶半部。

② 拆卸联轴器隔套。

注意：联轴器法兰螺栓不要掉在护罩回油管中。

③ 拆去与上半机壳相连的全部管线。

④ 在下半机壳上拧上四个导杆，使上半机壳吊起时以免碰坏迷宫密封。

⑤ 拆去机壳中分面上的固定螺栓和定位销。

⑥ 将上半机壳用顶起螺钉顶起几毫米，因安装时机壳中分面涂的密封胶已干燥，所以拆开时很困难，一定要小心，不要把结合面碰坏。

⑦ 吊起上半机壳放在四根硬木支架上，在选择地点时，必须考虑要有足够的空间，以便翻转机壳进行检修。用螺栓把隔板上半和迷宫密封固定在上半机壳上，与上半机壳一同吊起。

⑧ 准备两个同样高度、具有“V”形槽口的硬木支架，以便把转子轴颈放在上面，两个“V”形槽口要用毛毡或其他软材料垫上。

⑨ 用两根包有胶皮或塑料的钢丝绳系在轴颈和密封之间的两处轴上来吊转子，将转子从下半机壳吊起时要尽量保持水平，注意不要损坏迷宫密封，并小心地放在上述支架上。

2．转子及隔板的除垢和检验

① 清除牢固粘在叶轮和隔板上的脏物。

首先用适当的稀释剂、石油精、三氯乙烯等进行处理，然后使用能接触着叶轮通道和扩压器等内件的不同尺寸的金属刷来除掉脏物，由于某些稀释剂有毒性和易燃性，因此在露天（室外）或通风良好的地方进行这些工作为好。

② 如有生锈的转子部件就用诸如除氧剂处理： 在生锈区域大时，应把部件浸在除氧剂池内，否则可用刷子沾除氧剂刷或喷洒除氧剂。

③ 清洗之后将部件涂上保护油，如果部件需放在室外，即使带有顶棚也要把部件盖上雨布防止砂子、雨水等的危害。

④ 除非隔板滑动范围过大或有损坏，否则最好不拆卸隔板。

⑤ 轻敲迷宫密封片来检查其是否损坏，建议检查明显碰扁的密封片的密封间隙。

⑥ 应将转子看作是一个单件，除推力环可拆卸之外，不应卸下任何部件，如果由于裂纹、裂口和金属材料脱落而造成转子部件损坏，应将转子运回制造厂进行必要的修理和做动平衡。

⑦ 要检验叶轮的情况，尤其是流道内是否有锈蚀的现象。

⑧ 检查止推盘和轴承及油密封配合的轴颈部分是否有划痕，只能用非常细的磨石来消除划痕。

3．检查迷宫密封

（1）使用测隙规检查

① 合适地装好下半轴承，重将转子装入下半机壳内。

② 对转子进行定心，要使叶轮出口流道中心与扩压器入口流道中心重合。

③ 用塞规测量迷宫密封和转子之间的间隙，对每个迷宫密封取两个值（转子两侧各取一个）并相加，然后将其结果与直径间隙表的有关值比较。

注意：表中给定的值是总直径间隙。

检查装在隔板的迷宫密封的间隙，需要从槽内拆出密封环并将其重装在下半隔板槽内。

（2）使用铅丝检查

① 从下半机壳内拆卸转子。

② 将几根铅丝横向地放在迷宫密封下半环中间，用凡士林固定铅丝。

③ 将转子放回原位，要注意定心。

注意：转子放在轴承上之后不要轴向滑动，否则铅丝会受损。

④ 在转子顶部，在上半机壳迷宫密封配合的地方，按②所述那样，放几根铅丝。

⑤ 组装上半轴承和上半机壳。

⑥ 用定位销钉将两半机壳定位，然后从机壳中间开始把紧法兰螺栓，向两端交错进行把紧。

⑦ 重新打开机壳并吊出转子，拆出在迷宫密封和有关部件之间自由间隙压成形的铅丝。

⑧ 用螺旋千分尺测量铅丝被压扁的部分，然后记录读数值。

⑨ 把同一迷宫密封上、下间隙值加起来，将结果与每一迷宫密封的直径间隙表中的值比较。

对于间隙符合规定值，但密封环有轻微倒刃或凹陷的密封，可用钳工修复，使其恢复原状。

注意：假如所取的值高于允许间隙时（正常运转的压缩机的间隙），可更换密封。

4．更换迷宫密封

一般，迷宫密封环是分两半提供的（较大的压缩机则分四半），间隙已调好，因此不需要再调整。

可按下列程序拆出和更换密封。

① 用小于半环横剖面的锤子或铜棒打击半环的一侧，使环转动，将环取出，首次敲打须轻些，以防受力大变形造成拆卸困难。

② 首次敲打后，半环仍不滑动时，可将润滑液（松动剂）放进环座内，浸渍几小时。注意：不准用任何工具敲打密封体配合面。

③ 拆出半环，用稀释剂和刮刀仔细清理环槽，并用压缩空气吹净。

④ 将新的半环装在该座内，注意不要装错位置，如果半环不能很好配合，应不能施加强力，要在有明显受力痕迹的地方刮掉金属，进行调节。

⑤ 如果半环产生弯曲变形，而不能很好配合时，可将其倒扣在平台上轻敲顶部，以增加弯曲半径。为了减少弯曲半径，则需敲打一端。

⑥ 新换上的迷宫密封半环应打上与换掉的半环相同（也与半机壳或半隔板相同）的号码。

注意：在上半隔板组的半密封环水平中分面上装上固定环用螺钉把紧。因此在组装之前要将新换的半环与换掉的半环划同样的窝，以使用固定环压紧。

◆任务四　液压装拆工具的使用

本液压装拆工具用于安装及拆卸联轴器工件。

液压装拆工具有A型（图5-42）和B型（图5-43）两种。定位环（3）的厚度限定了件号（1）加油压后的轴向移动位置。

采用B型装拆工具而定位环（3）的厚度与设计所要求的工件轴向移动距离不一致时，则还应使用如A型拆装工具的定位环。这时原来B型的定位环就不用了。

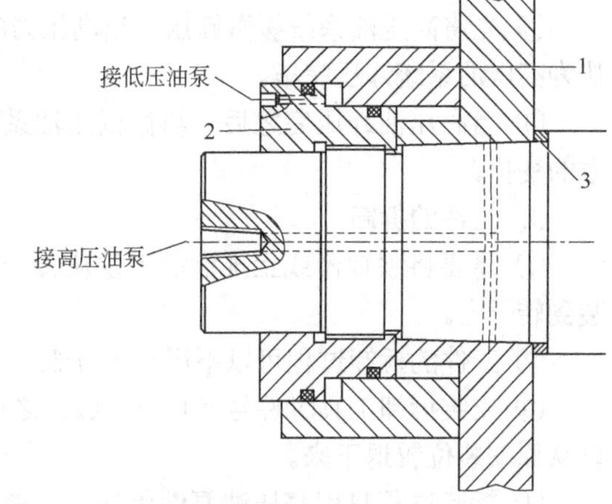

图5-42　A型拆装工具

1．工件的安装

① 彻底清除工件（联轴器、推力盘等）的毛刺，仔细清洗工件和装拆工具，不得有尘土、砂粒、铁屑等污物。

② 先安装工具的件号（1），再将工件（2）的螺纹接头拧入轴端相应的部件。

③ 将高压油泵的供油嘴拧入轴端的螺孔。

④ 分别连接好高压油泵、低压油泵与工具之间的连接油管。

⑤ 在选用B型装拆工具用它的定位环（3）来限定轴向位置时应该调整件号（4）的螺栓、螺母与件号（2）之间的距离S等于件（3）的厚度。如果不用B型的件号（3）而用A型的件号（3）定位，则应该使距离S大于A型的件号（3）厚度。

⑥ 在工件的端面，安装一只千分表，以便操作时检测工件的轴向移动的位置。

2．加压与卸压

（1）加压

① 高压油泵加压用于工件的扩孔，低压油泵加压用于推动工作做轴向移动。

② 先用高压油泵加压后用低压油泵加压；两者交替操作。 在这一过程要注意观测千分表的读数变化，检测工件移动的距离。

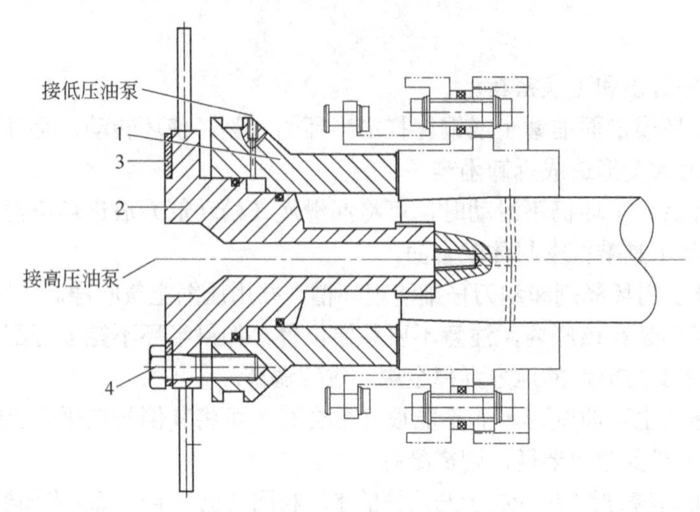

图 5-43 B 型拆装工具

③ 当工件轴向移动、工件（或装拆工具）接触到事先设定好的定位环时，工件就被安置到正确位置了。

④ 加压过程如果发现油路系统有空气时，可以松动接头将气体放出。

（2）卸压

① 确认工件已安装到正确位置后，方可卸压。

② 先将高压油系统缓慢卸压。当高压力的压力表指针回归至零位，停留 3～4min 后即认为高压油系统卸压完毕。

③ 当高压油卸压完之后，再做低压油系统的卸压。这时要仔细观测工作端面千分表读数的变化。

3．工件的拆卸

① 需要将联轴器或止推盘等工件从转子上拆卸下来时，先按照前面的步骤将装拆工具装到转子上。

② 工件的拆卸过程可以不用装千分表。

③ 安装拆卸工具时件号（1）与（2）之间留有 2～3min 的间隙，以便工件拆下来时可以从原安装位置退下来。

④ 拆卸过程只用高压油泵缓缓加压，使工件内孔渐渐胀大，当内孔与轴没有过盈时，工件就卸下来了。

⑤ 拆卸过程不用低压油泵工作。

子项目四 离心式压缩机的常见故障与处理

知识目标

熟悉离心式压缩机的常见故障及其处理方法。

能力目标

能对离心式压缩机的常见故障进行处理。

离心式压缩机常见故障与处理措施见表5-5。

表5-5　离心式压缩机常见故障与处理措施

序　号	故　障	引故障原因	排除故障方法
1	压缩机振动或噪声	不对中	检查对中情况
		压缩机转子不平衡	检查转子，看是否由污垢或损坏引起，必要时，重新进行平衡
		叶轮损坏	检查叶轮，必要时进行修复或更换
		轴承不正常	检查轴承，调整间隙，必要时进行修复或更换
		联轴器故障或不平衡	检查联轴器及螺栓、螺母平衡情况
		油温油压不正常	检查各注油点油温、油压及油系统运行情况，发现异常及时调整
		油中有污垢、杂质，使轴承磨损	查明污垢、杂质来源，检查油质，加强过滤，定期换油，检查轴承，必要时进行修复或更换
		喘振	检查压缩机操作条件是否离开喘振点，防喘振裕度是否正确，防喘振系统工作是否正常
		气体管路的应力传递给机壳，由此引起不对中	气体管路应按设计固定良好，防止有过大的应力作用在压缩机汽缸；管路应有足够的弹性补偿，以应付热膨胀量
2	支撑（径向）轴承故障	润滑油不正常	保证所使用的油符合规定 定期检查油里是否有水或脏物
		不对中	检查对中情况，必要时进行调整
		轴承间隙超过规定	检查间隙，必要时进行调整
		压缩机或联轴器的不平衡	检查转子组件和联轴器，看是否有污物附着或转子组件缺损，必要时重新找平衡
		油温油压不正常	检查、调整油温、油压
3	止推轴承故障	轴向推力过大	检查气体进出口压差，必要时检查级间密封环间隙是否超标，检查段间平衡盘密封环间隙是否超标
		止推轴承间隙不符合要求	检查调整止推轴承间隙
		润滑油不正常	检查油泵、油冷却器、油过滤器；检查油温、油压、油量；检查油的品质
4	压缩机性能达不到要求	设计错误	审查原始设计，检查技术参数是否符合要求；如发现问题立即与卖方和制造厂交涉，采取补救措施
		制造错误	检查原始设计及制造工艺要求；检查材质及加工精度；发现问题及时与卖方和制造厂交涉
		气体性质差异	检查气体的各种性质参数
		运转条件恶化	检查实际运转条件是否和设计条件偏移过大，查明原因
		沉积夹杂物	在气体流道和叶轮以及汽缸中是否有夹杂物，如有则应消除
		密封环间隙过大	检查各部间隙，调整或更换

续表

序号	故障	引故障原因	排除故障方法
5	压缩机喘振	运行点落入喘振区或距喘振边界太近	检查运行点在压缩机特性曲线上的位置，调整工况，消除喘振
		吸入流量不足	可能进气阀开度不够，进气管道堵塞，入口气源减少或切断等；应查出原因设法解决
		压缩机出口气体系统压力超高	查明原因采取措施
		工况变化时放空阀或回流阀未及时打开	查明工况变化的原因，及时打开放空阀或回流阀
		防喘振装置故障	定期检查防喘振装置的工作情况，如发现失灵、不准或卡涩、动作不灵应及时处理
		防喘振值不准	严格整定防喘数值，并定期试验，发现数值不准及时校正
		气体性质改变或状态改变	调整工艺操作，使气体性质在设计范围之内；或当气体性质、状态改变之前，应换算特性线；如设备条件允许，可根据改变后的特性线整定防喘振值
6	压缩机叶轮破损	材质不合格，强度不够	重新审查原设计、制造所用的材质，如材质不合格应更换叶轮
		工作条件不良	改善工作条件
		负荷过大	转速过高或流量、压比过大，超过叶轮设计强度，禁止超负荷运行
		异常振动，动静部分摩擦	消除异常振动
		落入夹杂物	检查进口过滤器是否损坏
7	压缩机流量和排除压力不足	压缩机反转	检查旋转方向，方向应与压缩机机壳上的箭头方向一致
		吸入压力低	检查入口过滤器等
		相对分子质量不符合	检查实际相对分子质量是否比规定值小
		原动机转速低于设计转速	提高原动机转速
		反飞动量太大	检查反飞动量，过大则调整
		压力计或流量计故障	修理或更换计量仪表

训练项目

1．模拟进行离心式压缩机的拆检

① 讲出轴承的拆卸步骤和应注意的问题；

② 讲出轴承间隙的测量和调整方法；

③ 讲出转子轴向窜量的测量和调整方法。

2．模拟进行离心式压缩机的故障处理。

① 给出离心式压缩机在运行中出现的某一故障，要求学生模拟企业处理故障的程序进行处理。

② 给出离心式压缩机在运行中出现的某一事故，要求学生模拟企业处理事故的程序进行处理。

项目六　离心机的检修

离心机是利用转鼓旋转产生的离心力，来实现悬浮液、乳浊液及其他物料的分离或浓缩的机器。它具有结构紧凑、体积小、分离效率高、生产能力大以及附属设备少等优点。广泛应用于化工、石油、食品、制药、选矿、煤炭、水处理和船舶等工业领域。

1．离心分离过程

离心机的分离过程，根据其操作原理可分为离心过滤、离心沉降和离心分离三种。

（1）离心过滤过程　常用来分离含固体颗粒较大（粒径＞10μm）且含量较多的悬浮液。过滤式离心机转鼓的鼓壁上开有许多小孔，当转鼓高速旋转时，悬浮液在转鼓内由于离心力作用被甩在滤布上，其中固体颗粒截留在滤布上，不断堆积形成滤渣层，同时液体借助离心力穿过滤布孔隙和转鼓上的小孔被甩出。随着转鼓不停地转动，滤渣层在离心力作用下被逐步压紧，其孔隙中的液体则在离心力作用下被不断甩出，最后得到较干燥的滤渣。

（2）离心沉降过程　常用于分离含固体量较少而且粒度较细的悬浮液。沉降式离心机转鼓的转鼓壁上不开孔，也不要滤布。当悬浮液随转鼓一起高速旋转时，由于离心力的作用，悬浮液中固体颗粒因密度大于液体密度而向鼓壁沉降，形成滤渣，而留在内层的液体则经转鼓端部上的溢流口排出。

（3）离心分离过程　常用来分离两种密度不同的液体所形成的乳浊液、或含有极微量固体颗粒的乳浊液或对含极微量固体颗粒的液相澄清（液-液、液-固）。其转鼓是不开孔的，乳浊液在离心力的作用下，按密度不同分成两层，重液在外层，轻液在内层，通过一定装置将轻、重液分别引出；微量固相物则沉积在鼓壁上，用间歇或连续卸料的方法排出。用于这种分离过程的离心机称为分离机。

2．分离因数

离心机分离效果如何，一般用分离因数 F_r 大小来衡量。所谓分离因数是指被分离物料在离心力场所受到的离心力与其在重力场所受的重力的比值。即

$$F_r=\frac{F_c}{G}=\frac{m\omega^2 r}{mg}=\frac{\omega^2 r}{g} \qquad (6\text{-}1)$$

式中　F_c——离心力，N；

m——旋转物料的质量，kg；

r——转鼓的旋转半经，m；

ω——旋转角速度，rad/s；

G——重力，N。

显然，分离因数也是离心加速度与重力加速度的比值。

分离因数是表示离心机性能的重要标志之一，它反映了离心机分离能力的大小，F_r 值越大，物料受的离心力越大，分离效果越好。因此，对固体颗粒小，液体黏度大的难分离的悬浮液或密度差小的乳浊液，要采用分离因数较大的离心机或分离机来分离。

从式（6-1）可知，分离因数 F_r 与转鼓的半径 r 成正比。增大转鼓直径，即可提高 F_r 的值，但比较缓慢。而 F_r 与转鼓转速的平方成正比，提高转速，F_r 值增长较快，但分离因数的提高是有限度的，对于一定直径的转鼓，F_r 的极限值取决于转鼓材料的强度和密度。目前常用的离心机 F_r 值约在 300～10^6 之间。由于重力和离心力相比较极小，因而在离心机设计中，重力的影响完全可以忽略不计，故离心机转鼓轴线位置仅取决于其结构和操作的方便，可布置在空间的任意位置上。

3．离心机的分类

（1）按运转的连续性分类

① 间歇运转离心机。操作过程中的加料、分离、卸渣等都是间歇进行，有的过程需减速或停车进行。如三足式、上悬式离心机等均属此类。

② 连续运转离心机。所有操作过程都是在全速运转条件下连续（或间歇）的自动进行。如卧式刮刀卸料离心机、活塞推料离心机及螺旋离心机等。

（2）按分离过程分类

① 过滤式离心机。如三足式、上悬式及卧式刮刀卸料离心机等。

② 沉降式离心机。如三足式沉降离心机、刮刀卸料沉降离心机和螺旋卸料离心机等。

③ 分离机。包括管式分离机、室式分离机和碟片式分离机。

（3）按分离因数分类

① 常速离心机。分离因素 F_r＜3500，并以 F_r=400～1200 最为常见，其中过滤式较多，也有沉降式的。此类离心机用于含固体颗粒较大或颗粒中等或纤维状固体的悬浮液分离，这种离心机转速较低而转鼓直径较大，装载容量较大。

② 高速离心机。分离因素 F_r=3500～50000。此类离心机通常是沉降式和分离式，适用于胶泥状或细小颗粒的稀薄悬浮液和乳浊液的分离。其转鼓直径一般较小，转速较高。

③ 超高速离心机。分离因素 F_r＞50000，为分离式离心机。此类离心机适用于较难分离的、分散度较高的乳浊液和胶体溶液的分离。因转速很高，转鼓多做成细长的管状。

（4）按卸料方式分类　离心机按不同卸料方式可分为人工卸料、机械卸料（刮刀卸料、活塞推料、螺旋卸料）等。

此外，还可以按离心机转鼓轴线在空间位置分为立式、卧式等。

子项目一　三足式离心机的检修

知识目标

1. 了解三足式离心机的结构、工作原理、分离因数、应用场合、使用注意事项。
2. 掌握三足式离心机主要零部件的检修方法。
3. 了解三足式离心机常见故障的原因及其处理方法。

能力目标

1. 能够说出间歇运转离心机的主要类型、组成结构、工作原理及用途。
2. 能够更换三足式离心机的易损件，对主要零部件进行修理。
3. 能够按操作说明书使用三足式离心机，并能对三足式离心机的常见故障进行处理。

三足式离心机又称三足离心机，因为底部支撑为三个柱脚，以等分三角形的方式排列而得名。三足离心机是一种固液分离设备，主要是将液体中的固体分离除去或将固体中的液体分离出去。三足式离心机分类：按出料方式可分为三足式上卸料离心机、三足式下卸料离心机；按构造特点可分为普通三足式离心机、刮刀三足式离心机、吊袋三足式离心机；按工作原理可分为三足式过滤离心机、三足式沉降离心机。

◆任务一　认识三足式离心机的结构

1．SS 型人工上部卸料三足式离心机

（1）型号及其含义

SS800：第一个 S 表示离心机的大类，S 为三足式；第二个 S 表示人工上部卸料方式，800 表示转鼓直径为 800mm。

SS 型三足式离心机属于过滤式离心机，转速小于临界转速，一般小于 2800r/min，转鼓直径 450～1800mm。

（2）组成结构　SS 型三足式离心机的外形如图 6-1 所示。其内部结构如图 6-2 所示，它主要由转鼓、主轴、轴承、轴承座、底座、外壳、三根支柱、带轮及电动机等部分组成。转鼓 5、主轴 9、轴承座 10、外壳座 12、电动机 13、V 带带轮 14 等都装在底盘上，再用三根摆杆 4 悬吊在三个支柱 2 的球面座上。摆杆上装有缓冲弹簧 3，摆杆两端分别用球面和底盘 1 及支柱 2 相连接，使整个底盘可以摆动，有利于减轻由于鼓内物料不均所引起的振动，使机器运转平稳。主轴 9 短而粗，鼓底向内凹入，使鼓底质心靠近上轴承，目的是为了减轻整机高度，有利于操作和使转轴系统的固有频率远离离心机的工作频率，减小振动。

图 6-1　SS 型三足式离心机外形

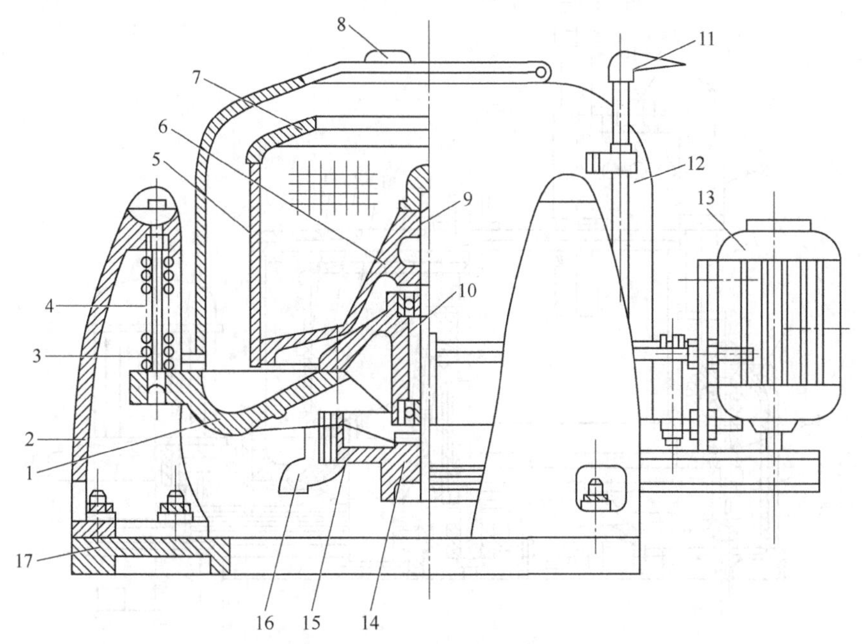

错误!图 6-2　人工上部卸料三足式离心机

1—底盘；2—支柱；3—缓冲弹簧；4—摆杆；5—转鼓；6—转鼓底；7—拦液板；8—机盖；9—主轴；10—轴承座；11—制动手柄；12—外壳座；13—电动机；14—V 带轮；15—制动轮；16—滤液出口；17—机座

离心机通过电动机带动V带带轮从而带动主轴及转鼓旋转。停车时，转动机壳侧面的制动主柄11使制动带刹住制动轮15，离心机便停止工作。

离心机属于间歇操作离心机，每个操作周期一般由启动、加料、过滤、洗涤、甩干、停车、卸料几个过程所组成。为使机器运行平稳，加料时应均匀布料，悬浮液应在离心机启动后逐渐加入转鼓。处理膏状物料或成件物品时，在离心机启动前将物料均匀放入转鼓内。物料在离心力场中，所含的液体经由滤布、转鼓壁上的孔被甩到外壳内，在底盘上汇集后由滤液排出口排出，固体则被截留在转鼓内，当达到湿含量要求时停车，并靠人工由转鼓上部卸出。

人工上部卸料三足式离心机对物料的适应性强，过滤、洗涤时间可以随意控制，可得到较干的滤渣和充分的洗涤，固体颗粒几乎不受损坏；机器运转平稳，结构简单、紧凑、造价低。其缺点是间歇操作，生产中辅助时间长，生产能力低，劳动强度大。

2．SGZ型自动刮刀下部卸料离心机

（1）型号及含义

SGZ1000-N：SGZ表示三足式刮刀下部卸料自动操作过滤式离心机，转鼓内径为1000mm，N表示转鼓材料为耐蚀钢。

（2）主要结构　如图6-3所示，其总体结构和人工上部卸料的基本相同，只是转鼓底开有卸料孔。卸料机构主要由刮刀升降油缸、旋转油缸及刮刀等机构所组成。卸料时转鼓在低转速下（30r/min）运转，控制系统的压力油进入控制升降和旋转的执行油缸，驱动活塞运动，并通过机械传动驱动刮刀进行卸料。它克服了人工上部卸料三足式离心机的特点，但结构复杂，造价高。且刮刀也会对固体颗粒造成破坏，对固相颗粒大于0.05mm的悬浮液，固相不易破碎但流动性好的物料更为合适。

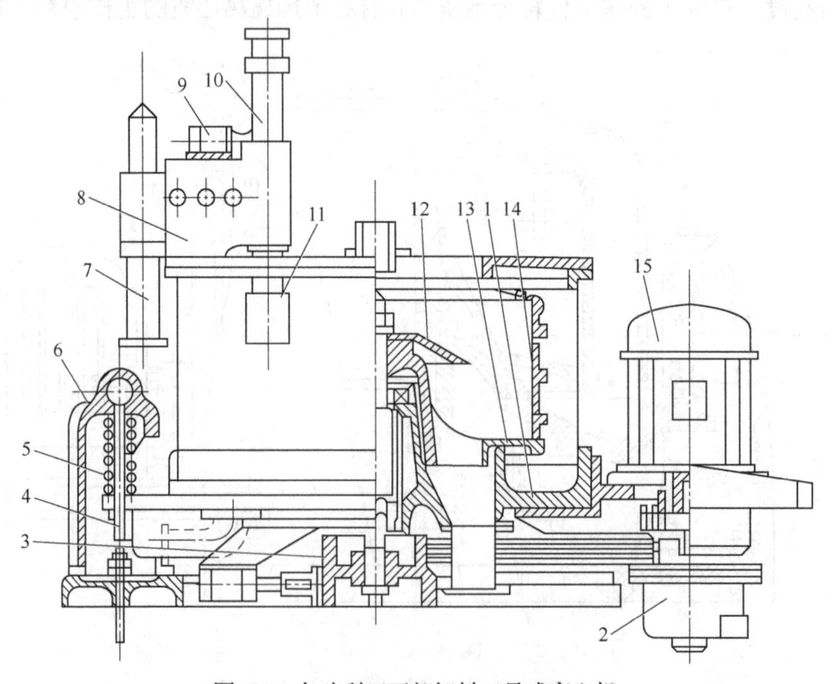

图6-3　自动刮刀下部卸料三足式离心机

1—底盘；2—卸料用辅助电动机；3—带轮；4—摆杆；5—缓冲弹簧；6—立柱；7—升降油缸；8—齿轮箱；9—旋转油缸；10—刮刀轴；11—刮刀；12—布料盘；13—转鼓底；14—转鼓；15—主电动机

3．SGC 三足式下部卸料沉降刮刀离心机

如图 6-4 所示，该系列离心机转鼓为无孔壁，属沉降型转鼓。该离心机具有结构简单、性能可靠、操作维修方便等优点，主要适用于细黏性物料，及过滤物质再生困难的固液分离场合。物料在离心力作用下，液体被吸液管吸出，固体残留在转鼓壁上，通过刮刀装置卸出物料。

4．SD 型三足式上部卸料吊袋离心机

其结构如图 6-5 所示，该系列离心机结构合理，分离过程全密封，尤其适用于防爆、易污染的环境，采用了吊袋卸料方式，降低了人工卸料劳动强度，提高了工效，外壳上盖可手动、机动两种方式开启。配备了变频调速控制系统，使得用户可远程控制又可现场操作。适用于化工、食品、制药、环保等行业的固液分离。

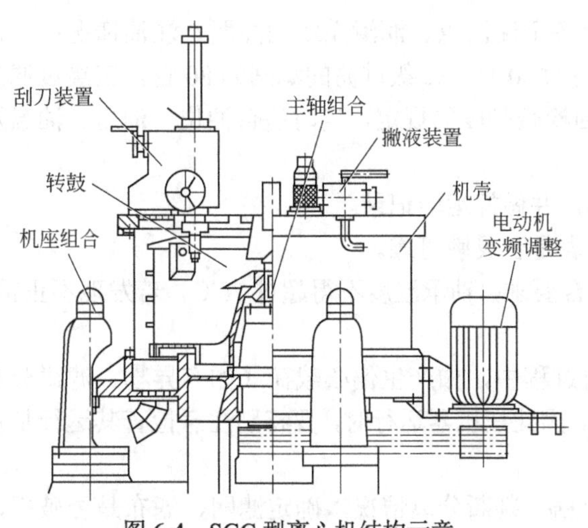

图 6-4　SGC 型离心机结构示意

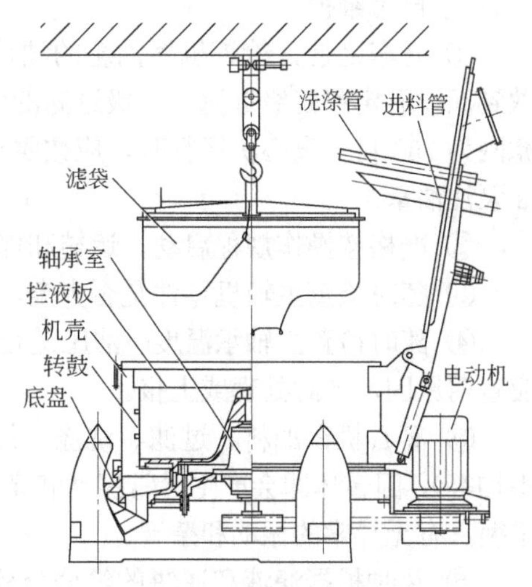

图 6-5　SD 型离心机结构示意

5．PS 型平板离心机

如图 6-6 所示，该类型离心机是依照制药装备 GMP 规范设计制作的新机型，也称制药离心机。电动机带动转鼓旋转，在进料转速时物料由进料管引入转鼓，进料达到预定容积后停止进料，升至高速分离，此时可进行洗涤。进料与高速分离过程中，在离心力作用下，液相物穿过滤布及转鼓壁滤孔排出转鼓，经排液管排出机外；固相物截留在转鼓内，分离完毕，停机后启开机盖，由人工从上部卸料或虹吸管吸出机外。

图 6-6　PS 型平板离心机

结构设计合理，有效地消除了卫生死角，结构件过渡圆滑，表面经抛光处理，外部结构件、紧固件和转鼓都采用不锈钢制造。外壳为翻盖式，可对离心机外壳与转鼓夹层空间进行彻底清洗。外壳翻盖，设置进料管、洗涤管、观察镜、照明孔。配置在线清洗系统，对离心机外壳内壁、转鼓内外表面、集液槽表面等离心机内部不可见部位进行清洗，保证了洁净度要求，符合 GMP 规范。

◆任务二 三足式离心机的维护保养

三足式离心机因其结构形式不同，其维护保养工作要求也不尽相同，一般的三足式离心机维护保养工作要点如下。

1. 日常维护

① 开车之前，检查机器油箱的油位及各个注油点、润滑系统的注脂、注油情况；一定做到润滑五定和三级过滤，一级过滤的滤网为 60 目，二级过滤的滤网为 80 目，三级过滤的滤网为 100 目。离心机运行时，应按照巡回检查制度的规定，定时检查油位、油压、油温及油泵注油量。

② 严格按操作规程启动、运转和停车，并做好运转记录。

③ 随时检查主辅机零件是否齐全，仪表是否灵敏可靠。

④ 随时检查主轴承温度、油压是否符合要求，轴承温度不得超过 70℃，若发现不正常，应查明原因，及时处理或上报。

⑤ 离心机在加料、过滤、洗涤、卸料过程中，如产生偏心载荷（如有异物、滤饼分布不均等），回转体即会产生异常振动和杂音，因此在机器运行时，要特别注意检查其运行是否平衡，有无异常的振动和杂音。

⑥ 及时根据滤液和滤饼的组分分析数据，判断分离情况，确定滤网、滤布是否破损，以便及时更换。

⑦ 检查制动装置，刹车摩擦副不得沾油，制动装置的各零件不得有变形、松脱等现象，保证制动动作良好。

⑧ 运行中注意控制悬浮液的固液比，保证机器在规定的工艺指标内进行。

⑨ 检查布料盘、转鼓的腐蚀情况。

⑩ 检查紧固件和地脚螺栓是否松动。

⑪ 随时检查油泵和注油器工作情况，保持油泵正常供油，油压保持在 0.1～0.3MPa 之间。

⑫ 经常保持机体及周围环境整洁，及时消除跑、冒、滴、漏。

⑬ 遇有下列情况之一时，应紧急停车：

a. 离心机突然发出异常响声；

b. 离心机突然振动超标，并继续加大振动，或突然发生猛烈跳动；

c. 驱动电机电流超过额定值不降，电动机温升超过规定值；

d. 润滑油突然中断；

e. 转鼓物料严重偏载。

⑭ 设备长期停用应加油封闭，妥善保管。

2. 定期检查

① 每周检查一次刮刀与转鼓滤网间的间隙，刮刀与滤网之间的间隙为 3～5mm，调整刮刀顶端的两个调节螺钉，使刮刀下降到下止点时与转鼓底部的间隙为 3～5mm。

② 每周检查一次离合器轴承的密封，防止漏油，以免摩擦片打滑。

③ 每7～15天检查一次机身振动情况。

④ 每3个月检查清洗一次过滤器，保证无污垢、水垢、泥沙。

⑤ 每3～6个月分析润滑油，保证润滑油品质符合标准。

⑥ 每12个月检查校验一次仪表装置是否达到性能参数要求，确保仪表装置准确、灵敏。

3．润滑制度

以SGZ-1000型三足式离心机为例，其润滑剂、润滑部位及润滑周期见表6-1。

表6-1　SGZ-1000型三足式离心机的润滑剂、润滑部位及润滑周期

润滑部位		润滑剂	代用油品	润滑方式	设计油面观测点	润滑剂耗量		参考润滑周期	备注
						首次加注量	年平均耗量		
机架（球面垫圈）		钙基润滑脂ZG-2	锂基润滑脂ZN-2	手工注脂		20g	1	1次/周	
制动装置（转动配合处）		钠基润滑脂ZN-2	锂基润滑脂ZN-2	手工注脂	油杯	20g	1	1次/月	
减速器	转动配合处	钠基润滑脂ZN-2	锂基润滑脂ZN-2	手工注脂	油杯	20g	0.5	1次/6月	
	蜗轮蜗杆机构	汽轮机油L-TSA32	汽轮机油L-TSA46	强制循环	油位计	5	10	1次/6月	更换新油
液压控制系统（供油站）		汽轮机油L-TSA32	汽轮机油L-TSA46	强制循环	油位计	40	100	1次/6月	更换新油
回转体主轴承		钠基润滑脂ZN-2	锂基润滑脂ZN-2	手工注脂	油杯	20g	1	1次/6月	
卸料机构	转动配合处	钠基润滑脂ZN-2	锂基润滑脂ZN-2	油杯	油杯	20g	1	1次/周	
		全系统损耗用油L-AN32	全系统损耗用油L-AN46	油杯	油杯	20g	1	1次/班	
	球面垫圈	全系统损耗用油L-AN32	全系统损耗用油L-AN46	手工加注				1次/班	

◆任务三　三足式离心机的检修

以SS型三足式离心机为例，说明其检修过程。

1．拆卸前的准备

（1）拆卸和测量工具准备　手锤、大锤、铜棒、梅花扳手、活扳手、撬棍、倒链、钢丝绳、吊装环、枕木、深度尺、游标卡尺、内径千分尺、外径千分尺等。

（2）安全技术准备　电机断电，并在电机开关处挂“禁止启动”牌。关闭所有物料阀门，必要时加盲板。清除设备周围的物料及各种杂物（工作场地面铺设纸板，防止设备磕坏地面），为设备拆除留出一定的空间。

开启放液阀，放净机壳内残余料液；在危险化学品（如强酸、强碱、有毒有害等）上进行检修工作必须进行清洗、置换后，穿戴合格防护用品。

2．拆卸

① 卸下离心机三角胶带、电动机、刹车装置手柄，拆除机壳。

② 拆卸主轴螺母和转鼓。

③ 拆卸轴承座、主轴和滚动轴承。

④ 拆卸刹车装置和离合器。

⑤ 拆卸吊杆、吊杆弹簧与球面垫圈。

3．检修

（1）转鼓锥孔

① 按主轴的图样尺寸加工制作研磨轴。

② 用三角刮刀刮研转鼓锥孔，每刮一遍后，即用研磨轴进行锥面贴合的检查，直至符合要求为止。

（2）转鼓

① 转鼓焊缝如需修复，必须铲去有缺陷的焊缝后补焊，局部焊接修补次数：碳钢不超过两次，不锈钢不超过一次，否则需作返修焊接工艺评定，并经有关技术负责人批准。

② 衬胶或涂层转鼓应进行电火花检查，检查器尖端离衬层12mm左右。

4．装配

离心机的装配按拆卸的相反程序进行。

5．检修质量标准

① 转鼓锥孔与主轴配合处应均匀接触，在25mm×25mm面积内，接触点不少于5个；或在母线全长和圆周上贴合率不少于70%，靠大端轴向全长1/4长度内圆周贴合率不少于75%。

② 修补后转鼓应做动平衡试验，动平衡精度G6.3级，总配质量不超过转鼓总质量的1/400。

③ 转鼓组装后应保持水平，径向跳动不大于0.002*D*（*D*为转鼓内径，mm）。

④ 主轴锥面对上、下轴承位外圆之同轴度按GB 1184《形状和位置公差　未注公差的规定》中6级精度。

⑤ 三个弹簧长度误差不超过±1mm。

⑥ 三个弹簧刚度应一致。

⑦ 手盘动转鼓，检查有无碰擦现象。

⑧ 检查各部螺栓应紧固，各部装配正确。

⑨ 检查转鼓转动方向应正确（与箭头方向一致）。

⑩ 空载试车时间不少于2h，其中频繁启动试验1h（启动次数6次以上）。

⑪ 转鼓从启动到额定转速的时间，对于手动操作不大于60s。

⑫ 电动机启动电流不超过额定电流的2.5倍，直接启动电动机的，不超过额定电流4倍。

⑬ 刹车时间，对于手动操作为10～30s。

⑭ 离心机在额定转速下，其振动烈度不大于11.2mm/s。

◆任务四　三足式离心机的常见故障与处理

离心机为高速运转设备，一般处理物料为具有腐蚀性物料，在长期的使用过程中，要及时检查机器各部件是否正常，必要时予以更换，以防止造成不安全事故。三足式离心机常见故障与处理方法见表6-2。

表 6-2　三足式离心机常见故障与处理方法

序号	故障现象	产生原因	处理方法
1	异常振动	① 转鼓本身不平衡或变形 ② 转鼓组装后不水平 ③ 三个弹簧长度不一致 ④ 物料分布不均匀 ⑤ 出水口被滤液的结晶物堵塞 ⑥ 转鼓壁孔被结晶物堵塞	① 卸下转鼓进行动平衡试验 ② 找水平 ③ 更换长度一致的弹簧 ④ 停车将物料布匀 ⑤ 卸下出水口，清除堵塞物 ⑥ 卸下机壳，清除壁孔堵塞物
2	噪声加大	① 离心机放置不水平 ② 减振系统破坏 ③ 加料不均匀 ④ 转鼓被物料侵蚀 ⑤ 摩擦部位未加注润滑剂 ⑥ 出液口堵塞，转鼓在液体中转动，从而增大摩擦	① 检查离心机是否放置水平 ② 检查离心机的减振柱角是否完好无损 ③ 均匀加料，或适当调节加料量 ④ 检查转鼓是否腐蚀或存有大量黏结的干料，可委托生产厂家作动平衡检测 ⑤ 转子轴承部位加润滑剂 ⑥ 检查出液口是否堵塞，如有进行清理
3	主轴温升过高	① 出厂所加润滑脂已耗完 ② 主轴轴承间有微小杂物 ③ 机器转速过高，超过设计能力	① 打开主轴加入润滑脂 ② 清理主轴轴承 ③ 按出厂标配的转速使用离心机
4	电机温升过高	① 机器负荷太重 ② 电机转速过高 ③ 电路自身设计缺陷	① 检查是否按相关负荷运转 ② 检查转速是否正常 ③ 检查电路
5	启动时间长	离合器摩擦片已磨损	更换摩擦片
6	刹车不灵	① 刹车片已磨损 ② 刹车弹簧过松	① 更换刹车片 ② 更换刹车弹簧
7	料液从底盘处泄漏	① 底盘破裂 ② 卡子损坏 ③ 管道配置不合理导致阻力大	① 更换底盘或将底盘包不锈钢皮 ② 更换卡子 ③ 将离心机出料口直接向下，使料液无阻力

子项目二　认识其他类型离心机的结构

知识目标

1. 了解卧式活塞推料、卧式刮刀推料、螺旋卸料等连续运转离心机的结构、工作原理以及用途。

2. 了解高速离心机的结构、工作原理及用途。

能力目标

知道其他类型离心机的用途，能按照操作规程或使用说明书操作离心机。

◆任务一　认识连续运转离心机的结构

连续运转离心机操作时转鼓一直在全速下连续运转，至于加料、分离、卸渣等各工序有间歇进行的，也有连续进行的。

常用的连续运转离心机有卧式活塞推料离心机、卧式刮刀卸料离心机、螺旋卸料离心机。

1．认识活塞推料离心机的结构

卧式活塞推料离心机是连续运转、自动操作、液压脉动卸料的过滤式离心机，主要由转鼓、推杆、推料盘和复合油缸等主要零部件组成。图 6-7 所示为 WH-800 型活塞推料离心机的结构。转鼓 11 用键固定在水平空心主轴 5 上，以悬臂式布置在主轴承右端。转鼓内的推料盘 7 用键固定在推杆 6 上。空心主轴 5 的左端与复合油缸 1 和 V 带轮 3 固装为一整体。而推杆 6 左端与活塞 2 相连，活塞 2 通过导键与复合油缸 1 相连。因此空心主轴 5 带动转鼓 11 旋转时，推料盘 7 能和转鼓 11 以同样的角速度旋转，即推杆 6 与空心主轴 5 同步转动。工作时，该机空载启动达全速后，悬浮液不断地从加料管 15 进入布料斗 13，布料斗 13 和转鼓 11 一起旋转而产生离心力，使料液均匀地分布到转鼓 11 内壁的筛网 10 上，滤液经筛网网隙和转鼓壁上的过滤孔被甩出转鼓外，固相被截留在筛网上形成圆筒状滤饼层。在液压系统的控制下，推料盘 7 做往复运动（行程约为转鼓长度的 1/10，往复次数约为每分钟 20～30 次）。当推料盘向前移动时，滤饼层被向前推移一段距离，推料盘向后移动后，空出的筛网上又形成新的滤饼层，因推料盘不停地往复运动，滤饼层则不停地沿转鼓轴向向前推动，最后被推动出转鼓。经排料槽排出机外，而液相则被收集在机壳内通过排液口排出。

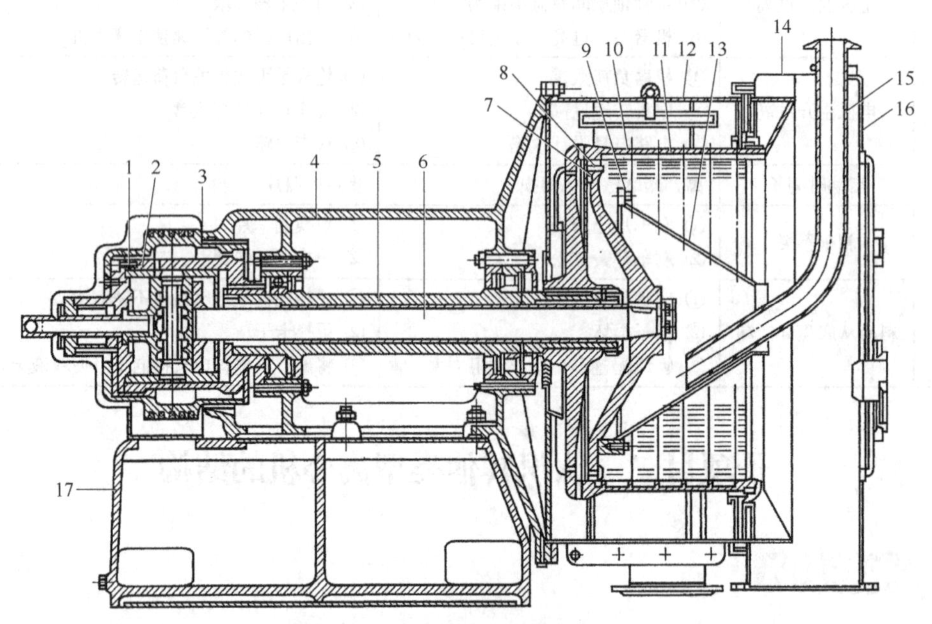

图 6-7 WH-800 型活塞推料离心机

1—复合油缸；2—活塞；3—V 带轮；4—轴承箱；5—空心主轴；6—推杆（内轴）；7—推料盘；8—推料环；9—调整环；10—筛网；11—转鼓；12—中机壳；13—布料斗；14—前机壳；15—加料管；16—门盖；17—机座

若滤饼需在机内洗涤时，洗涤液通过洗涤管或其他的冲洗设备连续喷在滤饼层上，洗涤液连同分离液由机壳的排液口排出。

卧式活塞推料离心机的分离效率高，生产能力大，生产连续、操作稳定，滤渣含湿率较低（一般可小于 5%），滤渣破碎少，功率消耗均匀。但对悬浮液固相浓度变化很敏感，要求进料浓度保持稳定。固相分散度高的悬浮液以及对澄清度要求高的液体不宜采用此种离心机，分离胶状物料、无定型物料及摩擦因数大的物料，不宜采用活塞推料离心机。

型号及其含义：

HRZ500-N：卧式柱/锥双级活塞推料过滤式离心机，最大级转鼓内径为500mm。

H表示活塞推料，R表示二级；Z表示柱锥形转鼓，N表示材料为耐蚀钢。

WH-800：W表示卧式，H表示活塞推料，一级转鼓，转鼓为圆柱形，直径为800mm。

2．认识卧式刮刀卸料离心机的结构

卧式刮刀卸料离心机是连续运转、间歇操作、刮刀卸料的离心机，其加卸料等各工序都在全速下进行。有过滤式、沉降式、虹吸式三种，过滤式使用得最普遍。

悬臂型卧式刮刀卸料离心机的结构如图6-8所示。由机座部件、机壳部件、转鼓部件、门盖、进料装置、刮刀卸料装置、控制系统等组成，离心机的主轴水平地支撑在一对滚动轴承上，转鼓装在主轴的外伸端，由过滤式转鼓体、转鼓底、拦液板组成，转鼓体内壁衬有底网和滤网，有的鼓内还装有耙齿，以用做均布物料和控制物料厚度。转鼓主轴、轴承箱及外壳支承在机座上；外壳门盖上装有刮刀机构及加料管、卸料槽和洗涤管等。转鼓通过V带由电动机带动。

工作时，先空载启动转鼓到工作转速，而后打开进料阀门，悬浮液沿进料管进入转鼓内，随转鼓一起转动。由于离心力的作用，其中液体通过滤网经滤孔甩出，并从机壳的排液口排出。固体被截留在滤网上，当达到一定厚度时，关闭阀门，停止进料，进行甩干、洗涤、干燥等过程，然后将干燥合格的滤渣由刮刀刮下，并沿卸料槽卸出。为了更好地分离物料，每次加料前均应用洗涤液清洗滤网上残留的滤渣。

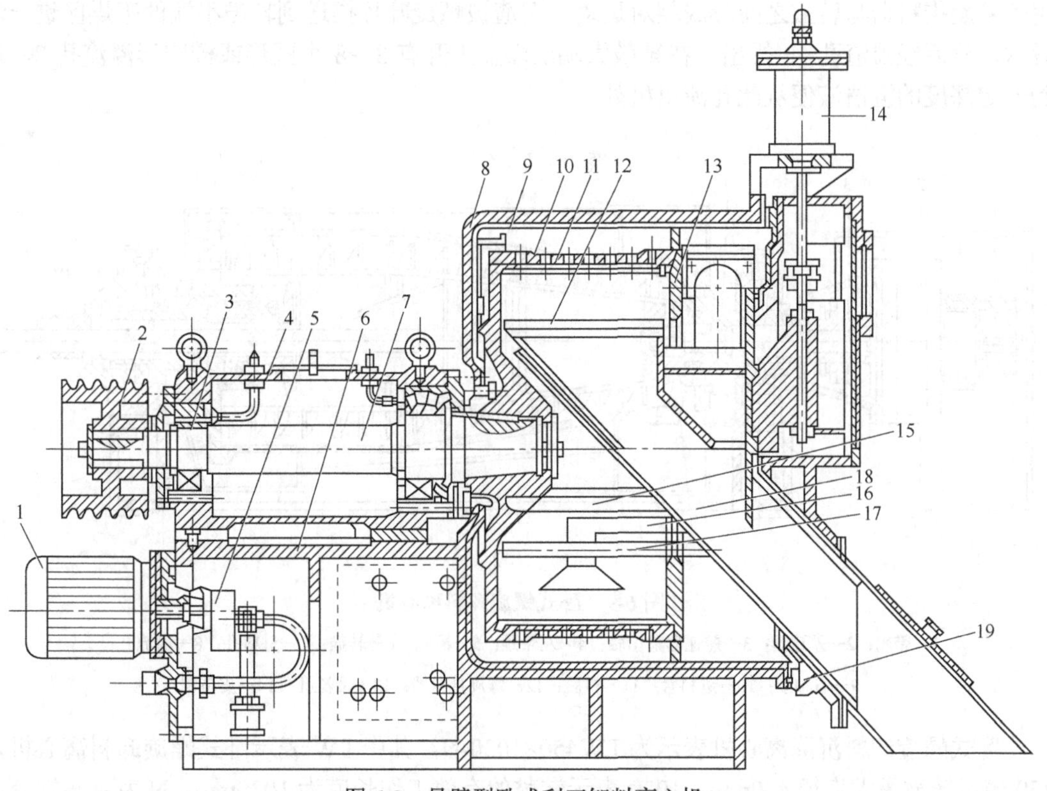

图6-8　悬臂型卧式刮刀卸料离心机

1—油泵电动机；2—带轮；3—双列向心球面滚子轴承；4—轴承箱；5—齿轮油泵；6—机座；7—主轴；8—机壳；9—转鼓底；10—转鼓；11—滤网；12—刮刀；13—拦液板；14—提升油缸；15—耙齿；16—进料管；17—洗涤液管；18—料斗；19—门盖

卧式刮刀卸料离心机的适应性强，可处理各种粒度、固相浓度范围大的物料，过滤循环周期可根据物料的特性和分离要求调节。但刮刀对物料颗粒的破坏较严重，所以不适用于要求产品颗粒完整的场合。因刮刀不能刮尽滤渣，转鼓壁始终保留一层滤渣层，不利于分离；刮刀寿命短，需要经常修理或更换。

卧式刮刀卸料离心机的型号如下：

GK1200 中 G 表示刮刀卸料离心机，K 表示为宽刮刀，1200 表示转鼓直径为 1200mm；

GKH1250 中 H 表示虹吸式卧式刮刀卸料离心机，其余同上。

3．认识卧式螺旋卸料离心机的结构

螺旋卸料离心机是全速运转，连续进料、分离、卸料的离心机，有沉降、过滤及沉降过滤组合型三种形式，其中沉降式用得较多。结构形式有立式和卧式两种，使用较多的是卧式。

图 6-9 为一卧式螺旋卸料沉降式离心机结构，主要工作部件有无孔沉降式转鼓、螺旋推料器、差速器（齿轮箱）以及转鼓的传动和过载保护装置。转鼓 6 通过左右空心主轴的轴颈 4、9 支撑在轴承座内；螺旋推料器 12 由螺旋叶片和内筒组成，用轴支撑在转鼓内；传动装置由差速器 2 和带轮 1 组成，带轮 1 带动转鼓旋转，转鼓带动差速器 2 的外壳回转，经差速器变速后，由差速器的输出轴 3 带动螺旋推料器以一定的差速与转鼓同转。悬浮液经进料管 10 连续输进机内，从螺旋推料器的内筒的进料孔 7 进入转鼓内，在离心力作用下，悬浮液在转鼓内形成环形液流，固相颗粒在离心力作用下沉降在转鼓的内壁上，由于差速器的差动作用使螺旋推料器与转鼓之间形成相对运动，沉渣被螺旋叶片推送到转鼓小端的干燥区进一步脱水，然后经泄渣孔 13 排出。在转鼓大端的端盖上开有 3～8 个圆形或椭圆形溢流孔 8，达到一定深度的澄清液便从此孔流出机外。

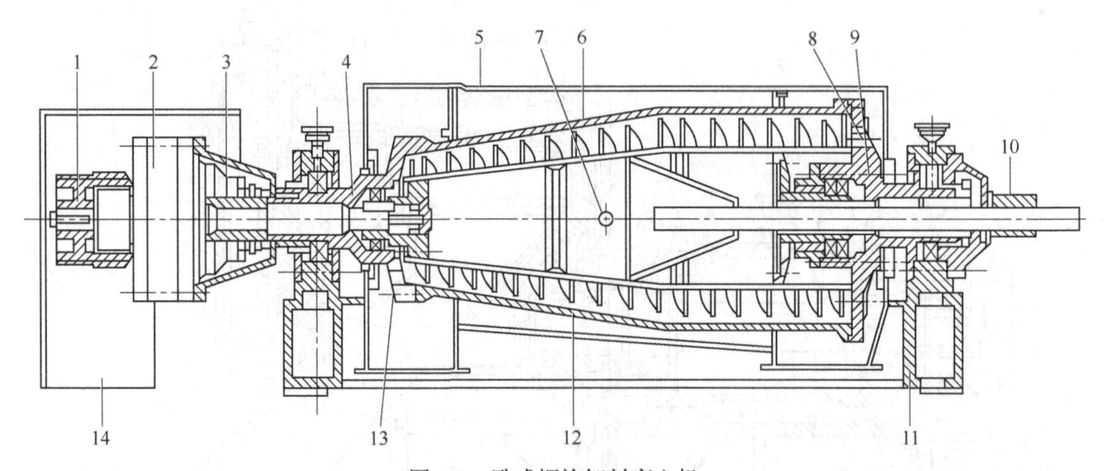

图 6-9 卧式螺旋卸料离心机

1—带轮；2—差速器；3—差速器输出轴；4—左轴颈；5—机壳；6—转鼓；7—进料孔；8—溢流孔；9—右轴颈；10—进料管；11—机座；12—螺旋推料器；13—泄渣孔；14—皮带罩

卧式螺旋卸料沉降离心机表示为 LW450×1030-N，其中 LW 表示卧式螺旋卸料离心机，450 表示转鼓最大直径 450mm，1030 表示转鼓的有效工作长度为 1030mm，N 表示与被分离物接触部分的材料为耐蚀钢。

卧式螺旋卸料离心机分离因数高、单机生产能力大、消耗低，能实现悬浮液的脱水、澄清、分级等过程，对分离物料的适应性强。可用于分离固相颗粒粒度 0.005～2mm、固相含量 1%～50%的悬浮液。特别适用于过滤式离心机难以解决的含细、黏、可压缩性固相的悬浮液的分离。固相沉渣的含湿量一般比过滤式离心机高。螺旋卸料离心机广泛用于合成纤维、合成树脂、碳酸钙、聚氯乙烯、滑石粉、淀粉生产和污水处理等生产过程。

◆任务二　认识高速离心机的结构

当分离的固相浓度小于 1%、固体颗粒小于 5μm、固液相密度相差较小的悬浮液或轻重两相密度差很小、分散性很高的乳浊液时，必须使用具有较大分离因数的分离机（高速离心机）进行分离。常用的有管式分离机、室式分离机、碟片式分离机。

1．认识管式分离机的结构

管式分离机的结构如图 6-10 所示，它由挠性主轴、管状转鼓、上轴承室、下轴承室、机座外壳及制动装置等主要零件组成。挠性主轴 1 通过螺栓与带轮 11 相连，经过精密加工的管状转鼓 5 用连接螺母悬于主轴 1 的下端，其下部支撑在可沿径向做微量滑动的滑动轴承上，为使转鼓内物料及时达到转鼓转速，转鼓内装有互成 120° 夹角的三片桨叶 4。在转鼓中部或下部的外壁上对称地装有两个制动闸块，分离机工作时，待分离物料在 20～30kPa 的压力下沿进料管 7 进入转鼓下部，在离心力作用下，轻、重两液体分离，并分别从转鼓上部的轻、重液收集器排出。如果分离悬浮液，应将重液出口堵塞，固相颗粒沉积在转鼓内壁上，达到一定量后停车卸下转鼓进行清除，液体则由轻液收集器排出。

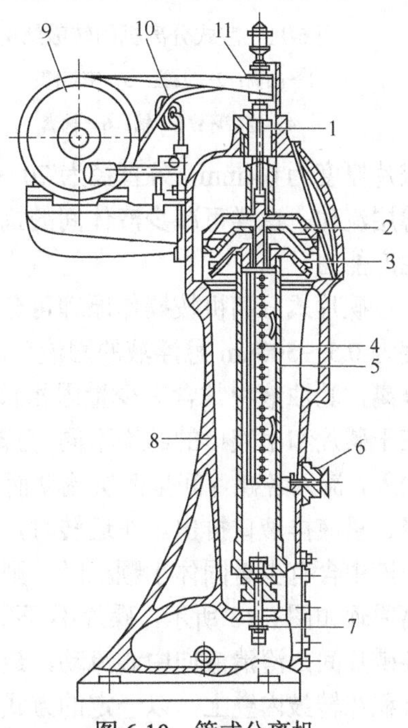

图 6-10　管式分离机

1—主轴；2，3—轻重液收集器；4—桨叶；5—转鼓；6—刹车装置；7—进料管；8—机座；9—大带轮；10—张紧轮；11—小带轮

管式分离机型号：

GF150：G 表示管式分离机，F 表示分离型，150 表示转鼓直径为 150mm。

GQ40：G 表示管式分离机，Q 表示澄清型，40 表示转鼓直径为 40mm。

管式分离机常见的转鼓直径有 40mm、75mm、105mm、150mm 几种，长度与直径之比为 4～8，分离因数可达 13000～65000。适于固体颗粒粒度 0.1～100μm、固相浓度小于 1%、两相密度差大于 10kg/m^3 的难分离的乳浊液或悬浮液。常用于油料、涂料、制药、化工等工业生产中，如透平油、润滑油、燃料油、微生物、蛋白质、青霉素、香精油等的分离。

2．认识室式分离机的结构

室式分离机是转鼓内具有若干同心分离室的沉降式离心机，专门用于澄清含少量固体颗粒的悬浮液。如图 6-11 所示为室式分离机的转鼓结构，转鼓内装有多个同心圆筒（隔板），将转鼓分成多个环形室，各室从中心室起，依次上下相通，构成单向通道。操作时悬浮液自中心加料管加入转鼓内的中心室中，在离心力的作用下，料液由内向外依次流经各室进行分离，最后澄清的液相由最外层分离室排出，而固相颗粒则沉降在各分离室壁上，停机后拆开转鼓取出。室式分离机的转鼓直径较管式大，但长度短，转速也较低，一般有3～7个分离室。分成多室的目的主要在于减少固体颗粒向鼓壁沉降的距离，从而减少沉降所需的时间，增加沉降面积，以充分利用转鼓的空间容积，提高分离效果及产量。室式分离机一般用于澄清含固相量很少（1%～2%），且较容易分离的悬浮液。

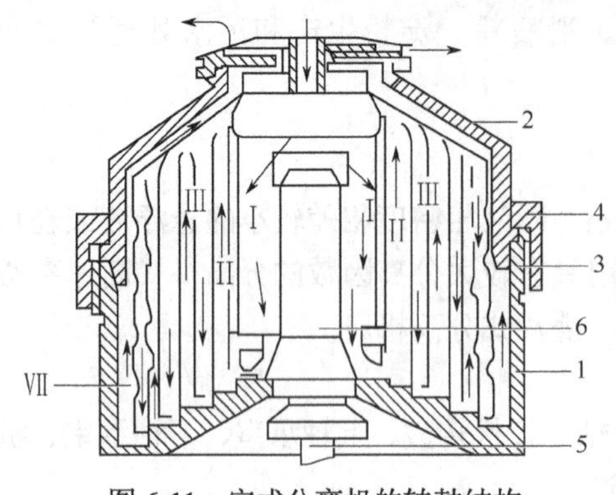

图6-11 室式分离机的转鼓结构

1—圆筒；2—上盖；3—密封圈；4—连接环；5—轴；6—轴套

型号及其含义：

SQ400：S表示室式分离机，Q表示7室，400表示转鼓内径为400mm。

3．认识碟片式离心机的结构

碟片式分离机的分离因数一般大于3500，转鼓的转速为4000～12000r/min，常用于分离高度分散的物系。其转鼓结构上的最大特点是在转鼓内装有很多相互保持一定间距（一般为0.4～1.5mm）的锥形碟片。碟片半锥角为30°～50°，碟片厚度为0.4mm，外直径为70～160mm，碟片数为40～160个。待分离的物料在碟片间呈薄层流动，这样可减少液体间的扰动，缩短沉降距离，增加沉降面积，大大提高分离效率和生产能力。

碟片式分离机按操作原理可分为离心澄清型和离心分离型两种。澄清型用于固相颗粒粒度为0.5～500μm悬浮液的固液分离，提高液相的纯度；分离型用于乳浊液的分离，即液-液分离，乳浊液中常含有少量固相颗粒，则为液-液-固三相分离。澄清型与分离型的主要区别在于碟片和出液口的结构不同。分离型碟式分离机分离原理如图6-12所示，乳浊液从中心管加入，流入各碟片间呈薄层流动而分离，较轻的液体向中心流动，重液向四周流动，分别由轻、重液排液口排出。在运转时，轻、重液分界面（中性层）的位置通过计算获得。如果乳浊液中含有少量固体小颗粒时，则它们沉积在转鼓的内壁上定期排出。澄清型碟式分离机分离原理如图6-13所示，碟片不开孔，只有一个出液口。悬浮液经碟片底架，从下部四周进入各碟片间，澄清液向中心流动，最后从出液口排出，而密度大的固体颗粒则向外运动，最后沉积在转鼓内壁上，以一定的方式排出。

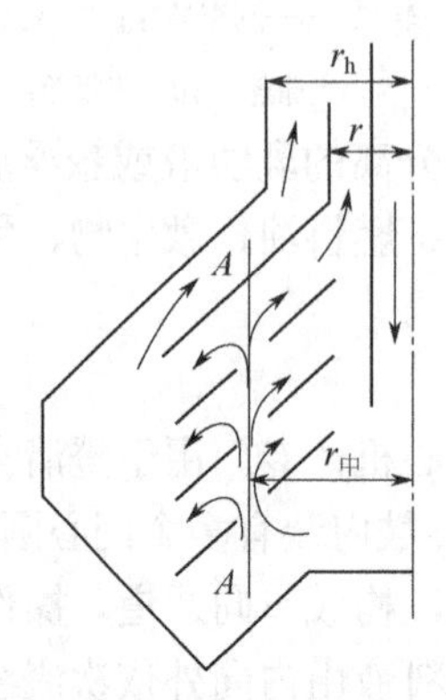

图6-12 分离型碟式分离机原理

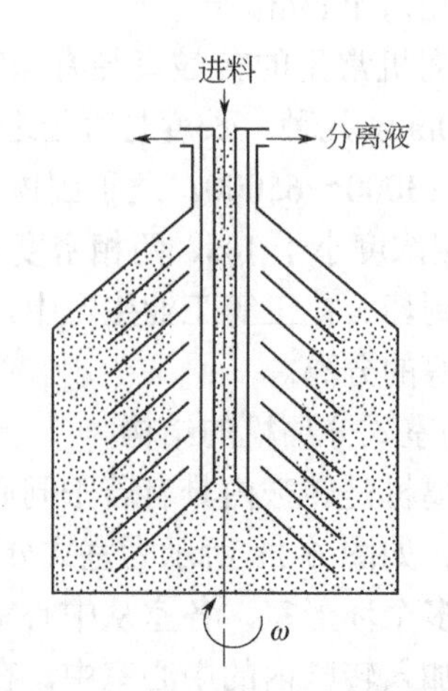

图6-13 澄清型碟式分离机原理

按排渣方式不同，碟片式分离机可分为人工排渣式、喷嘴排渣式、环阀排渣式三类。

子项目三　离心机的选型

知识目标

1. 了解澄清、脱水、浓缩等分离过程的特点。
2. 了解常用离心机的结构特点和应用范围。

能力目标

能够根据具体的分离情况选用合适类型的离心机。

离心机的种类和型号很多，它们有各自的特点和适用范围，且在选用过程中需要考虑的因素很多，因此，合理选择离心机是一个比较复杂的问题。

选择离心机时，首先要根据生产实际确定分离目的（澄清、浓缩、脱水等），然后根据被分离物料的性质选定分离方式，即离心过滤、离心沉降或离心分离。确定分离方式后，再考虑生产能力、经济性、是否需要防爆等进一步确定离心机的具体形式和规格。表 6-3 列出了各种离心机的形式和适用范围，下面根据离心机的应用功能即澄清、液液分离、浓缩、脱液等分别介绍选择离心机的方法。

1．澄清过程的离心机选型

澄清是指除去大量液相中含有的少量固相颗粒，使液相得到澄清的方法。

大量液相、少量固相且固相粒径很小（10μm 以下）或是无定型的菌丝体，可选用卧式螺旋卸料离心机、碟式或管式离心机，如果固相含量＜1%、粒径＜5μm，则可选用管式或碟式人工排渣分离机；如果固相含量≤3%、粒径＜5μm，则可选用碟式活塞排渣分离机。其中管式分离机的分离因数较高，F_r≥10000，可分离粒径为 0.5μm 左右的较细小的颗粒，所得澄清液的澄清度较高，但单机处理量小，分离后固体干渣紧贴在转鼓内壁上，卸渣时需拆开机器，不能连续生产。碟式人工排渣分离机的分离因数也较高（F_r=10000），由于碟式组合，沉降面积大，沉降距离小，所得澄清液的澄清度较高，且处理量较管式离心机大，但分离出的固相沉积在转鼓内壁上，需定期拆机清渣，不能连续生产。

碟式活塞排渣分离机的分离因数在 10000 左右，可以分离粒径为 0.5μm 左右的颗粒，所得澄清液的澄清度较高，分离出的固相沉积在转鼓内壁上，当储存至一定量后，机器能自动打开活塞进行排渣，可连续生产。活塞的排渣时间可根据悬浮液中的固含量、机器的单位时间处理量以及转鼓储渣的有效容积进行计算后确定。

2．脱水过程中的离心机选型

脱水过程是指悬浮液中的固相从液相中分离出来，且要求所含液相越少越好。

① 固相浓度较高，固相颗粒为刚体或晶体，且粒径较大，则可选用离心过滤机。如果颗粒允许被破碎，则可选用刮刀离心机；颗粒不允许破碎，则可选用活塞推料或离心力卸料离心机。脱水性能除与物料本身的吸水性能有关外，还与离心机的分离因数、分离时间、滤网的孔径、空隙率等参数，以及离心机的材料、溶液的 pH 值、颗粒特性和工艺要求等

有关。

② 固相浓度较低，颗粒粒径很小，或是无定型的菌丝体，如果选用离心过滤机，由于粒径很小，滤网跑料严重。滤网很细，则脱水性能下降，无定型的菌丝体和所含的固体颗粒会将滤网堵死，在此情况下，建议采用没有滤网的三足式离心机或卧式螺旋沉降离心机，并根据固相粒径大小、液固密度差，选择适合的分离因数、长径比（*L/D*）、流量、转差和溢流半径。如果颗粒大小很不均匀，则可先利用筛分将粗颗粒除去，然后再用离心机进一步退水。

③ 悬浮液中固-液两相的密度差接近，颗粒粒径在 0.05mm 以上的，则可选用过滤离心机。

过滤式离心机与沉降式离心机的脱水机理不同，前者是通过过滤介质——滤网，使固液分离，能耗低，脱水率高；后者是利用固-液密度差不同而进行分离，一般情况下，能耗较过滤离心机高，脱水率较过滤离心机低。这些机型的选择还与处理量的大小有关，处理量大应考虑选用连续型机器。

3．浓缩过程的机型选择

浓缩过程是使悬浮液中少量的固相得到富集，如原来悬浮液中的固含量为 0.5%，通过浓缩使其增加到 6%～8%，该过程即为浓缩过程。

常用的分离设备有碟式外喷嘴排渣分离机、卧式螺旋卸料离心机等。碟式外喷嘴排渣分离机用于固相浓缩较为普遍，浓缩率的大小与悬浮液本身的浓度、固-液密度差、固相颗粒粒径和分布以及喷嘴的孔径和分离机的转速等有关。喷嘴孔径选择过大，液相随固相流失较大，固相浓缩率低；喷嘴孔径选择过小，则喷嘴易被物料堵塞，使机器产生振动。进料浓度过低时，可采用喷嘴排出液部分回流，即排出液部分返回碟式分离机进一步浓缩，使固相浓缩率提高。为了选择适合的喷嘴孔径，应对固相颗粒的粒径及分布进行测定。

卧式螺旋卸料沉降式离心机的浓缩效果与机器的转速、转差、长径比以及固-液相的密度差、黏度、固相颗粒粒径和分布以及处理量等有关。城市污水处理厂的剩余活性污泥使用该机型可使二沉污泥的固含量从 0.5%浓缩到 8%左右。由于该机器没有滤网和喷嘴，因此不会造成物料堵塞现象。一般情况下，卧式螺旋卸料离心机排出的固相含水量较碟式喷嘴排渣分离机要低。

4．液-液、液-液-固分离过程的机型选择

液-液、液-液-固分离是指两种或三种不相溶相的分离，分离原理是利用密度差。常见的有食用油的油-水分离、燃料油和润滑油的油-水-固分离净化等。

液-液、液-液-固分离量小的可以考虑选用管式分离机，处理量大的一般选用碟式人工排渣或活塞排渣分离机。由于液-液两相的含量不同（如轻相液多、重相液少），在管式分离机和碟式分离机中均需通过调整环加以调节。在碟式分离机中，轻、重液相的含量还与碟片中心孔位置有关，因此在选择该机型时，两相的含量是十分重要的。

总之，要选择价廉适用、制造简单、维修使用方便的离心机。根据所需解决的主要矛盾进行选择，并且在选择过程中还要做经济性比较，也就是说既要考虑技术可行性，又要解决经济合理性。

各种不同类型离心机的使用范围见表 6-3。

表 6-3　离心机的形式和适用范围

项目	过滤离心机						沉降离心机		分离机				
	间歇式		活塞式		连续式		螺旋卸料		管式	室式	碟式		
	三足、上悬	卧式刮刀三足自动上悬式机械	单级	双级	离心力卸料	螺旋卸料	圆锥形	柱锥形			人工排渣	喷嘴排渣	活塞排渣
典型机型	SS XZ	WG SXZ、XJ	WH	WH_2	WI、LI	LL、WLL	WL	WL	GF、GQ	S	DRL DRY	DPI	DHY
操作方式	人工间歇	自动间歇	自动连续						人工间歇			自动连续	
卸料机构		刮刀	油压活塞			螺旋	螺旋					喷嘴	液压活塞
分离因数 F_r	500～1000	约 2500	300～700	300～700	1500～2500	1500～2500	约 3500	约 3500	10000～60000	约 8000	约 8000	约 8000	约 8000
用途 澄清							可	良	优	优	优	良	优
用途 液液分离									优		优	优	优
用途 沉降浓缩							可	优	优	优	优	优	优
用途 脱液	优	优	优	优	优	优							
用途 应用	固相脱液洗涤	固相脱液洗涤	固相脱液洗涤	固相脱液洗涤	固相脱液	固相脱液	固相浓缩	固相浓缩液相澄清	乳浊液分离液相澄清	液相澄清	乳浊液分离液相澄清	乳浊液分离固相浓缩	乳浊液分离液相澄清
生产能力 干滤饼/（t/h）	约 5	约 8	约 10	约 14	约 10	约 6	约 5	约 3					
生产能力 悬浮液/（m^3/h）									约 6	约 18	约 10	约 100	约 90
料液物性 固相浓度/%	10～60	10～60	30～70	30～70	≤80	<80	5～30	3～30	<0.1	<0.1	<1	<10	1～5
料液物性 固相粒度/mm	0.05～5	0.1～5	0.1～5	0.1～5	0.04～1	0.04～1	0.01～1	0.01～1	约 0.001	约 0.001	0.001～0.015	0.001～0.015	0.001～0.015
料液物性 两相密度差	密度差不影响						≥0.05	≥0.05	≥0.02	≥0.02	≥0.02	≥0.02	≥0.02
分离效果	优	优	优	优	优	优	优	良	优	优	优	渣呈流动状	优
洗涤效果	优	优	良	优	可	可	可	可					
晶粒破碎度	低	高	中	中	中	高	中	中					
过滤介质	滤布、金属板网	滤布、金属滤网	金属条网	金属条网	金属板网	金属板网							
代表性分离物料	糖、棉纱磺胺药	糖、硫铵	碳铵	硝化棉	碳铵	洗煤	聚氯乙烯	树脂、污泥	动、植物油润滑油	啤酒电解液	奶油、油	酵母、淀粉	抗生素、油

训 练 项 目

对三足式离心机进行拆检，并模拟进行离心机的操作和故障处理。

① 对三足离心机的转鼓进行拆检；

② 模拟进行离心机的操作，包括操作前的准备、开机程序、运行中的监控以及停机等；

③ 模拟进行离心机的故障处理过程，比如离心机振动的处理，离心机漏料的处理等。

附　录

附表 1　机器振动分级表

<table>
<tr><th colspan="5">ISO 2372</th><th colspan="2">ISO 3495</th></tr>
<tr><th rowspan="2">振动烈度
振幅/mm·s^{-1}</th><th rowspan="2">Ⅰ类</th><th rowspan="2">Ⅱ类</th><th rowspan="2">Ⅲ类</th><th rowspan="2">Ⅳ类</th><th colspan="2">支承分类</th></tr>
<tr><th>刚性支承</th><th>柔性支承</th></tr>
<tr><td>0.28</td><td rowspan="3">A</td><td rowspan="4">A</td><td rowspan="5">A</td><td rowspan="6">A</td><td rowspan="5">良好</td><td rowspan="6">良好</td></tr>
<tr><td>0.45</td></tr>
<tr><td>0.71</td></tr>
<tr><td>1.12</td><td rowspan="2">B</td></tr>
<tr><td>1.8</td><td rowspan="2">B</td></tr>
<tr><td>2.8</td><td rowspan="2">C</td><td rowspan="2">B</td><td rowspan="2">满意</td></tr>
<tr><td>4.5</td><td rowspan="2">C</td><td rowspan="2">B</td><td rowspan="2">满意</td></tr>
<tr><td>7.1</td><td rowspan="6"></td><td rowspan="2">C</td><td rowspan="2">不满意</td></tr>
<tr><td>11.2</td><td rowspan="5">D</td><td rowspan="2">C</td><td rowspan="2">不满意</td></tr>
<tr><td>18</td><td rowspan="4"></td><td rowspan="4">不容许</td></tr>
<tr><td>28</td><td rowspan="3">D</td><td rowspan="3">不容许</td></tr>
<tr><td>45</td></tr>
<tr><td>71</td></tr>
</table>

注：1. Ⅰ类为小型电机（小于 15kW 的电动机）；Ⅱ类为中型机器（15～75kW 的电动机）；Ⅲ类为大型原动机（硬基础）；Ⅳ类为大型原动机（弹性基础）。

2. A 表示良好，B 表示满意，C 表示不满意，D 表示不允许。

3. 测量速度有效值（RMS）应在轴承壳的三个正交方向上。

附表 2　机械密封常用材料选配

<table>
<tr><th colspan="2" rowspan="2">密 封 流 体</th><th colspan="2">密封副材料组合</th><th rowspan="2">辅助密封材料</th><th rowspan="2">备　注</th></tr>
<tr><th>轻　负　荷</th><th>高　负　荷</th></tr>
<tr><td rowspan="3">水</td><td>清水</td><td>C_1碳石墨+不锈钢</td><td>C_2碳石墨+陶瓷</td><td>合成橡胶</td><td rowspan="3">杂质含量多时，轻负荷下碳石墨换用金属材料</td></tr>
<tr><td>有杂质水</td><td>C_1碳石墨+陶瓷</td><td>超硬合金+超硬合金</td><td rowspan="2">合成橡胶四氟乙烯</td></tr>
<tr><td>温水</td><td>C_1碳石墨+陶瓷</td><td>C_3碳石墨+超硬合金</td></tr>
<tr><td rowspan="2">海水</td><td>无杂质水</td><td>C_2碳石墨+斯太利特</td><td>C_3碳石墨+陶瓷</td><td>合成橡胶</td><td rowspan="2">必须注意腐蚀</td></tr>
<tr><td>有杂质水</td><td>C_2或C_3碳石墨+陶瓷</td><td>超硬合金+超硬合金</td><td>合成橡胶</td></tr>
<tr><td rowspan="3">油</td><td>切削油</td><td>C_2碳石墨+高速钢</td><td>C_3碳石墨+高速钢</td><td>合成橡胶</td><td rowspan="3">切削油中切屑粉多时，采用金属+金属组合的效果好</td></tr>
<tr><td>有杂质油</td><td>C_2碳石墨+高速钢</td><td>青铜+超硬合金</td><td>合成橡胶</td></tr>
<tr><td>润滑油</td><td>C_2碳石墨+铸铁</td><td>C_2或C_3碳石墨+超硬合金</td><td>合成橡胶</td></tr>
<tr><td rowspan="2">pH>8 碱</td><td>无杂质碱</td><td>C_2碳石墨+斯太利特</td><td>C_2碳石墨+超硬合金</td><td rowspan="2">合成橡胶四氟乙烯</td><td rowspan="2">苛性钠浓度>15%时用超硬合金+超硬合金</td></tr>
<tr><td>有杂质碱</td><td>C_2碳石墨+超硬合金</td><td>超硬合金+超硬合金</td></tr>
<tr><td rowspan="2">pH<6 酸</td><td>无杂质酸</td><td>C_1碳石墨+陶瓷覆层</td><td>C_2碳石墨+整体陶瓷</td><td rowspan="2">合成橡胶四氟乙烯</td><td rowspan="2">按酸种类 C_2 碳石墨换用四氟乙烯</td></tr>
<tr><td>有杂质酸</td><td>C_2碳石墨+斯太利特</td><td>耐酸超硬合金+耐酸超硬合金</td></tr>
</table>

续表

密封流体		密封副材料组合		辅助密封材料	备注
		轻负荷	高负荷		
无机盐	无杂质盐	C_2碳石墨+斯太利特	C_2碳石墨+陶瓷	合成橡胶四氟乙烯	杂质多时可选用金属+金属组合
	有杂质盐	C_2碳石墨+斯太利特	C_2碳石墨+超硬合金		
有机溶剂		C_2碳石墨+陶瓷	C_2碳石墨+超硬合金	四氟乙烯	有杂质时用超硬合金+超硬合金
重油	A	C_1或C_2碳石墨+斯太利特	C_2或C_3碳石墨+陶瓷	合成橡胶	重负苛下杂质多时，采用超硬合金+超硬合金好
	C	C_2碳石墨+铸铁	青铜+高速钢		
醇类		C_1或C_2碳石墨+斯太利特	C_2碳石墨+陶瓷	合成橡胶	
汽油		C_2碳石墨+陶瓷	C_2碳石墨+超硬合金	合成橡胶四氟乙烯	挥发性高时应特别注意润滑问题
原油		C_2碳石墨+斯太利特	C_2碳石墨+超硬合金		
丙烷（LPG）		C_2碳石墨+陶瓷	C_2碳石墨+超硬合金	合成橡胶四氟乙烯	挥发性高时应注意密封面润滑和冷却可往密封面处送入冲洗液
丁烷		C_2碳石墨+陶瓷	C_2碳石墨+超硬合金		
液氧		C_3碳石墨+硬铬镀层	C_3碳石墨+超硬合金	合成橡胶四氟乙烯	
液氮		超硬合金	青铜+超硬合金		
液态二氧化碳		C_3碳石墨+超硬合金	青铜或巴氏合金+超硬合金		
染色液		C_2碳石墨+斯太利特	C_2碳石墨+陶瓷		

注：C_1碳石墨：酚醛树脂或呋喃树脂结合剂热成型碳石墨（耐热温度-20～120℃）。

C_2碳石墨：浸环氧树脂或呋喃树脂烧结碳石墨（耐热温度-50～170℃）。

C_3碳石墨：浸特种树脂或金属烧结碳石墨（耐热温度-200～400℃）。

耐酸超硬合金：耐酸和耐碱使用，普通超硬合金强度弱，使用时在结构和装配上要注意。

铸铁：按一般铸铁、密烘铸铁和耐蚀高镍铸铁等分类使用，与碳石墨组合在特别腐蚀使用时应加以注意。

陶瓷：整体陶瓷为Al_2O_3，金属表面喷（陶瓷覆层）主要用Cr_2O_3。

辅助密封：合成橡胶种类非常多，选用时应注意耐腐蚀和耐热问题。

附表3　设备检修竣工单　　　　______年______月______日

资产编号	设备名称	设备型号	修理类别	修理时间		
				/	/	停机　h
劳动量	钳工		电工		外协劳务费	
维修内容						
更换的零件	图号	名称	件数	图号	名称	件数
记事						
设备管理员		维修组长		操作工		

附表 4　压缩机负荷运行试验记录

1．压缩机型号______名称______工厂资产编号______

2．压缩级数______　一级缸______个　二级缸______个

3．润滑方式：曲柄连杆机构______　汽缸、填料函______

4．驱动机铭牌功率______kW　运行转速______　制造厂______

5．驱动机型号______　驱动方式______

6．压缩机运行记录

项　目	记 录 时 间				
Ⅰ级吸气压力 p_s/MPa					
Ⅰ级排气压力 p_d/MPa					
Ⅱ级吸气压力 p_s/Pa					
Ⅱ级排气压力 p_d/MPa					
Ⅰ级吸气温度 t_s/℃					
Ⅰ级排气温度 t_d/℃					
Ⅱ级吸气温度 t_s/℃					
Ⅱ级排气温度 t_d/℃					
空气湿度 ϕ/%					
润滑油温度 t/℃					
润滑油压力 p/MPa					
冷却水进水温度 t_s/℃					
冷却水排水温度 t_d/℃					
冷却水给水压力 p_s/MPa					
Ⅰ级安全阀开启压力 p_o/MPa					
Ⅰ级安全阀关闭压力 p_c/MPa					
Ⅱ级安全阀开启压力 p_o/MPa					
Ⅱ级安全阀关闭压力 p_c/MPa					
负荷调节器开启压力 p_o/MPa					
负荷调节器关闭压力 p_c/MPa					
曲轴轴承温度 t/℃					
机身滑道温度 t/℃					
活塞杆温度 t/℃					
冷却水耗量 $W/m^3 \cdot h^{-1}$					
润滑油耗量 $q_r/g \cdot h^{-1}$					
曲轴转速 $n/r \cdot min^{-1}$					
功率表示值					
轴功率 P/kW					

7．运行记事（如运行平稳性、有无故障、声响情况、各连接部位紧固情况、渗漏情况等）

试验者______　检查者______　报告者______　______年____月____日

附表 5 ______年_____月______日空气压缩机组运行记录 资产编号________型号________

时间（时）			8	9	10	11	12	13	14	15	16	17	18	19	20	21	22	23	24	1	2	3	4	5	6	7
运行时间																										
巡回检查	润滑油压力/MPa																									
	润滑油温度/℃																									
	Ⅱ级排气压力/MPa																									
	Ⅱ级排气温度/℃																									
	Ⅱ级吸气温度/℃																									
	Ⅰ级排气压力/MPa																									
	Ⅰ级排气温度/℃																									
	储气罐压力/MPa																									
	中间冷却器排水温度/℃																									
	后冷却器排水温度/℃																									
	电动机	温度/℃																								
		电流/A																								
	放冷凝水	中间冷却器																								
		后冷却器																								
		储气罐																								
排气量																										
记事														甲班		操作工					值班负责人					
														乙班												
														丙班												

参 考 文 献

[1] 张涵主编. 化工机器. 北京：化学工业出版社，2009.

[2] 中国石油化工集团公司人事部等主编. 机泵维修钳工. 上、下册. 北京：中国石化出版社，2011.

[3] 胡忆沩等编著. 化工设备与机器. 上、下册. 北京：化学工业出版社，2012.

[4] 张麦秋主编. 化工机械安装修理. 北京：化学工业出版社，2004.

[5] 刘志军，李志义等编著. 过程机械. 上、下册. 北京：化学工业出版社，2008.

[6] 魏龙主编. 密封技术. 北京：化学工业出版社，2010.

[7] 崔继哲编著. 化工机器与设备检修技术. 北京：化学工业出版社，2001.

[8] 李和春主编. 化工检修钳工. 上、下册. 北京：化学工业出版社，2009.

[9] 苏军生主编. 化工机械维修基本技能. 北京：化学工业出版社，2006.

[10] 任晓善主编. 化工机械维修手册. 北京：化学工业出版社，2006.

[11] 黄允芳，周树等编著. 空气压缩机站设备运行与维修手册. 北京：机械工业出版社，1999.

[12] 马栖林编著. 常用化工设备故障分析及处理. 北京：机械工业出版社，2007.

[13] 陈伟等编著. 机泵选用. 北京：化学工业出版社，2009.

[14] 关醒凡编著. 现代泵技术手册. 北京：宇航出版社，1995.

[15] SH/T 3538—2005. 石油化工机器设备安装工程施工及验收通用规范.

[16] GB 50275—1998. 压缩机、风机、泵安装工程及验收通用规范.

[17] 中国石油化工集团公司等编著. 石油化工设备维护检修规程. 第三分册，化工设备. 北京：中国石化出版社，2004.

参考文献